Edited by Japan Geoscience Union

The Earth, Planets, and Life

地球・惑星・生命

日本地球惑星科学連合——[編]

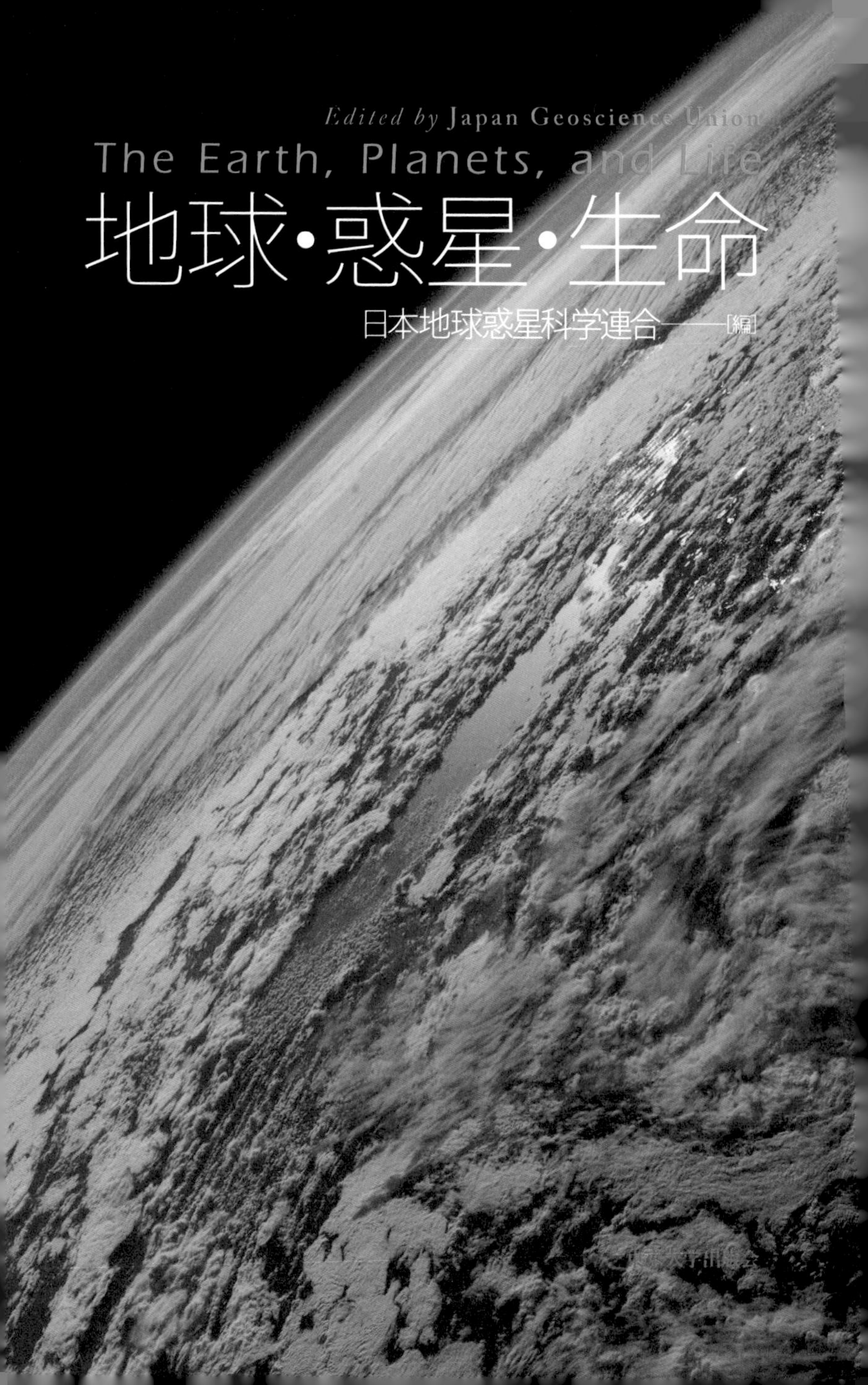

The Earth, Planets, and Life

Japan Geoscience Union, editor

University of Tokyo Press, 2020
ISBN 978-4-13-063715-2

はじめに

公益社団法人日本地球惑星科学連合　会長　川幡穂高

「私たちはどこから来たのか?」「私たち人類が変え始めた環境は、持続可能なのか?」という素朴な疑問を皆様もお持ちのことと思います。もう少し具体的には、「私たちが生存する地球はどのように形成されたのか?」「地球で生命はどのように誕生したのか?」「地球のような惑星は他にもあるのか?」「私たち以外にも、高度な知力を有する生命体はいるのか?」など、人類が抱くこのような質問にひとつひとつ答えていくのが、「地球惑星科学」です。

地球や惑星は複雑で、そこで起こる現象は多様です。そこで、多面的な研究が必要とされます。しかし、地球の現在の姿を理解し、過去の歴史を解明し、未来の変動を予測するには、専門分野で展開されている詳細な研究を、分野横断的に拡大し、より高い次元の理解へと発展させることが要請されます。「地球惑星科学」は、とても広い範囲を対象とするので、伝統的にたくさんの専門分野に細分化されてきましたが、それらは「宇宙惑星科学」「地球生命科学」「固体地球科学」「大気水圏科学」「地球人間圏科学」および「関連の学際分野」に大きく分類できます。

「宇宙惑星科学」は、小惑星探査機の「はやぶさ」で知られるように、地球外の惑星・小惑星・衛星・惑星間空間などを対象に、太陽系外惑星の発見も契機となって、「ハビタブル(生命が存在し得る)」というキーワードで、地球を取り巻く宇宙環境や生命の存在する星の条件、太陽系および太陽系外惑星系の成立などを探求しています。

「地球生命科学」は、「生命誕生以前にどのように生命材料有機物が生成し、そこからどこでどのようにして生命が誕生したのか?」「単細胞生物から、どのように複雑な生命体に進化していったのか?」「地球環境の変化と生命の進化にはどのような関係があったのか?」「生命は、圧力、塩分などに関し、どのような極限環境まで生存できるのか?」などの課題を有し、地球や惑星というキーワードとの関連から、生物学とは一味異なるアプローチで、生命の本質に迫っています。

「固体地球科学」では、火山噴火や東日本大震災で体験した地震や津波といった課題が、純粋な科学的見地から関心を集めるとともに、その研究の進展は自然災害の観点で社会からも期待されています。地球の質量はほとんど地殻・マントル・核という岩石や金属で占められ、その動態は、本書でも紹介されているプレートテクトニクス、プリュームテクトニクス、コアダイナミクスなどにより支配されます。地球内部は高圧の領域です。実験室で創り出される超高圧の世界と理論解析により、直接見ることができない地球深部の深い理解が進行しています。

「大気水圏科学」では、地球という星を特徴づける海洋と大気を対象に、その循環の仕組みと相互作用に関心がもたれています。これらのプロセスは、台風や集中豪雨、地球温暖化など、将来の異常気象や気候変化と密接に結びついているので、社会のニーズも高くなっています。近年、現在のみならず過去の環境も定量的に復元できるようになりました。「地球惑星科学」は、物理学・化学と異なり、室内で実験が簡単にできない、ということが悩みとされてきましたが、近年ではモデリング研究により、コンピューターの中で地球の営みの精密な再現と深いプロセス解析が行えるようになりました。

最後になりますが、「地球」の最大の特徴は、人間が存在し、生活していることです。「地球人間圏科学」では、災害と減災、地球環境問題、水問題など、純粋な学問とともに人類にとって喫緊の課題が目白押しで、日々新しい知見が得られています。地球表層環境を駆動する太陽からのエネルギーが多量にふりそそぐ赤道域は気候駆動のエンジンに、そのスイッチは高緯度域というように、地球は全体としてひとつのシステムになっています。一見無関係に見える熱帯のサンゴ礁と南極の氷床も、地球表層システムとして密接に結びついていますし、氷床の融解と海面上昇は緊急の課題となっています。

本書は、公益社団法人日本地球惑星科学連合（Japan Geoscience Union、以下、ＪｐＧＵと省略します）の30周年を記念し、刊行が企画されました。ＪｐＧＵは、「地球惑星科学」を、さまざまな専門の手法を活かしながらも、分野横断的に研究を行い、最終的に統一的な概念を生み出すべく設立されました。２０２０年４月現在、地球惑星科学関連51学協会が参加し、個人会員1万３０００人を有し、年会は毎年5月に開催され８０００人以上の参加者があります。年会では、初日（休日）に、中高生や大学学部生を含む一般の方々を対象とした「パブリックセッション」が入場無料で組まれてきました。ここでは、どなたでも、地球惑星科学の最先端の話題や、社会にも役立つ研究成果にふれることができます。大学生以下の方々は、大会の参加自体が無料となっています。インターネットで「日本地球惑星科学連合大会」と検索すると、大会のプログラムなどの情報が入手できます。しかしながら残念なことに、本年度（２０２０年度）の年会は、新型コロナウイルス感染症の拡大を受け、インターネット上での開催となりました。来年以降は、お近くの方もお誘い合わせの上、ぜひご来場いただければと思います。本書は、このような地球惑星科学の最先端と今後の展望がわかりやすくまとめられている、地球惑星科学への最適な入門書となっています。本書や大会パブリックセッションを通じて、「地球惑星科学」の課題を、皆様とともに考えられれば嬉しく思います。

目次

序章　地球・惑星・生命の成り立ちを理解すること

田近英一・橘　省吾・東宮昭彦

地球上には現在およそ77億人の人類が住んでいる。産業革命が始まった18世紀後半には10億人に満たなかった人口が、200年ほどの間におよそ10倍に増えたということになる。さらに21世紀末には、人口は110億人ほどになると推定されている（以上、世界人口推計2019年版）。これは科学技術の発展により、人類の住みやすさが向上した結果である。しかし、約45億年にわたる地球の歴史（図0-1）に比べると、ほぼ一瞬といってもよいような短い時間でつくられた住みよい社会の代償に、地球の環境は人類が住みにくいものへと変わりつつある。

たとえば、工場からの排煙や排水などで発生する公害、冷蔵庫に使っていたフロンガスによるオゾン層の破壊、化石燃料の燃焼で発生する二酸化炭素による地球温暖化（図0-2）、原子力発電所の事故で放出された放射性物質による汚染など、現代文明は環境に関わるさまざまな問題を抱えている。

中でも、地球温暖化は世界規模の環境問題であり、2015年に採択されたパリ協定では、各国が二酸化炭素など温室効果ガスの発生を削減し、気候変動を抑制することなどで合意している。しかし、地球の歴史を図0-2よりさらに過去まで振り返ると、いまよりもっと二酸化炭素が多く、暖かい時期もあったのだ。そうかと思えば、人類が文明をつくり出す少し前までは氷河期（氷期）であり、さらには過去に少なくとも3回、地球全体が1000万年ほどの期間、完全に凍りついた時代もあったのだ。地球は現代の私たちが問題にしている気候変動よりも、もっと大きな変動を経験し、さまざまな気候状態をつくり出しながらも、約40億年、生命を住まわせ

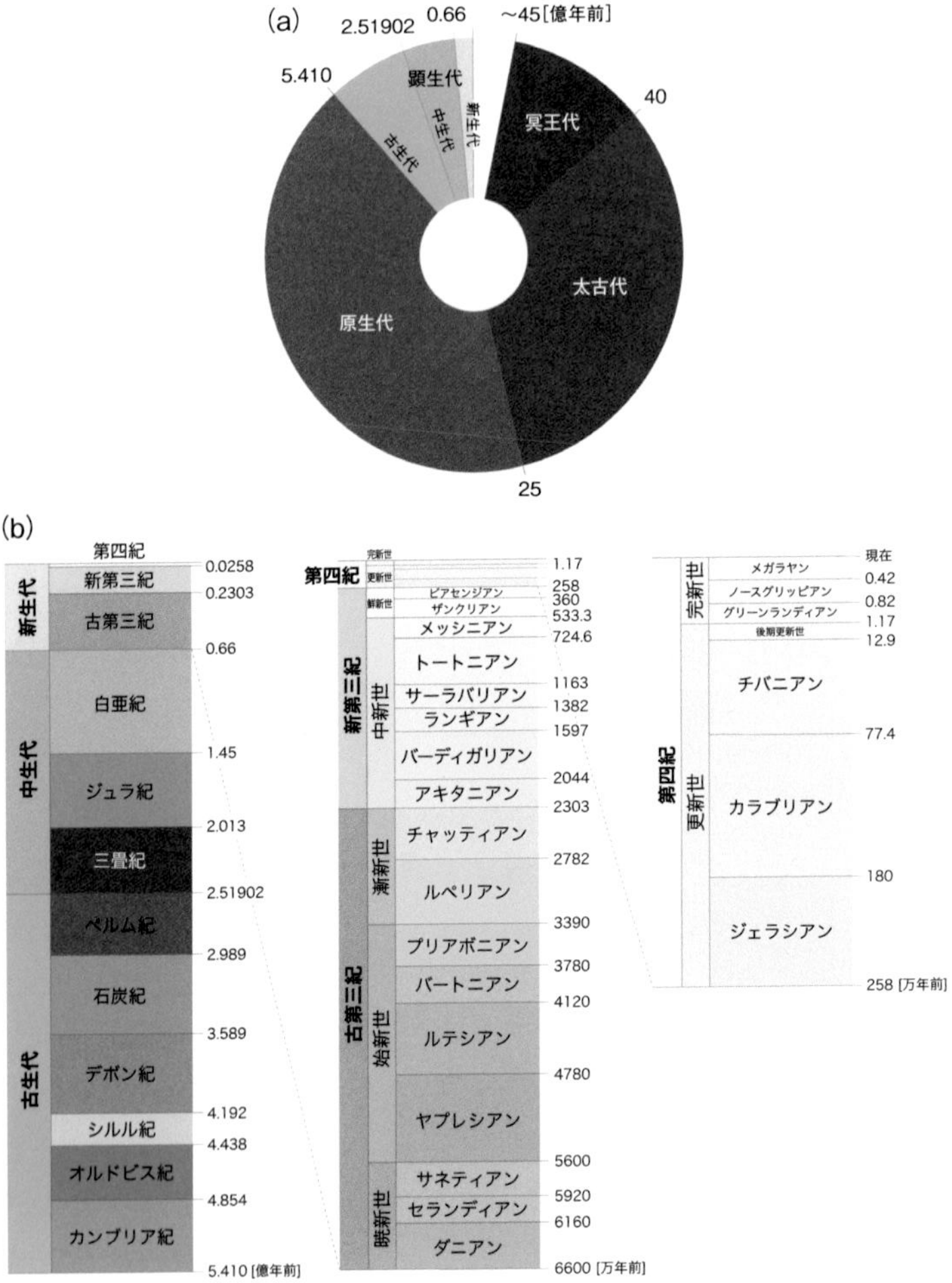

図0-1　地球の地質年代表.

(a) 地球の誕生から現在まで. 太陽系の誕生は隕石中の最古の固体物質の年代測定から45.67億年前とされる. その後, 小さな天体 (微惑星. 小惑星や彗星はその名残と考えられる) がつくられ, それらが集積して, 地球ができあがるまでに数千万年程度の時間がかかると考えられることから, 本書では地球の年齢を約45億年としている.

(b) 約5.4億年前から現在まで. 肉眼で見える化石として残る大型生物が存在する時代で, 顕生代と呼ばれる. 中央と右の年代表はそれぞれ新生代と第四紀を拡大したもの.

てきたのである。自らが引き起こした環境の変化に脆弱なのは、現代文明なのである。

高度に発展した現代文明は、地震や火山噴火、巨大台風などの自然災害によっても大きな影響を受ける。2011年の東日本大震災は記憶に新しいところであるが、日本は、地震や火山噴火、台風などによる風水害など「自然災害のデパート」といわれるほど自然災害が多い。災害に強い社会をつくるためには、これらの自然現象を正確に理解するとともに、可能な限り的確に予測し、事前に備えることが求められる。

さまざまな観測・分析や数値シミュレーションの発展などにより、地震や火山噴火、台風や異常気象がどのような原因で起こるのかに関する私たちの理解も深まっている。地震や火山噴火(図0-3)は、岩石でできた惑星である地球の表面や内部が長い時間をかけて、ゆっくりと動いていることが原因で起こる(図0-4)。そのため、地球の中身がどうなっていて、なぜ・どのようにして動くのかということを解明することも、地震や火山を本質的に理解するためには必須である。

日本の異常気象の一因としてよく知られているエルニーニョ(エルニーニョ・南方振動、ENSO)は、地球規模で大気と海洋が互いに影響を及ぼし合って生じている(図0-5)。これは、ペルー沖とインドネシア近海という遠く離れた太平洋の東と西の間で、気圧がシーソーのように互いに逆向きに変動するとともに、

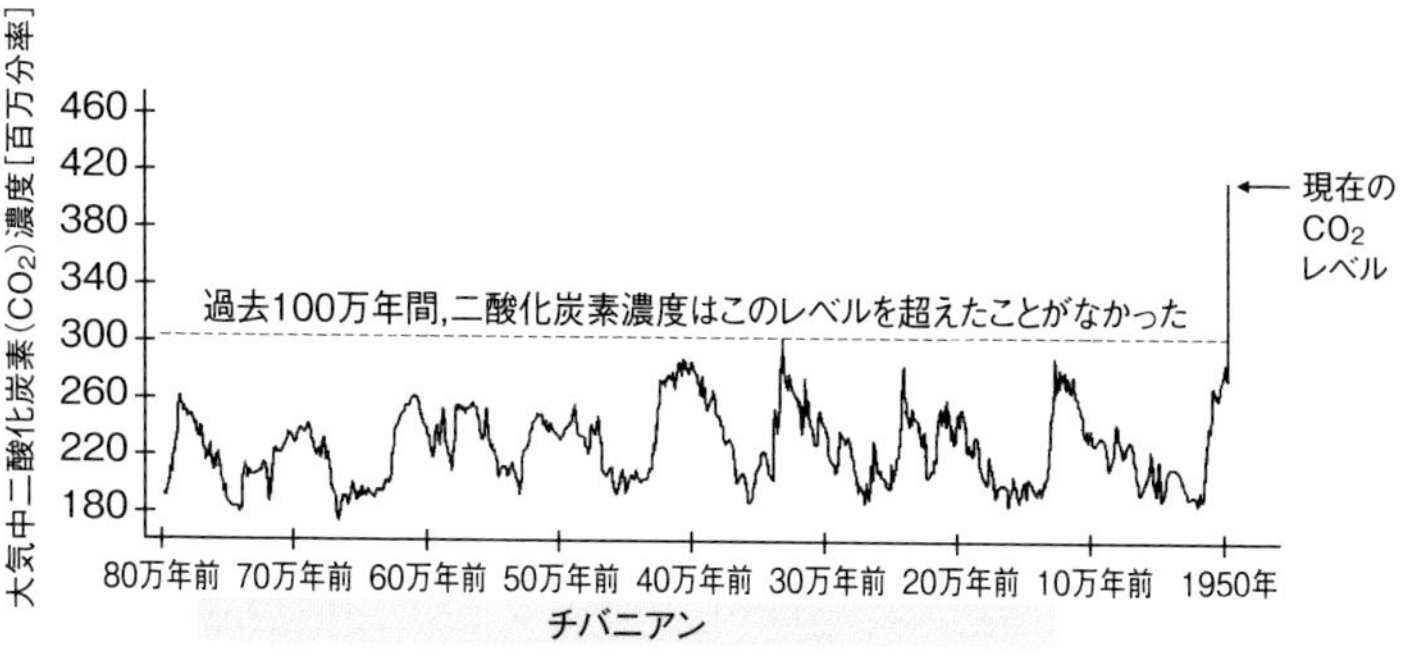

図0-2　過去80万年間の大気中の二酸化炭素濃度（百万分率）の変化.
　過去の二酸化炭素濃度は氷床をボーリングして得られたコアの中の気泡から測定したもの（*1）.

*1　https://climate.nasa.gov/evidence/

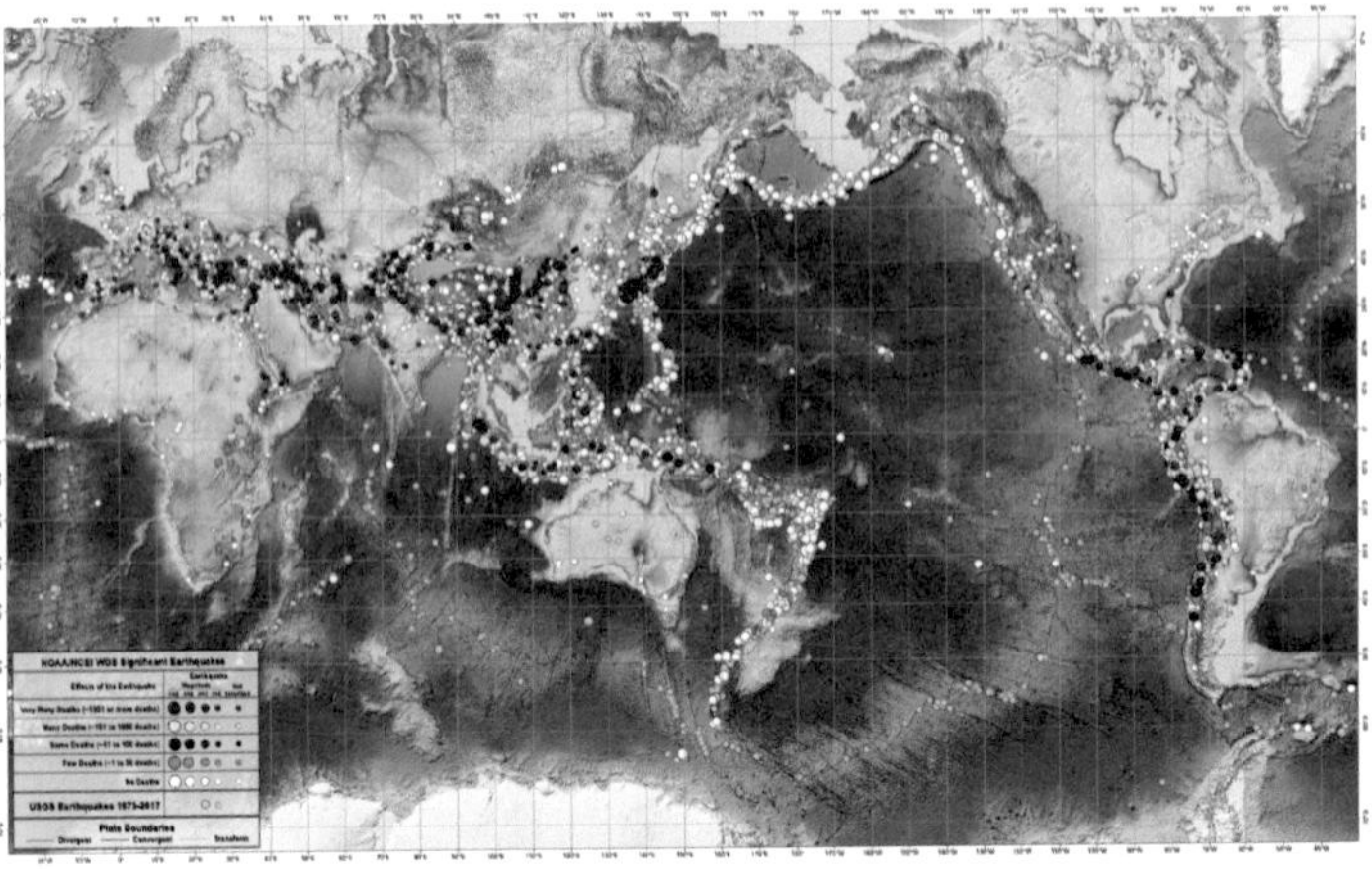

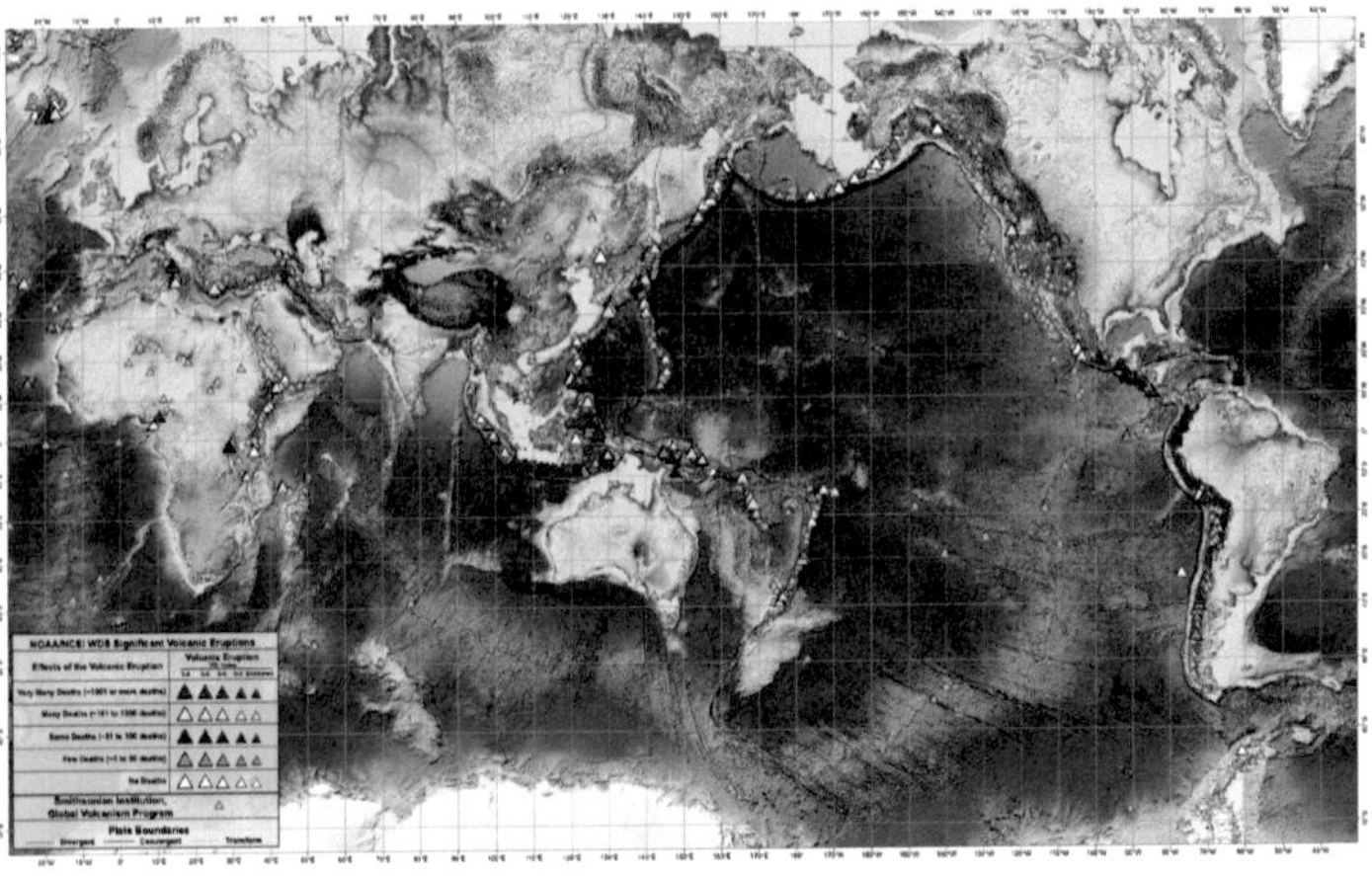

図0-3　(上)紀元前2150年から2017年までに起きた約6000回の巨大地震または人的被害をもたらした地震(*2).(下)紀元前4360年から2017年までに起きた約800回の巨大噴火または人的被害をもたらした噴火(*3).いずれもシンボルが大きいほど地震や噴火の規模が大きく,白,オレンジ,紫,黄色,赤の順に人的被害が大きくなる.

*2　https://ngdc.noaa.gov/hazard/data/publications/significant-earthquakes-poster-2017.pdf
*3　https://ngdc.noaa.gov/hazard/data/publications/significant-volcanic-eruptions-2017.pdf

海水温や海流が変化する現象である。このように大気と海洋が相互作用しながら変動する例は他にも知られているが、それらの変動予測はまだ完全ではない。

また、人工衛星からの情報に依存する現代では、宇宙空間で発生する人工衛星の障害も社会に混乱を与えるが、この原因は太陽で起こる爆発現象である。太陽からの光のエネルギーは惑星表面の温度や液体の水の存在条件を決定し、地球では光合成を通じて生命活動を維持する源となっているが、太陽がときに起こす爆発現象は現代文明にとって大きな脅威となっている。しかし、そうした爆発現象がどのように起こるのかについても、私たちはまだ十分に理解していない。

今より温暖化が進む21世紀末の地球の気候を正しく予測するために、気候の将来予測が行われている。人類がこの先、地球でどのように暮らしていけばよいか、そして現代文明が地球と共生するためにはどうすればよいかなどの問題の解決策を探る上できわめて重要である。

その一方で、過去の地球の気候をくわしく調べる研究も行われている。地球の気候変動は、大気や海洋だけでなく、大陸

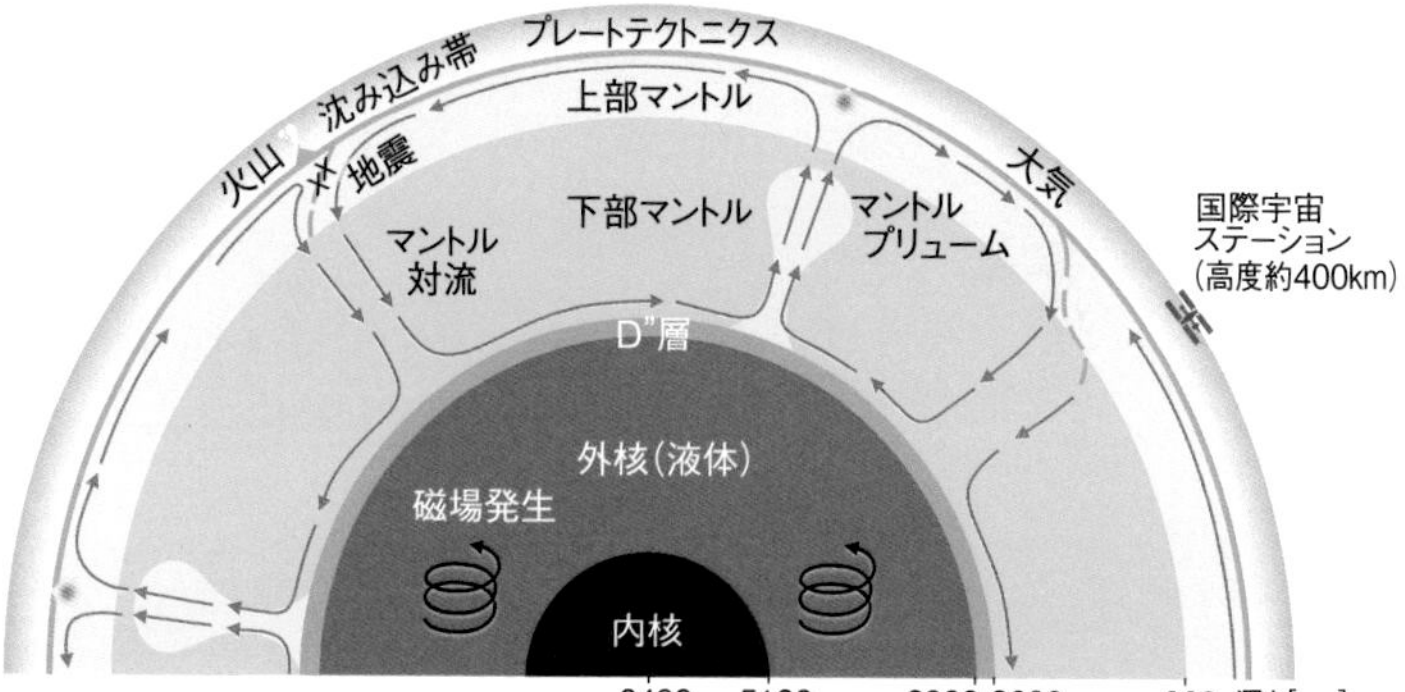

図0-4　地球内部の構造と運動（模式図）.

岩石でできたマントルは，長い時間をかけてゆっくりと対流する．地表で冷やされたマントル最上部は硬いプレートとなって，水平に移動した後，沈み込み帯でマントルへと戻る（プレートテクトニクス）．プレートの沈み込みに伴って，地震が発生し，火山がつくられる．一方，下部マントルの高温部分が大きな塊（マントルプリューム）となって上昇し，プレートを引き裂いたりホットスポットをつくったりする（プリュームテクトニクス）．液体の外核の運動は，地球磁場を発生させるとともに，マントルの運動にも影響を与える（コアダイナミクス）．

をおおう氷河、大陸や海洋における生物活動、土壌や堆積物中の有機物など、さまざまな要素が複合的に影響を与え合う複雑なシステムの挙動によって生じるため、単純ではない。そのため、現在と類似の、あるいは現在とは異なる条件にあった過去の地球で実際に生じた気候変動の理解が、将来の気候変動の予測に示唆を与えることも多い。まさに温故知新。過去の地球の理解を通じて将来の地球を予測するのである。過去の地球の気候変動の様子は、大陸の氷床や長い時間をかけて海底や湖底に堆積した岩石や、サンゴの化石、鍾乳石などに記録されている。

岩石に閉じ込められた地球の歴史を読み解き、さかのぼっていくと、私たちの起源につながる生物の進化の歴史も見えてくる（図0-1）。人類が生まれる前には、恐竜が地球上を闊歩《かっぽ》する時代があり、水中にしか生命がいない時代、大型生物が存在せず微生物だけの時代、そして、生命が誕生した時代があった。それらの時代の地球環境は、現在とは大きく異なっていたらしい。たとえば、いま、私たちが当たり前のように呼吸している酸素は、太古の地球には存

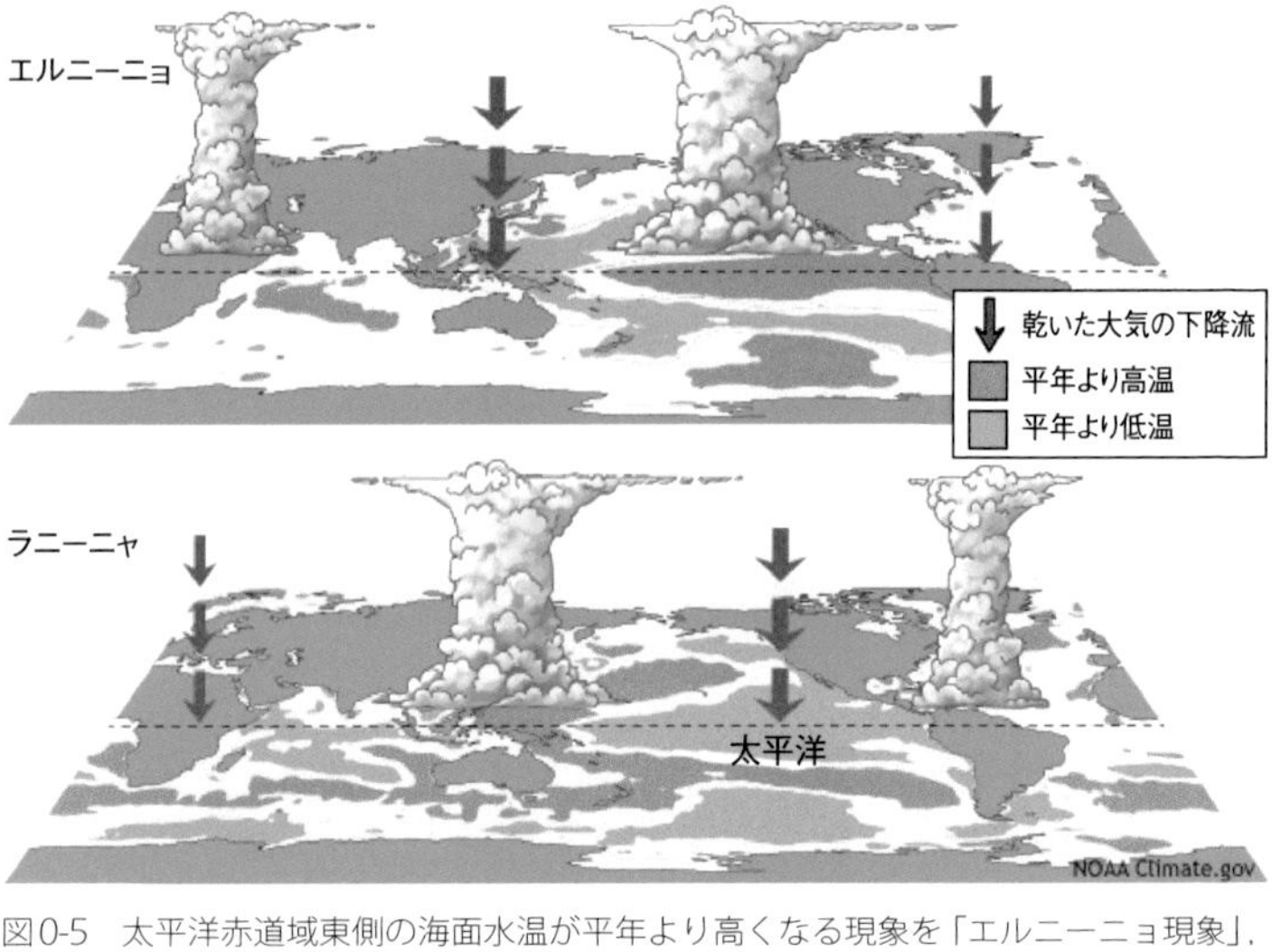

図0-5　太平洋赤道域東側の海面水温が平年より高くなる現象を「エルニーニョ現象」，反対に平年より低温の状態が続く現象を「ラニーニャ現象」と呼び，それぞれが数年おきに発生する．この現象に連動して，南太平洋の東部と西部で気圧がシーソーのように変化し，大気の流れを変え，世界的に気候の変化をつくり出す（＊4）．

＊4　https://www.climate.gov/enso

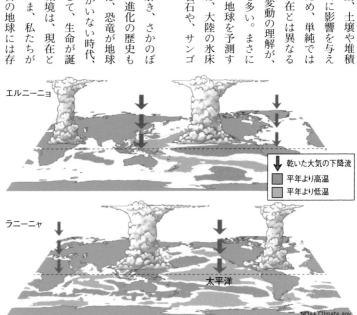

在せず、太古の生命にとってはきわめて危険な毒性ガスだった。そんな酸素を地球大気の主たる成分へと変えていったのも、生命自身である。生命と地球とはともに進化してきた。現代文明が地球とともに暮らし、進化できるのかを知る鍵が過去に眠っているはずである。

では、そもそも生命はなぜ地球に誕生したのだろうか。地球の外に目を向けると、地球は太陽の周りを公転する惑星のひとつであることがわかる（図0-6）。金星や火星では生命は誕生しなかったのだろうか、金星や火星はなぜ地球と異なる環境なのだろうか。惑星を持つ恒星は太陽だけではないことも私たちは知っている。2019年のノーベル物理学賞が太陽系外惑星の最初の発見者に授与されたことも覚えておられるだろう。現在までに、銀河系（図0-7）の太陽系近傍だけで、すでに数千個にもおよぶ太陽系外惑星が発見されている。地球のような惑星はおそらく特別な存在ではなさそうだ。さて、それらの惑星に生命はいるのだろうか。

図0-6　太陽系の8つの惑星と冥王星（準惑星）および各天体の公転軌道．
天体間の距離に比べて，天体の大きさは強調して大きく描かれている（*5）．

*5　https://solarsystem.nasa.gov/resources/679/solar-system-scales-artists-concept/

地球惑星科学とは、ここまで述べてきたような、私たち人類を取り巻く自然の成り立ちを理解しようとする学問である。地球や生命とは何だろうかという根源的な疑問の解明から、人類はどのように地球で暮らしていくべきかという社会に直結した問題の解決までをめざす学問ともいえる。そのため、銀河の中での太陽系や惑星・地球の誕生、地球の構造・歴史、生命の起源と進化、地震や火山、日々の気象、資源・エネルギー、将来の気候変動予測など、私たちが住む地球や自然に関わる広範囲の事象が研究の対象である。これらの事象は地球という複雑なシステムのなかで起きており、すべてつながり、何らかの関連を持つものである。

これら事象がさまざまに関連し合いながら起きている一方で、各事象の時間スケールは秒単位から億年単位までさまざまである。このため、ある特定の時間や空間を切り取って考えると、独立な事象としてとらえることもできる。たとえば、21世紀末の気候を予測するときに、数千万年以上の時間で起こる大陸配置の変化は考えなくてもよい。そのため、地球惑星科学の分野の中でも、それぞれの研究者が個別の事象について、最先端の研究を進めている。その手法もさまざまで、物理学、化学、生物学などを背景に、地球観測、野外調査、化学分析、計算機を使ったシミュレーション、地球を模擬した実験などが行われている。

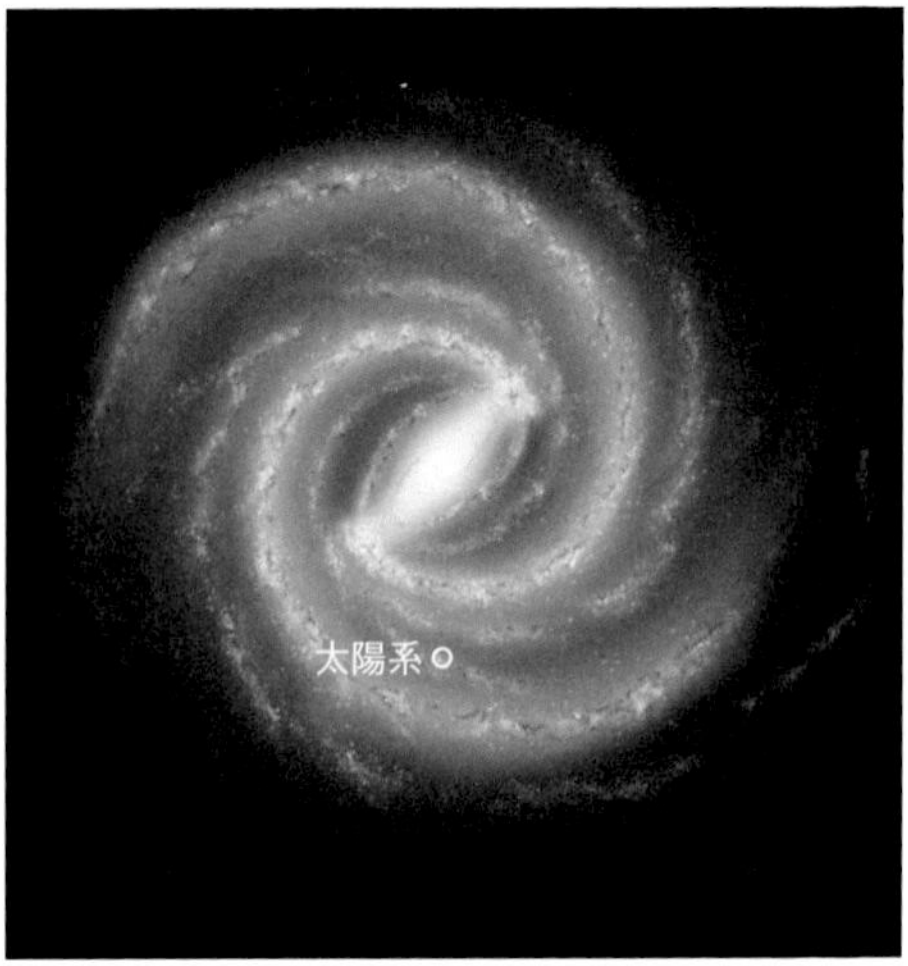

図0-7 約2000億個の恒星からなる天の川銀河（棒渦巻銀河）のイメージ図.
太陽系はオリオン腕に含まれる（*6）.

*6 https://solarsystem.nasa.gov/resources/285/the-milky-way-galaxy/

個別の事象の最先端研究によって詳細な理解が進む一方、地球惑星科学が目指すのは全体の理解であることを考えると、細分化された研究分野の間での相互理解を進めることは必要不可欠である。そのために、１９９０年から日本の地球惑星科学分野の関連学会が結集して、研究発表や議論を行う学術集会である地球惑星科学関連学会合同大会を開催するようになった。その後、この合同大会を母体として、２００５年に日本地球惑星科学連合（ＪｐＧＵ：Japan Geoscience Union）が誕生した。２０２０年2月時点で、日本地球惑星科学連合には51の学協会が団体会員となっており、地球惑星科学分野における世界有数の学会に成長した。

日本地球惑星科学連合では、誕生直後から季刊のニュースレター誌「Japan Geoscience Letters」（ＪＧＬ）を創刊した。対象や手法が多岐にわたる地球惑星科学においては、ときに互いの研究の理解が難しいこともある。そこで、個別分野の最先端の話題を一般の方にもわかるように紹介することで、いま何が注目されているのかを分野全体で共有し、相互理解をはかることを目的として、ＪＧＬでは２０２０年2月号までに１６６本の研究トピック記事を掲載してきた(＊7)。

本書は、ＪＧＬで取り上げてきたトピックスに関連して、いくつかの話題を取り上げ、21編のトピックスと8編のコラムとして新たに書き下ろしていただいたものである。紙面に限りがあるため、地球惑星科学の広いテーマを十分カバーできたとはいえないが、各分野の第一人者がそれぞれの研究テーマに関連した研究の現在と将来像を記している。

本書は次の5部に分かれている：第Ⅰ部「宇宙のなかの地球」、第Ⅱ部「生命を生んだ惑星地球」、第Ⅲ部「岩石惑星地球の営み」、第Ⅳ部「地球環境の現在、過去、そして未来」、第Ⅴ部「人間が住む地球」。これらは日本地球

＊7　これらはウェブ公開されており，http://www.jpgu.org/publications/jgl/ で誰でも読むことができる．

惑星科学連合の5つの分野（宇宙惑星科学、地球生命科学、固体地球科学、大気水圏科学、地球人間圏科学の各サイエンスセクション）にも対応している。各トピック（章）は独立した読み物になっているので、どの章から読み始めても問題はない。各章の文中には関連する章番号やコラムも示してあるので、好きなテーマに沿って、関連する章をたどりながら読んでいってもよいだろう。とはいえ、本書全体を読むことで地球惑星科学全体を眺めることができる構成となっているので、ぜひ全体を読んでいただきたい。

地球惑星科学に興味をお持ちの一般の方や、これから地球惑星科学を学ぼうとする高校生・大学生の方には、地球惑星科学という学問の目的や全体像の理解に本書を役立てていただければと思う。地球惑星科学の発展によって、地球の仕組み・からくりを理解していくことが、人類が地球で生きていくために必要である、ということがわかっていただけると思う。各章の末尾には、関連する一般向けの書籍も紹介しているので、より深く理解したい方は参照されたい。また、専門家や大学院生の方には、自身の研究テーマから少し離れた分野の最前線を理解し（＊8）、改めて地球惑星科学を包括的に考える機会としていただければと思う。

＊8　各章では理解を助けるための学術論文も紹介している．

I

宇宙のなかの地球

1 銀河のなかの惑星たち

井田 茂

2019年のノーベル物理学賞は太陽系外の惑星(「系外惑星」と呼ぶ)の発見に授与された。最初の発見は1995年だが、現在もまだ、その衝撃が広がり続けている。惑星系の姿は非常に多様である一方で、銀河系の恒星の半数以上に地球型惑星が回っていることが確実になった。表面に海を持つ可能性が高い、「ハビタブルゾーン」の中に軌道を持つ地球型惑星も続々と発見され、そこに住む生命の兆候の観測可能性も活発に議論されている。一方で、その議論は、生命とは何かという根源的な問題を私たちに突きつけている。今後も続々と新しいデータが届けられ、議論はどんどん進展していくはずである。

系外惑星研究の急進展

系外惑星の発見について、筆者は、2005年日本地球惑星科学連合ニュースレター誌(JGL)の創刊号に寄稿させてもらった(序章参照)。そこでは、めくるめくような「異形の惑星」の発見に湧いた1995年からの10年の興奮を伝え、やがて系外の地球型惑星発見も予想され、地球科学者も参入する必要があること、そして将来への期待として「第2の地球」とも呼ぶべき地球アナログや系外生命のサインの発見の可能性について述べた。

それから15年が経った。状況はその当時の予想や期待を越えている。2005年の記事では系外惑星の発見数は160個だったのが、2019年末現在では4000個を超えている。小型の岩石惑星を地球型惑星と呼ぶな

＊1 Mayor, M. and D. Queloz (1995) A Jupiter-mass companion to a solar-type star. *Nature*, **378**, 355-359.

らば、銀河系の恒星の半数以上が地球型惑星を持つことが統計的に明らかになった。海が存在し得る軌道にある地球型惑星も続々と発見されている。

1995年にさかのぼって、順々に述べていくことにしよう。

1995年の衝撃的なホットジュピターの発見

惑星は、恒星に比べたら何桁も質量が小さい天体で、太陽系では、内側から順に水星、金星、私たちの地球、火星といった岩石を主成分にした小型の惑星が並び、その外側に水素・ヘリウムのガスを主成分とした巨大ガス惑星の木星と土星、さらに外側に中型氷惑星の天王星と海王星が並んでいる。

他の恒星もこのような惑星系を持っているのではないかと、1940年代から系外惑星探索が始まった。1980年代には木星クラスの巨大惑星ならば検出できる観測方法が確立したが、惑星は発見できなかった。

1995年に系外惑星の衝撃的な発見のニュースが流れた(＊1)。太陽系の木星、土星は地球軌道のはるか外側の円軌道を周期12年、29年でゆったりと周回している。ところが、発見されたのは、ペガスス座51番星という太陽に似た恒星（太陽

図1-1　ペガスス座51番星のホットジュピターの発見により，2019年ノーベル物理学賞を受賞した，ミッシェル・マイヨール博士（右）と筆者（左）．

型星）の至近距離の軌道を周期4日という猛スピードで周回し続ける木星クラスの巨大ガス惑星だった（発見者はスイスのミッシェル・マイヨール博士とその学生だったディディエ・ケロー、図1-1）。このような惑星は「ホットジュピター」と呼ばれる（図1-2）が、天文学者・惑星科学者はもちろんのこと、SF作家も含めて誰も想像したことがなかった惑星の姿だった。もちろん、それは「惑星」なのか、何かの見間違いではないか、と大論争が起こったが、決着はあっさりとついた。他の研究者が次々と追試に成功し、他の恒星でも同様の惑星が続々と発見されたからである。

ゴールドラッシュ

さらには彗星のようなひしゃげた楕円軌道をまわり、灼熱期と寒冷期を繰り返す巨大ガス惑星「エキセントリックジュピター」も多数発見された。堰を切ったかのように次から次へと、太陽系惑星の姿からはほど遠い姿の「異形の惑星」が発見されていった。系外惑星の観測に人と予算が一気に流れ込み、19世紀にカリフォルニアをはじめとした世界各地で金鉱に人々が殺到したゴールドラッシュのようだった（系外惑星発見前後の発見レースの人間模様については、＊2、＊3を参照されたい）。

なぜこうなったのかというと、観測精度はすでに十分なレベルにあったから

図1-2　ホットジュピターの想像図（NASA/JPL-Caltech）.

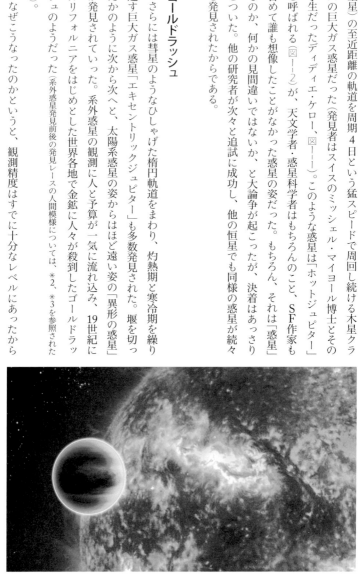

だ。燦々と輝く恒星のすぐそばに淡く光る惑星を直接検出することは容易ではないので、惑星が周回することで、中心の恒星がふらつくことを観測して、惑星が存在していることを間接的に検出する方法が使われていた。ハンマー投げで、選手が投げる前に回転しているときの、鉄のおもりが惑星、選手が中心星だとイメージしてもらえばよい。そのふらつき運動をドップラー効果でとらえる方法（視線速度法）が採用されていた（系外惑星の観測法については、たとえば＊4を参照）。ふらつき運動の視線方向成分のドップラー効果によって、恒星光の波長が周期的に変動する。この変動を調べることで、間接的だが確実に、惑星を検出することができる。木星の場合は12年をかけて、秒速±13メートルの視線速度を引き起こす。ところがペガスス座51番星のホットジュピターは中心星近傍を高速回転しているので、視線速度は秒速56メートルに達していた。さらには12年かけて観測しなくても、4日で変動がわかるので、追試があっという間に成功したのだ。

太陽系中心主義からの解放

それほど簡単に検出できた惑星を、なぜ、それまで見つけることができなかったのか？　それは、太陽系のイメージに引っ張られて、中心星から離れた軌道を長い周期で公転する巨大ガス惑星を探していたので、見逃していたという理由が大きかった。それまでは太陽系というひとつのサンプルしか知らず、なるべく一般的に考えようと思っても、どの程度制約をゆるめていいのかがわからなかった。また、1980年代に構築された「京都モデル」を中心とした当時の惑星形成標準モデルでは、太陽系の惑星の並びを見事に説明していたので（＊5）、その並びに必然性があるように思えていたのである。

だが現実は違った。ホットジュピターの発見は、知らず知らずのうちにとらわれていた「太陽系中心主義」か

＊2　井田 茂（2003）異形の惑星—系外惑星形成理論から, NHKブックス.
＊3　井田 茂（2011）スーパーアース, PHPサイエンス・ワールド新書.
＊4　田村元秀（2015）新天文学ライブラリー1 太陽系外惑星, 日本評論社.
＊5　Hayashi, C. *et al.* (1985) Formation of the solar system. *Protostars and planets II*, University of Arizona Press, 1100-1153.

ら天文学者・惑星科学者たちを解き放つことになった。

筆者は惑星の形成理論を専門にしている。系外惑星が発見された1995年当時の惑星形成モデルは太陽系というひとつのサンプルの説明を目指していた。当時の標準モデルは、多彩な異形の惑星たちの前では無力であった。惑星形成モデルは、根本から大幅に作り直されることとなった（系外惑星の多様性の起源の理論モデルについては、＊6〜8を参照）。

一方で、ホットジュピターやエキセントリックジュピターといった異形の惑星の発見は、「惑星系は普遍的な存在だが、それらの姿は太陽系からかけ離れているものばかりで、太陽系は奇跡的な存在だ」という、新たな太陽系中心主義も生んだ。しかし、太陽系と同じ惑星配置の惑星系があったとして、2019年末現在の観測精度でも木星に相当する最大の惑星がぎりぎり検出できるかどうかであって、太陽系がまれな惑星系なのか、よくある惑星系なのかについては、まだわからない。

遍在する地球型惑星

系外惑星の観測に人と予算が一気に流れ込んだことで、観測精度はどんどん上がっていき、地球サイズの数倍程度の、固体を主成分とした惑星（スーパーアース）も視線速度法で発見されるようになっていった。それは、2005年のJGL寄稿からわずか数年後からのことである。巨大ガス惑星に比べると質量が数十分の1以下の小さい惑星なので、発見数は限られていたが、推定されたスーパーアースの存在確率は高く、太陽くらいの質量の恒星（太陽型星）の半分近くにスーパーアースが存在するのではないかといわれ始めた（＊9）。

決定的だったのは、2009年に打ち上げられたNASAのケプラー宇宙望遠鏡である。通常観測を停止する

＊6　井田 茂（2007）系外惑星，東京大学出版会．

＊7　井田 茂・中本泰史（2015）惑星形成の物理―太陽系と系外惑星系の形成論入門，共立出版．

＊8　井田 茂（2017）系外惑星と太陽系，岩波新書．

＊9　Mayor, M. *et al.* (2011) The HARPS search for southern extra-solar planets XXXIV. Occurrence, mass distribution and orbital properties of super-Earths and Neptune-mass planets. eprint arXiv:1109.2497

までの4年間で2300個の惑星を発見した。そして、発見された惑星のほとんどがスーパーアースまたは地球サイズの惑星(アース)だった。太陽型星の半分近くにスーパーアースまたはアースが存在するということが統計的に証明された(*10)。

ケプラー宇宙望遠鏡が使ったのは、惑星による中心星の食を観測するという単純な方法(トランジット法)である。惑星の軌道面が私たちの視線方向とほぼ一致する場合、惑星が恒星の一部を隠す「食」が起こり、一時的に中心星からの光が弱くなるので、恒星の明るさを継続的に観測すれば惑星が検出できるのだ。地球の断面積は太陽の1万分の1しかなく、食による減光は小さいが、大気のゆらぎがない宇宙空間からなら、それすらも検出できるのである。

ハビタブルゾーンの地球型惑星

近年では「ハビタブルゾーン」のスーパーアース/アースも続々と発見されるようになってきた。ここで、「ハビタブルゾーン」とは、中心の恒星から近すぎず遠すぎずのほどよい中心星放射による加熱で、惑星表面に海が存在する可能性がある軌道範囲の目安である(*11)(図1-3)。数々の証拠から、地球の生命は、水の中で有機物の化学反応が繰り返されて誕生したことが確実視

図1-3 ハビタブルゾーンの概念図(NASA).

されているので、系外惑星の中でも、表面に液体の水が存在している可能性があるスーパーアース／アースに注目が集まることになった。

太陽系では表面に液体の水が存在しているのは地球だけである。液体の水の存在条件は分圧と温度で決まるので、本来は大気の圧力と組成、温暖化ガスの量などを知らなければわからないが、可能性を排除しないために、通常、ハビタブルゾーンは広めにとる。

一方で、ハビタブルゾーンは中心星放射を熱源とした概念なので、放射性元素による熱や潮汐加熱が効く場合は、ハビタブルゾーンになくとも液体の水は存在できる。たとえば、太陽系内でもハビタブルゾーンのはるか外側の軌道を持つ土星の衛星エンケラドスでは、潮汐加熱により内部に液体の水が存在し、表面の割れ目から水蒸気が吹き出していることが、土星への探査機カッシーニによって2005年に発見された。

このようにハビタブルゾーンは、ひとつの目安にしか過ぎないのであるが、中心の恒星からの距離、中心星の明るさ、惑星軌道、質量やサイズは天文観測のみからわかるので、注目すべき惑星をマークするには便利な指標になっている。

赤色矮星のハビタブルゾーンの地球型惑星

太陽系の隣のプロキシマ・ケンタウリ星のハビタブルゾーンに、地球サイズの惑星が2016年に発見された。翌2017年にはトラピスト-1と呼ばれる恒星の惑星が話題となった（図1-4）。ここには7つの地球サイズの惑星があって、そのうち3つはハビタブルゾーンの中に入っている可能性がある。2019年にはK2-18という恒星のハビタブルゾーンにあるスーパーアースの大気に水蒸気が検出され、表面に液体の水が存在している可

*10 Howard, A. *et al.* (2012) Planet Occurrence within 0.25 AU of Solar-type Stars from Kepler. *Astrophys. J. Suppl.*, **201**, id. 15 (20 pp).

*11 Kasting, J. F. *et al.* (1993) Habitable Zones around Main Sequence Stars. *Icarus*, **101**, 108-128.

能性が指摘された。系外惑星の発見以来、地球外生命の科学的議論が活発になったが、それがさらに盛り上がることとなった。

現在の観測精度では地球サイズの惑星は、中心星に十分近くなければ発見できず、ハビタブルゾーンが中心星の近くにあるのは、太陽質量の半分以下で、太陽の百分の1～千分の1の明るさしかない赤色矮《わい》星と呼ばれる恒星である。トラピスト-1もプロキシマ・ケンタウリ星もK2-18も赤色矮星である。赤色矮星は暗いのだが、紫外線やX線は太陽と同等かそれ以上の強さがあり、ハビタブルゾーンが中心星に近い分、そこにある惑星が受ける紫外線・X線量は地球が受けているものより桁違いに強いことになる。一方で、それだけ中心星に近いと、惑星は、いつも同じ面を恒星に向けるようになり(月がいつも地球に同じ面を向けているのと同じ理由)、夜側の半球エリアには紫外線・X線は永遠にあたらない。もちろん赤色矮星が主に出す赤外線も常に同じエリアを照らす。つまり、赤色矮星のハビタブルゾーンの惑星は、およそ地球とは違う気象、表層環境を持っていると考えられる。

生命を宿す惑星というと、かつては地球をイメージすることが多く、系外惑星における生命の議論は、地球に似た惑星の探索から始めるというのが常だった。しかし、

図1-4　トラピスト-1の惑星系の想像図(NASA/JPL-Caltech).

ハビタブルゾーンの地球型惑星の観測は太陽型星では現状では無理だが、赤色矮星ではすでに可能である。生命存在の条件はよくわからないので、なるべくシンプルに、液体の水と有機物が存在し得ることと生命活動に必要な何らかのエネルギー供給くらいに捨象してしまうと、赤色矮星のハビタブルゾーンの惑星でもいいことになる。現時点で観測できるということ優先で、天文学者の興味は赤色矮星の惑星に向いていった。知らず知らずのうちに「地球中心主義」とでもいう縛りから天文学者は解放された。

私たちは地球外生命を認識できるのか?

ゲノム解析から、地球生命はヒトもトウモロコシも大腸菌も共通祖先を持つ一系統の生命だということがわかっている(*12)(第6章参照)。生命とは、天体におけるエネルギー循環と物質循環の一部分と考えることもでき、地球という天体の表層環境の45億年の変遷と地球生命の誕生・進化は切り離すことができない(生命の議論については、*13を参照)(第5、6、17章参照)。他の天体、とくに赤色矮星のハビタブルゾーンの惑星という異界では、地球とはまるで異なる仕組みの生命が生まれていると考えるのが自然である。私たちはその生命を認識することが可能なのか、いったい生命とは何なのか? そういう根源的な問題が突きつけられている(より深い議論は、章末の一般向けの関連書籍やコラム2を参照)。

太陽系の姿にひきずられて、ホットジュピターのような惑星の姿は意識の外にあったために、観測精度としては十分でありながら、天文学者たちは長い間、ホットジュピターを発見することができなかった。このことは、単一のサンプルから一般的な特徴を想像することがいかに難しいのかを示し、つまりは地球外生命の検出の困難を示している。

*12 Woese, C. R. *et al.* (1990) Towards a natural system of organisms: Proposal for the domains Archaea, Bacteria, and Eucarya. *Proc.Natl.Acad.Sci. USA,* **87**, 4576-4579.

*13 長沼 毅・井田 茂 (2014) 地球外生命—われわれは孤独か, 岩波新書.

だが、先に述べたように、すでに赤色矮星のハビタブルゾーンの地球型惑星は観測可能であり、データはどんどん得られるはずである。のんびり考えている間はない。

生命が住んでいる兆候とは？

ではどうすればいいのか？　系外惑星のような異界に住む生命自身をいくら想像しても埒《らち》が明かないし、生命は天体におけるエネルギー・物質循環の一部なので、天体の表層環境を観測して、無生物的にはあり得ないような妙なデータがないか調べるということが、現実的なひとつの方針である。

たとえば、地球大気には酸素がたくさんある。化学的には大気中の酸素はすぐに取り除かれる傾向があるのに、それが存在しているのは、光合成生物が酸素を吐き出し続けているからである（第17章参照）。地球大気は化学平衡になく、その原因は地球に生命が住んでいるからということができる。つまり、化学平衡にない大気成分を検出できたら、それが生命存在の可能性の指標になるのではないかと期待されているのだ。いったん、指標が見つかったら、とにかく表層環境を徹底的に調べ尽くしていこうという戦略である。

系外惑星の発見が切り拓いたもの、そしてこれから

系外惑星の発見は突然で強烈なものだった。系外惑星は、それまで誰一人として想像したことがないような多彩さを示し、その一方で恒星が惑星系を持つということは非常に普遍的であることが示された。系外惑星研究は一気に天文学の重要分野となり、さらに地球外生命の科学的議論の扉も開くことになった。

知らない間に太陽系や地球の姿に縛られてしまいがちだった、太陽系というひとつのサンプルのもとでの研究

と、続々と系外惑星が発見されてサンプル数が急増したあとでは学問のあり方や方法論がまったく変わってしまった。こんな経験ができたのは大変貴重なことだと筆者は強く思っている。

系外惑星の観測を目指して、地上の大型望遠鏡、宇宙望遠鏡の計画が次々と進められている。今後は、惑星の軌道や質量といった力学的なデータだけではなく、大気の組成や表層環境のデータの観測に重点が置かれていくであろう。その中から、系外惑星の生命の兆候も得られていくかもしれない。

また、チリの高地アカタマ砂漠に建設されたALMA電波望遠鏡により、惑星系が生まれている最中の若い恒星の周りのガス円盤の詳細観測も進み、太陽系も系外惑星系も統一的に説明する一般的な惑星形成モデルの構築も進んでいる。

系外惑星の観測データは次々と届けられ、大きな発見が続くであろう。しかし、何が出てくるのかは専門家でも予想がつかない。学問分野として、まだまだ刺激的で魅力的な時代が続いていくことは確かである。

一般向けの関連書籍——井田　茂（2019）ハビタブルな宇宙―系外惑星が示す生命像の変容と転換、春秋社。

2 太陽系小天体探査と「はやぶさ2」

渡邊誠一郎

太陽系探査は、個性豊かな各惑星(およびその衛星)の探査に加えて、近年、太陽系の起源に直結する彗星や小惑星などの小天体探査が急速に進展している。小天体探査において、日本は「さきがけ」と「すいせい」によるハレー彗星探査に始まり、「はやぶさ」による岩石小惑星イトカワからのサンプルリターンを経て、有機物を含む小惑星リュウグウに「はやぶさ2」が訪れ、試料採取や人工衝突クレーター生成に成功するなど、世界を先導してきた。探査機「はやぶさ2」は、惑星の材料天体である微惑星とはいかなる天体か、地球の水と有機物はどこからきたのか、という問いに答える鍵を求めて、この直径1キロメートルの天体をリモートセンシング機器、ローバー・着陸機、衝突装置などを駆使して調べ上げ、表層試料を地球に持ち帰ることをめざしている。理学と工学のメンバーが一体となって、到着後の科学観測の結果を試料採取地点の選定や精密誘導降下運用などに反映させた。

小天体が握る太陽系形成の鍵

太陽系には、太陽および8個の惑星とその周囲を回る衛星のほかに、太陽系小天体と呼ばれる小惑星、カイパーベルト天体、彗星といった小型のメンバーが多数存在する。なお、現在の国際天文学連合(IAU)の定義では、小惑星帯の最大の天体ケレスとカイパーベルト天体の冥王星、エリス、マケマケ、ハウメアは準惑星とされるが、その位置づけは今後の研究にゆだねられている。

彗星は、核と呼ばれる氷と岩石、有機物からなる天体で、長楕円軌道をもつ。太陽に近づくと核から放出されたガスやダストが球状に広がるコマを形成し、さらに近づくとダストとプラズマの長い尾を引く。太陽系形成時に形成された微惑星(惑星形成の材料天体)もしくはその破片が、外側太陽系の四大惑星(木星・土星・天王星・海王星)や他の恒星の重力摂動によって長時間のうちに軌道が変えられたものと考えられている。

火星と木星の間に広がる小惑星帯は、岩石世界の内側太陽系と氷世界の外側太陽系の境界にある。100キロメートルサイズの小惑星は微惑星の生き残りであり、より小さな小惑星は、これらの衝突破壊によって生じた破片天体だとされる。表面の反射スペクトルによって、小惑星はS型とC型に大別される。S型小惑星は地球に最も多く落下する隕石である普通コンドライトと類似のスペクトルを持ち、ケイ酸塩鉱物が示すものと同じ吸収が見られ、岩石主体で有機物や水はほとんど含まない。C型小惑星は、炭素質コンドライトと類似のスペクトルを示すため、炭素質物質を数%程度含み、含水鉱物を保持すると予想されている。直径数キロメートル以下の破片小惑星は、惑星の重力摂動で故郷の小惑星帯からある割合で放出され、地球軌道をかすめるように交差する地球接近小惑星となっている。

これら小天体は、太陽系形成過程(*1)の情報を保持した化石天体であり、地球の材料物質を理解する鍵を握っている。

小天体探査と日本

太陽系小天体探査の先駆けは、1986年の国際艦隊によるハレー彗星探査と、木星への途上でのNASA

*1 渡邊誠一郎・井田 茂(1997)第3章比較惑星系形成論. 岩波講座地球惑星科学12比較惑星学, 岩波書店.

*2 Nakamura, T. *et al.* (2011) Itokawa dust particles: A direct link between S-type asteroids and ordinary chondrites. *Science*, **333**, 1113-1116.

の探査機ガリレオによる小惑星ガスプラ（1991年）とイダ（1993年）のフライバイ観測であった。その後、米国は、2000年から2001年にかけて探査機ニアによる地球接近小惑星エロスの周回探査と軟着陸に、2004年から2006年には探査機スターダストによるヴィルト第2彗星のコマから塵を捕獲して地球へ持ち帰るサンプルリターンに、それぞれ成功した。

惑星探査では欧米に一歩遅れる形の日本ではあるが、小天体探査では、1986年に探査機「さきがけ」と「すいせい」がハレー彗星周辺の太陽風観測を行って「先陣争い」に参加し、その経験をもとに、「はやぶさ」への道を進んだ。

2010年6月13日、小惑星探査機「はやぶさ」は地球大気圏に突入して美しく燃え尽きたが、搭載カプセルはオーストラリアの大地にパラシュート落下した。カプセルの中にはS型小惑星イトカワ表面の微粒子が入っており、その分析から、普通コンドライトがS型小惑星起源であること、微粒子表面は太陽風や微小隕石の衝突にさらされ風化し、微小クレーターや溶融物が点在することなどが明らかになった（＊2、＊3など）。

2003年5月の打上げからの「はやぶさ」の冒険は、随所で紹介されているのでここでは改めて述べない（たとえば＊4などを参照のこと）。2005年9月から11月のリモートセンシング観測により、長径500メートル余りのイトカワが、ラッコの頭部と胴体に似た二重構造をなしていて、表面に大きな岩塊も見られることから、母天体の衝突破壊で生成された破片が集積したラブルパイル天体と呼ばれるものであることが明らかになった（＊5）。頭部と胴体の継ぎ目には細かい小石に被われた平原が広がり、そこへの着地が試みられた。帰還試料の宇宙線生成核種存在量から、表層年代は比較的若く、表面からの粒子散逸か、表層対流が示唆されている。

直径1キロメートルにも満たない小天体の探査は世界初であり、小天体表面からのサンプルリターンも初めて

＊3 Nakamura, E. *et al.* (2012) Space environment of an asteroid preserved on micrograins returned by the Hayabusa spacecraft. *Proc. Natl. Acad. Sci.*, **109**, E624.

＊4 川口淳一郎(2011)小惑星探査機「はやぶさ」の超技術―プロジェクト立ち上げから帰還までの全記録，講談社ブルーバックス.

＊5 Fujiwara, A. *et al.* (2006) The rubble-pile asteroid Itokawa as observed by Hayabusa. *Science*, **312**, 1330-1334.

の快挙であり、その成果は、欧米での小惑星探査計画の促進剤となった。
欧州宇宙機関によって2004年3月に打ち上げられた探査機ロゼッタによるチュリュモフ・ゲラシメンコ彗星の探査は、2014年8月から2016年9月まで、近日点を通過する彗星に並走して、その変化を観測するという魅力的なものとなった。そして、アヒル型の奇妙な二重彗星核と、表層の独特の構造、内部からの氷・水蒸気の噴出とそれが作る風紋地形などが確認され、さらに重水素と水素の比（D／H比）が地球の海水の値の3倍以上であることなどが示された（*6など）。着陸機フィラエは着地固定に失敗し、崖の陰に落ちてしまったが、表面画像を送信し、表面に硬い部分と柔らかい部分があること、内部は塵と氷が均質に混ざっていること、窒素を含む有機分子が表面に存在することを示すなど、大きな成果をあげた（*7など）。地球に水や有機物がどのようにもたらされたか、それらは彗星もしくは小惑星がもたらしたのか、という問題は、「はやぶさ2」の探査にとっても重要な課題である（*8）（第5章、コラム2参照）。

「はやぶさ2」のリュウグウ到着

「はやぶさ」の後継機「はやぶさ2」は、小惑星往還技術をさらに洗練させ、人工クレーター生成実験なども行える探査機として開発された。2014年12月に打ち上げられた「はやぶさ2」は約3年半の航行の後、2018年6月、C型小惑星リュウグウに到着した。ひとつの点に過ぎなかったリュウグウが日に日に大きくなっていく姿に魅入られるとともに、試料採取が実施できるのか気を揉んでいた。表面には大きさ数メートルを超える岩塊がほぼ全球に点在していたのである。当初は半径50メートル以内に障害物のない場所を試料採取のための着地領域とする予定であったが、そのような場所はないことがわかってきた。

*6 Altwegg, K. *et al.* (2015) 67P/Churyumov-Gerasimenko, a Jupiter family comet with a high D/H ratio. *Science*, **347**, 1261952.
*7 Bibring, J. -P. *et al.* (2015) 67P/Churyumov-Gerasimenko surface properties as derived from CIVA panoramic images. *Science*, **349**, aab0671.
*8 Watanabe, S. *et al.* (2017) Hayabusa2 mission overview. *Space Sci. Rev.*, **208**, 3-16.

探査機は、まず、小惑星表面から地球方向に高度20キロメートルの地点付近に滞在して、リュウグウの観測を行った。次に、最低高度約5キロメートルまでの降下を含む、数回の降下観測によって、より詳細な表面地形・スペクトル・熱画像を得た。さらに2018年8月上旬には、重力計測のため、1キロメートルを下回る高度まで自由降下した後に上昇する探査機運用を行い、小惑星の質量を導出した。

見えてきたリュウグウの特徴

小惑星では、自転方向が反時計回りに見える方を北極（正極）と定義する。リュウグウの北極の向きは黄道南極（地球の軌道面に対し地球の南極を含む側に延ばした法線方向）の方向に近く、いわゆる逆行自転をしていることがわかった。一連の初期観測から、リュウグウの平均密度は約1.2g/cm³と低く空隙率が高いこと、半径約

図2-1　高度約6 kmから見た小惑星リュウグウ．
上側が小惑星の南極方向（本文参照）．中央付近のクレーターはリュウグウ最大でウラシマと名づけられた（JAXA，東京大，高知大，立教大，名古屋大，千葉工大，明治大，会津大，産総研）．

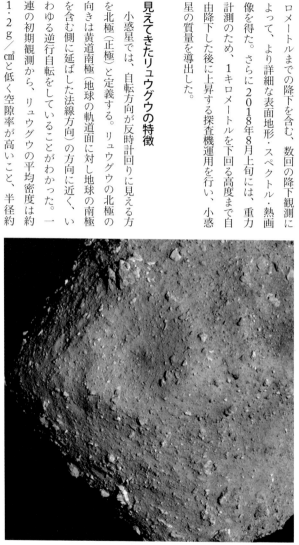

500メートルの赤道を取り巻く顕著な山脈（リッジ）を持ち、コマ（独楽）を重ね合わせたような形状（コマ型）をしていること（図2-1）、イトカワの2倍の数密度で岩塊が表面全域に分布すること（＊9）、大きなクレーター（最大のウラシマは直径290メートル、図2-1）は比較的多いが、小さいものは期待されるよりも少ないこと、表面の可視から近赤外にかけてのスペクトルは一様性が高いことなども明らかになった。表面の岩塊はいくつかの種類に分類でき、南極付近にある最大のものはオトヒメと命名された。

ローバーと着陸機による表面その場観測

2018年9月には、日本が開発したMINERVA-II1A、Bという2機の小型ローバーが着陸に成功し、ホップしながら表面を移動して、多くの画像を母船経由で地上に送ってきた。図2-2はそのうちの1枚で、平均10センチ程度の石に被われた表面と、さらに大きな岩塊の一部も写し出されている。

2018年10月には、ドイツ航空宇宙センター（DLR）とフランス国立宇宙研究センター（CNES）が共同開発した「はやぶさ2」搭載の小型着陸機MASCOTの投下運用が行われ、無事、着陸に成功した。

図2-2　小型ローバーMINERVA-II1Bが撮影したリュウグウの表面（JAXA）.

降下時および表面での夜間を含む観測に成功し、炭素質コンドライト中の白い包有物に似たものを含む岩肌の高解像度画像などの観測データを母船経由で地上に送ってきた(＊10)。ＭＡＳＣＯＴは岩にあたって跳ね返り、小惑星表面に到達したことが、自身が撮影した画像と探査機が撮影したＭＡＳＣＯＴとその影の軌跡の解析から明らかになった。

これらローバーや着陸機の観測は、試料採取に向け、小惑星表面状態に関する貴重なデータとなった。

タッチダウンに向けた取り組み

「はやぶさ2」の試料採取は、探査機下面に据えられたサンプラホーンと呼ばれる筒を小惑星表面に短時間接地(タッチダウン)させ、その中でタンタル製の弾丸を表面に撃ち、飛散粒子をキャッチャーに回収する方式で行われる。２０１８年7月から8月にかけて、試料採取をする着地点の選定活動を行った。最も重要なのはリュウグウの形状モデルの作成である。神戸大学の平田直之氏が、「はやぶさ」で使われた手法を改良したツールを使って、形状と同時に自転パラメタと撮像時の探査機位置を求め、同時に会津大学の平田成氏が別手法での形状作成を進めた。両研究室の大学院生も作業に参加して、短期間のうちに、両モデルは互いに整合的であることを確認し、信頼度の高い形状・地形の復元に成功した。

8月時点では着陸精度を１００メートル四方とし、その面積の領域ごとに、主に着陸安全性と科学的価値の評価を行った。前述のように、観測からリュウグウ表面の均質性は高く、科学的価値の地域差は少なかったため、着陸安全性が候補領域選定に重きをなした。降下運用では地球と小惑星重心を結ぶ線に沿って降下することが有利なため、赤道リッジ付近で岩塊密度が相対的に低い領域(Ｌ08)が第１候補とされた。このとき、前述のロー

＊9 Watanabe, S. *et al.* (2019) Hayabusa2 arrives at the carbonaceous asteroid 162173 Ryugu—A spinning top-shaped rubble pile. *Science*, **364**, 268-272.

＊10 Jaumann, R. *et al.* (2019) Images from the surface of asteroid Ryugu show rocks similar to carbonaceous chondrite meteorites. *Science*, **365**, 817-820.

バーや着陸機の投下点も決定された。

この領域に関して、タッチダウンのリハーサル運用や着陸機投下運用の機会を利用して、低高度からの高分解能の撮像が行われた（図2-3a）。その結果、岩塊密度が低いとされたL08領域でも、着地時に探査機に損傷を与え得る岩塊が多数存在し、さらに狭い地域の限定が求められた。このため、L08内をより細かく評価して、安全性が高いと判断される地域を絞り込んだ。そして、当初、第1回タッチダウン運用を行う予定だった10月後半に、その地域にターゲットマーカー（TM）を投下して定位させ、さらにそれを自律的に捕捉して探査機をホバリン

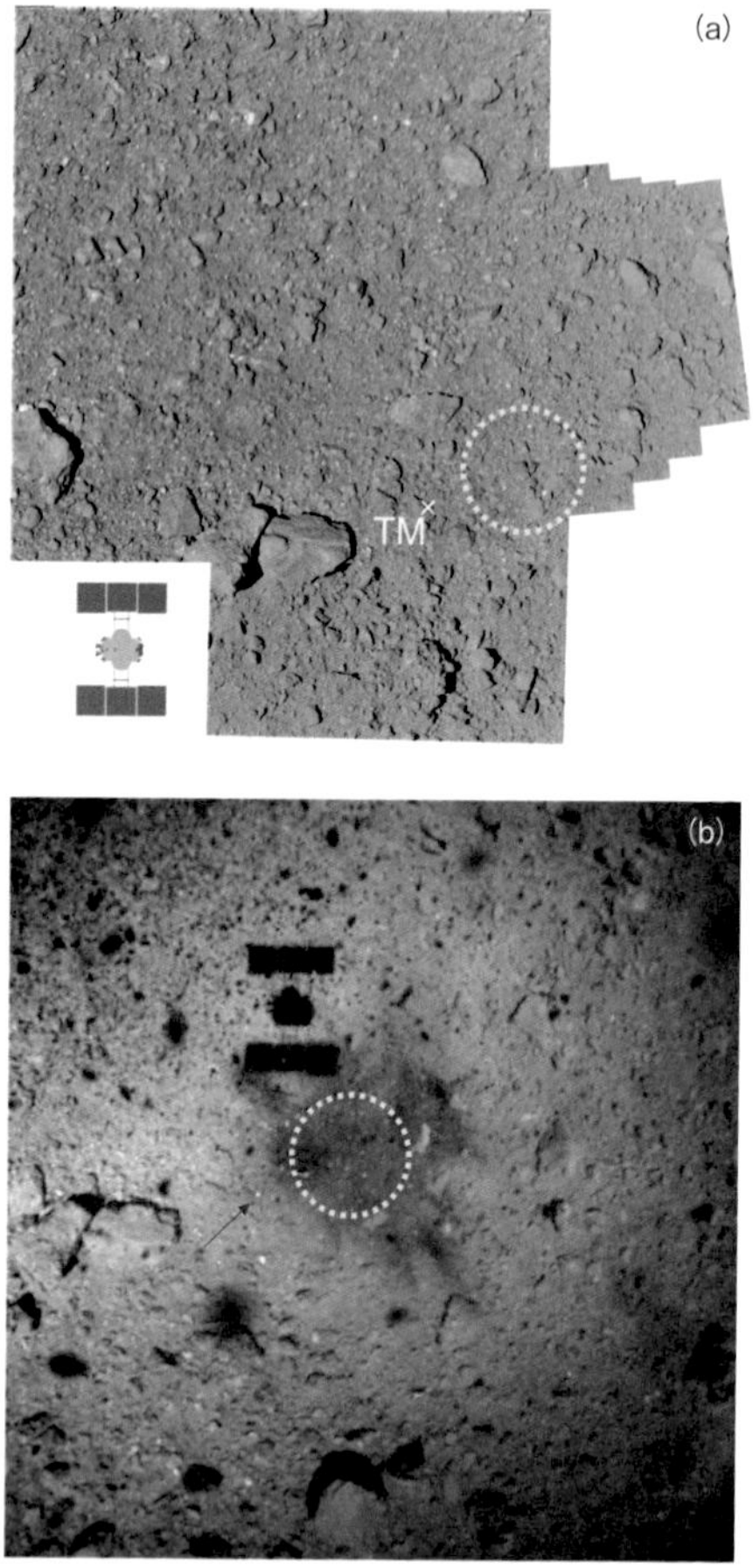

図2-3 (a) ピンポイント・タッチダウン目標円（黄色の円：半径3 m）とターゲットマーカー（TM）位置．図の上方向が小惑星の北方向である．左下は同縮尺の「はやぶさ2」．

(b) 第1回のタッチダウン直後の試料採取点付近（たまてばこ）の様子．黄色の円が計画範囲．赤の矢印の先に見える白点がTM．黒い模様については本文参照．さらに舞い上がった破片が白（日射を受けたもの）または黒（探査機の影内）の斑点として多数見えている（JAXA，東京大，高知大，立教大，名古屋大，千葉工大，明治大，会津大，産総研）．

グさせることに成功し、試料採取に向けた橋頭堡が確保された。これによって、当初、第2回以降のタッチダウン運用で実施予定だった、あらかじめ投下されたTMからの相対位置を使った精密アプローチ（ピンポイント・タッチダウン）を第1回に行うことが決まった。

2回のタッチダウンと人工クレーター生成

2019年2月21日13時（日本時間）「はやぶさ2」はタッチダウンのための降下を開始した。この時期、地球から探査機までの電波の伝搬時間は往復で38分。この時間差の中で、画像解析から軌道修正のための横方向のスラスター噴射量を調整する難しい制御が必要である。到着の1年以上前から訓練を繰り返した成果もあり、降下は計画軌道・時間に沿ったきわめて精確なものとなった。

最終着陸点目標は図2-3aに示す半径3メートルの円である。これは「はやぶさ2」本体と同程度の大きさである。周囲の岩塊の高さを丹念に調べ、探査機の下側に延びたサンプラホーン接地時に本体底面や太陽電池パドルが岩にぶつからないと確認された範囲である。

機上時間で2月22日7時29分（地上確認は7時48分、ともに日本時間）、「はやぶさ2」は小惑星リュウグウへのタッチダウンに成功した。図2-3bはタッ

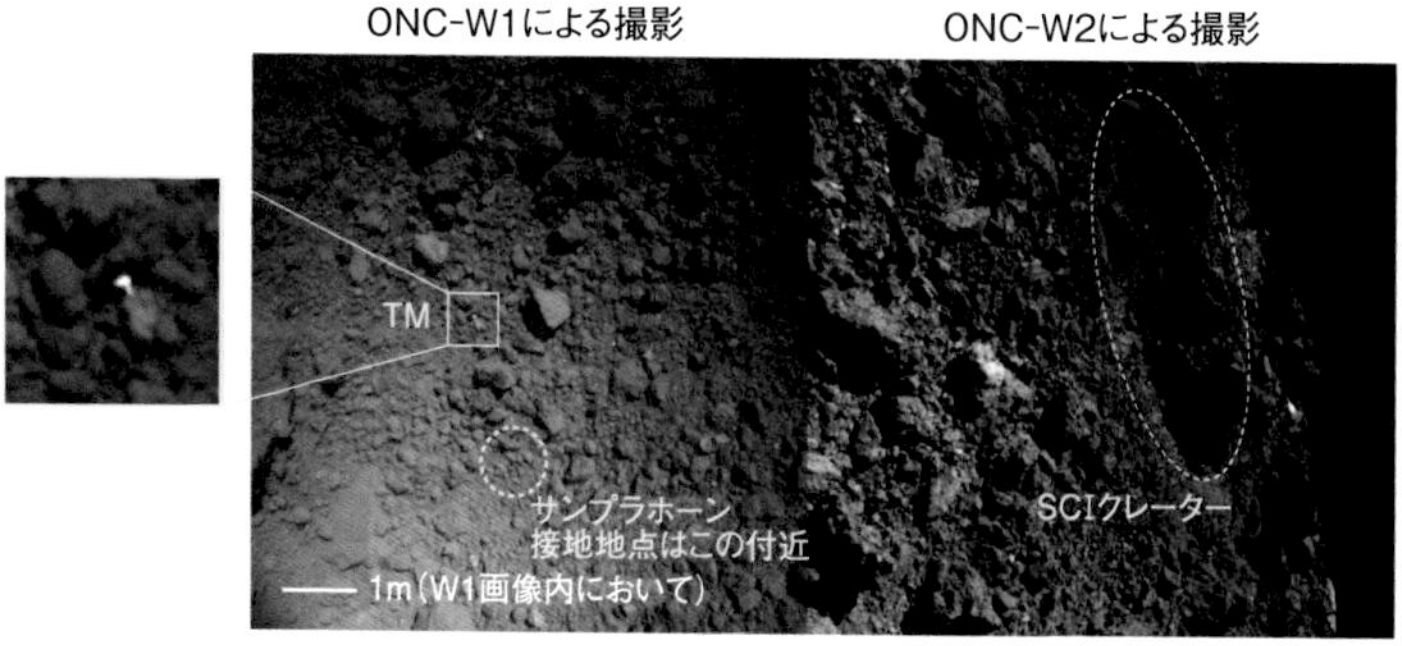

図2-4　人工クレーター（SCIクレーター）と第2回タッチダウン地点．
タッチダウン直前に探査機直下を向いたカメラONC-W1でターゲットマーカー（TM）と試料採取用サンプラホーン接地点付近を，横向きカメラONC-W2でクレーターを写した（JAXA，東京大，高知大，立教大，名古屋大，千葉工大，明治大，会津大，産総研）．

チダウン直後の上昇時、高度約25メートルから撮影された着地点付近の可視画像である。中央付近、黒い模様は上昇のためのスラスター噴射で舞い上がった表面岩片や表面擦痕と考えられる。目標円のほぼ中央、誤差1メートル以内でまさにピンポイント着地できたことがわかる。後日、この着地地点は「たまてばこ」と命名された。

2019年4月4日、「はやぶさ2」は小型衝突装置を小惑星の赤道上空約500メートルで切り離した。衝突装置は約30分後に自動起爆し、質量2キログラムの銅の弾丸を秒速2キロメートルで小惑星表面に撃ち込むのである。探査機は起爆時の破片や表面からの放出物を避けるため、小惑星の裏側に待避した。この途中に探査機から分離された小型カメラDCAM3が、人工クレーターからの放出物の撮影に成功し、衝突実験の成功が確認された。その後、探査機からの観測でリム（クレーターの縁の高まり）間の直径が18メートルに達する人工クレーターが目標地点付近に生成されていることが確認された。

さらに第2回タッチダウン地点を人工クレーターから北西に約20メートルの地点に決定し、7月11日にタッチダウンを行った（図2-4）。第1回よりさらに精度の高い着地を行うことができ、クレーターで掘削された地下物質を獲得することができたものと期待される。後日、この着地地点は「打ち出の小槌」と命名された。

「はやぶさ2」の初期科学成果

初期観測に基づいた3つの論文が、サイエンス誌2019年4月19日号に掲載された。リュウグウがイトカワ同様にラブルパイル天体であること、コマ型の形状は過去の高速自転によって形成された可能性が高いこと（＊9）、表面年代が約1000万年以下と非常に若いこと、表面アルベドは非常に低いこと（有機物の含有量が高いことが原因か）、母天体で形成された角礫岩の存在など（＊11）が明らかになった。注目された水も含水鉱物の形で表面

＊11 Sugita, S. *et al.* (2019) The geomorphology, color, and thermal properties of Ryugu: Implications for parent-body processes. *Science*, **364**, aaw0422.

＊12 Kitazato, K. *et al.* (2019) The surface composition of asteroid 162173 Ryugu from Hayabusa2 near-infrared spectroscopy. *Science*, **364**, 272-275.

全域に存在することが、近赤外線分光計の観測から明らかになった(*12)。しかし、その吸収スペクトル形状は含水鉱物を含む炭素質コンドライトに見られるものとは異なり、加熱や衝撃による不完全な脱水を受けたのか、そもそも弱い水質変成しか受けていなかったのか議論されている。最終的には帰還試料の分析で決着がつくと思われる。その後も次々に成果が一流誌に掲載されている。

「はやぶさ2」に少し遅れ、米国の探査機オサイリスレックスが小惑星ベンヌに滞在しており、今後、サンプル採取の予定である。ベンヌはリュウグウをひとまわり小さくしたような双子天体であることがわかったが、水の含有量や赤道リッジの高さなどについては、いろいろ違いも見えてきた。「はやぶさ2」は2019年11月にリュウグウを出発し、2020年11月から12月に試料が入った帰還カプセルを地球に投下する予定である。帰還試料が、微惑星と地球起源物質の謎を解き明かしてくれることを期待したい。

末尾になったが、本プロジェクトで重要な役割を果たしながら、若くして亡くなられた、飯島祐一さんと岡本千里さんに改めて感謝と哀悼の意を表するとともにミッションの成功を伝えたい。

一般向けの関連書籍――松浦晋也(2014)小惑星探査機はやぶさ2の挑戦、日経BP社。

3 地球型惑星からの大気流出とハビタブル環境

関 華奈子

惑星が長期に安定して海を保持できるかどうか、すなわち地球型生命の生存に重要な液体の水を保持してハビタブル（生命生存可能）惑星としての必要条件を満たせるかどうかは、惑星がどの程度の大気、とりわけ二酸化炭素などの温室効果ガスを保持できるかに左右される。地球型惑星の大気を理解するには、惑星内部や宇宙塵からの大気の供給量と宇宙空間への大気の流出による消失量の両方を知る必要がある。後者の大気流出については、近年の地球および惑星探査による観測の蓄積により、惑星の質量、大気組成、固有磁場強度などが、重要な要素であることがわかってきた。とくに火星は、過去において海のあるハビタブルな環境を保持し、進化の過程でそれを失った太陽系天体であり、ハビタブル環境の持続性を理解するという意味においても、国際的に重要な探査対象となっている。本章では、近年理解が進んだ地球型惑星からの大気流出とハビタブル環境の関係について概観し、系外惑星大気が観測できる新時代への期待と展望について紹介する。

金星、地球、火星はどこで道を違えたのか

私たちの住む太陽系には、4つの地球型惑星（岩石惑星）が存在する。このうち、太陽に最も近い水星を除く3つの惑星（金星、地球、火星）は大気を持つが、その表層環境は大きく異なっている。地球は表面の約70％が

海におおわれた水惑星であり、適度な大気圧（1気圧）と温室効果ガスを含む大気が、温暖湿潤で地球型生命が生存可能な（ハビタブルな）環境を形成・維持している。これに対し、地球とほぼ同じ大きさを持つ金星の地表面大気圧は約90気圧、大気の主な成分は二酸化炭素（CO_2）で、地表面気温が400℃を超える灼熱の世界である。一方、火星は金星と同じ二酸化炭素の大気を持ちながら大気圧は地球の1%以下（0・006気圧）で、火星表面には寒冷で乾燥した世界が広がっている。

現在はこのようにまったく異なる表層環境を持つ金星、地球、火星であるが、これらの地球型惑星は、同じ原始太陽系円盤から生まれたため、初期の大気の材料物質（揮発性物質）の組成や割合などは類似していたと考えられている。そして惑星形成後、独自の進化をたどり、現在のまったく異なる表層環境を持つにいたった。しかし、その進化の過程で、いつどのように異なる道を進むことになったのかはよくわかっていない。ハビタブル環境の重要な指標として、液体の水が惑星の表層に長期間安定して存在できるかどうか、というものがある。じつは、金星は最近（約2億年前）までハビタブルな環境を持っていた可能性が理論的に指摘されている（＊1）。また、火星も、約40億年前には表層に海をたたえた湿潤な気候を持っていた可能性が、探査によってわかりつつある（たとえば＊2）。

このように、現在は表層に液体の水を持たない金星や火星が形成された場所（軌道条件）は、生命居住可能性の観点からは、必ずしも悪いわけではない。それなのに、「生命惑星・地球」とは、どうしてここまで異なる表層環境を持つにいたったのだろうか、そしてハビタブル惑星成立の条件とは何なのだろうか？

本章では、大気流出と惑星の表層環境という観点から、この根源的な問いを考えてみたい。

＊1 Abe, Y. *et al.* (2011) Habitable zone limits for dry planets, *Astrobiol.*, **11**(5), 443-460. doi:10.1089/ast.2010.0545

＊2 Carter, J. *et al.* (2013) Hydrous minerals on Mars as seen by the CRISM and OMEGA imaging spectrometers: Updated global view, *J. Geophys. Res.*, **118**, 831-858, doi:10.1029/2012JE004145

ハビタブル惑星と大気進化

ハビタブル惑星の成立条件のひとつに、液体の水の存在がある。とくに、地球のように惑星表層に液体の水（海）が存在できる公転軌道の条件は「生命生存可能領域（ハビタブルゾーン）」と呼ばれ、その条件が研究されてきた（第1章参照）。ハビタブルゾーンより内側では、海水はすべて蒸発して暴走温室状態になるのに対し、それより外側では、表層水がすべて凍結する全球凍結状態になると考えられている（第17章参照）。すなわち、ハビタブル惑星になるには、液体の水が存在できるような地表面気温と地表面気圧（以下、大気圧と呼ぶ）を持つことが必要条件であるといえる。

大気がない惑星の地表面温度は、その惑星系の中心星の放射強度、公転軌道における中心星からの距離、そして惑星表面の太陽光吸収率がわかれば、簡単に概算することができる。温室効果を考える必要がないため、太陽の黒体放射を各惑星の公転位置で受けた場合の平衡温度を計算すると、大気がない場合の現在の金星、地球、火星の温度は、おのおのマイナス50℃、マイナス17℃、マイナス58℃となる。ここでは、太陽光吸収率が現在の値（金星0・2、地球0・7、火星0・8）を仮定して計算した。もちろん

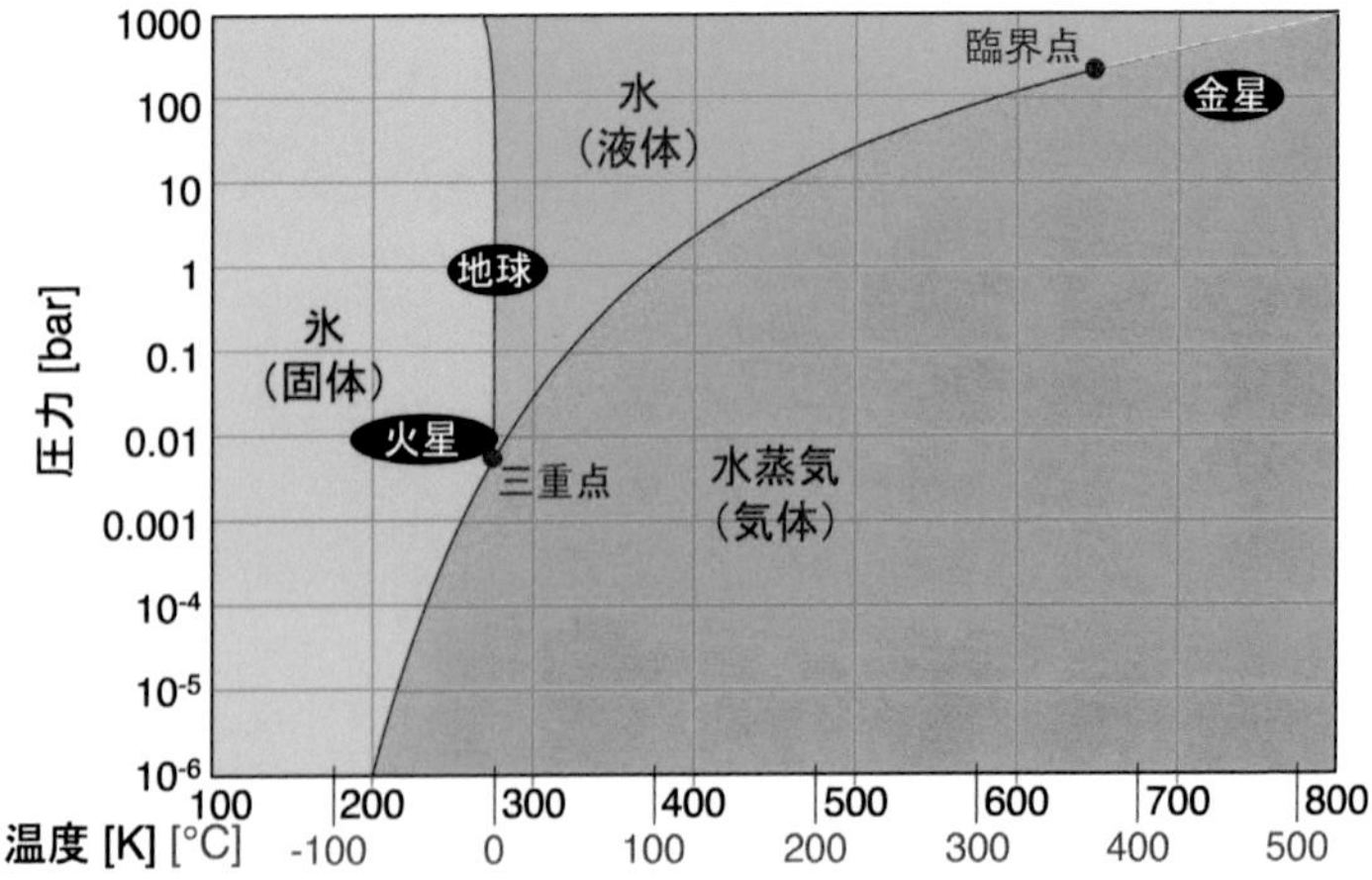

図3-1 水の相図（Martin Chaplin, Water Structure and Science. http://www1.lsbu.ac.uk/water/より抜粋）.

図中に示した金星, 地球, 火星の文字は各々の惑星の現在の地表面気温と気圧に対応している.

実際には惑星の太陽光吸収率は雲の量や地表が雪でおおわれているかどうかなどで変わるので、この仮定は正しくはない。実際、濃い大気を持つ金星と地球に関しては、実際の全球平均地表面気温（金星460℃、地球15℃）とは大きく異なっている。この差は主に大気の温室効果によるものであり、地球型惑星の地表面気温を正しく推定するには、大気の効果を考えることが重要であることがわかる。

また、水の状態変化を表した図（相図）を示した図3-1からわかるように、最低限必要な大気圧がある。水の三重点（0.01℃、約0.006気圧）よりも低い大気圧しか持たない惑星では、海を安定して維持することは難しい。たとえば、現在の火星の大気圧は水の三重点に近く、火星を地球のように改造するには、まず大気圧を上げる必要がある。逆に、太古の火星に海が存在していたということは、当時の火星の大気圧は今よりずっと高かったということを意味している。また金星は、水がすべて蒸発してしまう条件にある。

このように、系外惑星も含めて、ある地球型惑星がハビタブル環境を保持できるかどうかを推定するためには、大気の量と組成（とくに温室効果ガスの割合）を知る必要がある（第17章参照）。以下では、かつて海を持ち、進化の過程でハビタブル環境を失った火星を例に、大気進化とハビタブル環境の関係について、われわれはどこまで理解し、何が未解決問題となっているかについて見ていこう。

地球型惑星からの大気流出メカニズム

惑星大気の地表面気圧と組成は、地表および地下（固体惑星）との揮発性成分のやりとり（火成活動などによる脱ガスと化学風化反応などによる消費や隕石・宇宙塵の飛来による揮発成分の供給）と、宇宙空間への流出との兼ね合いで決定される。火星の場合、最近の火星探査車キュリオシティーによる探査により、比較的短い期間（3億

＊3　Wordsworth, R. D. (2016) The Climate of Early Mars, *Annu. Rev. Earth Planet. Sci.*, **44**, 381-408. doi: 10.1146/annurev-earth-060115-012355

年以内)に湿潤な気候から乾燥気候へと劇的な気候変動を経験した可能性が示唆されている。このような気候変動を引き起こすためには、火星の大気大循環モデルなどに基づく最近の研究によると(たとえば＊3)、1気圧程度あったと思われる太古の火星大気を、短期間のうちに取り除く必要があり、効率的な大気流出メカニズムが必要となる。

大気成分のうち、比較的軽い水素やヘリウムについては、熱速度分布のうち大きな熱速度を持つ原子が宇宙空間に流出するプロセス(ジーンズ流出という)や、宇宙空間で加速された重イオンが降り込むことで大気を加熱し軽量の原子をたたき出すプロセス(スパッタリングと呼ばれる)などの流出メカニズムが支配的であると考えられている(図3-2)。

一方で、酸素のような重い元素については、地球や火星程度の重力を持つ惑星から効率よく流出させることは簡単ではない。惑星の上層大気においては、原子や分子は太陽紫外線やX線により電離してプラズマ状態(イオンと電子に分かれた状態)になる。こうして生成された上層大

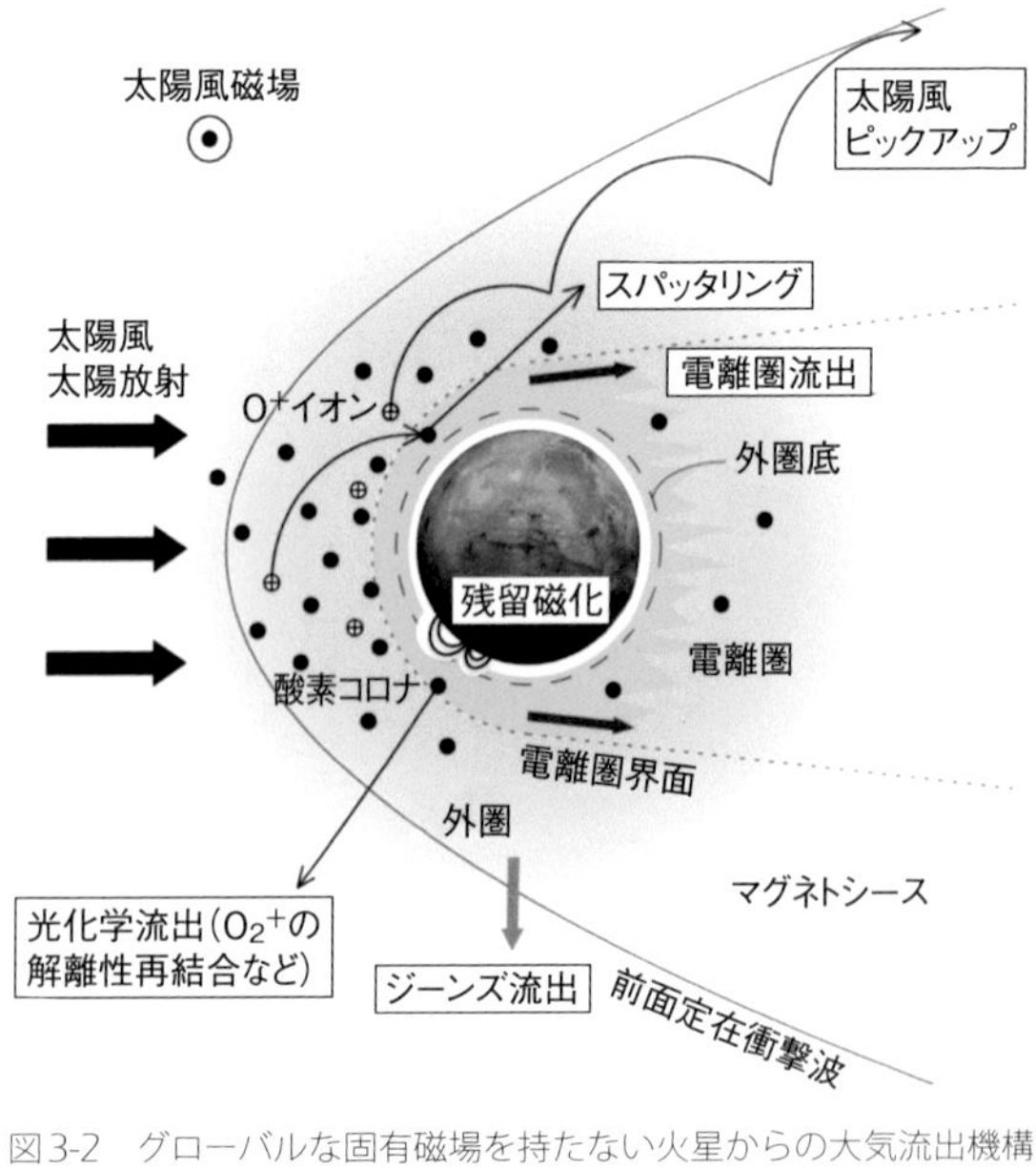

図3-2　グローバルな固有磁場を持たない火星からの大気流出機構の模式図(原図提供：寺田香織氏).

気の分子イオンが電子と反応して解離性再結合（例：$O_2^+ + e^- \rightarrow$ 2O*）のような光化学反応を起こすと、エネルギーの高い酸素原子等が生成され、惑星周辺に数千キロメートルの高高度まで広がるコロナと呼ばれる高温の外圏大気を生成する。この酸素コロナの一部は惑星の重力圏から脱出できるエネルギーを得るため、中性大気の流出に寄与すると考えられている（光化学流出と呼ばれている）。

高高度に広がる太陽大気（太陽コロナ）の温度は約１００万℃であり、やはりプラズマ状態にある。太陽系内の惑星間空間には、この高温大気の一部が「太陽風」と呼ばれるプラズマ状態の物質流として常に吹き出しており（第４章参照）、火星のような固有磁場を持たない惑星の場合、大気と直接相互作用することになる。太陽風によって誘導される大気流出メカニズムの主なものには、酸素コロナのように高高度まで広がる中性大気原子が電離された途端に太陽風の印加する電場により加速されるイオンピックアップ過程と、ピックアップされたイオンが大気に降り込んで別の大気を構成する原子や分子をたたき出すスパッタリング、そして、上層大気に形成される電離大気の層（電離圏）から低エネ

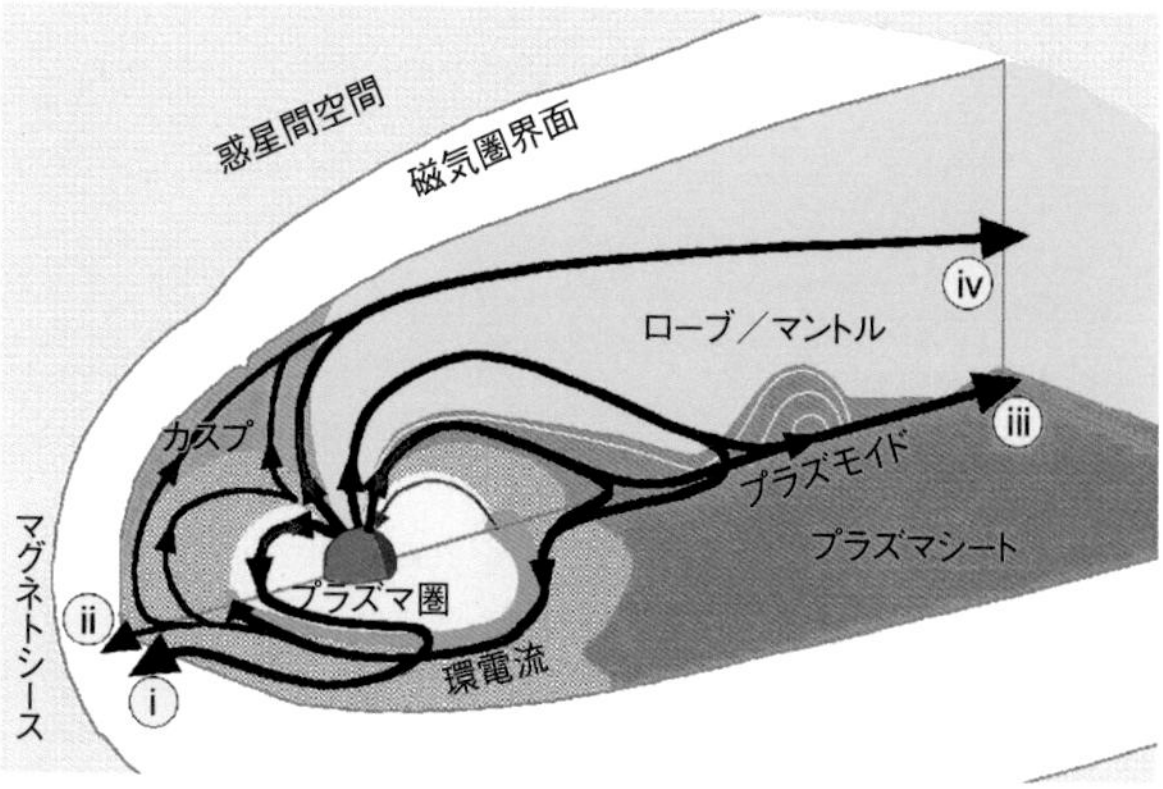

図3-3　固有磁場を持つ地球からの４つの電離大気流出主要ルートの模式図（＊4）.

ここでは，図の左側から吹いてくる太陽風が，地球の固有磁場にぶつかって形成される惑星間空間における地球磁場の勢力圏（磁気圏）の構造が色分けされている．また，黒色の矢印が大気流出ルートを，赤色の矢印はその一部が地球に戻る流れを表している．

ルギーのイオンを流出させる電離圏イオン流出などがある（図3-2）。

一方で、地球のようにしっかりとした固有磁場を持つ惑星の場合は、大気流出の状況は大きく異なってくる。固有磁場によって太陽風の大部分は地球近傍への侵入を妨げられるため、直接大気と相互作用できる領域は限定的になる。すなわち、図3-3に示すように、酸素のような重い元素の大気流出は主に固有磁場が宇宙空間に開いた磁力線構造を持つ極域（磁極を中心にしたオーバル状の領域でほぼオーロラ帯より高緯度に相当）で起こることが知られている。現在の地球の場合は、このように固有磁場が太陽風に対してバリアの役割を持ち、なおかつ、火星に比べて重力も大きいため、大気進化における大気流出の影響は、現在の太陽条件下では限定的であると考えられている（たとえば＊4）。

太古火星の気候変動——2つの謎

太古の火星の気候については、2つの大きな謎がある。1つ目は、上述したように、太古の火星がハビタブル環境を失った際のような劇的な気候変動（図3-4）を引き起こすためには、多量の水と二酸化炭素がどのように惑星表層から取り除かれたか、という問題である。大気を惑星表層から取り除くには、地下に貯蔵するか、もしくは宇宙空間に流出させるかのいずれかが必要になる。二酸化炭素は炭酸塩として地下（固体惑星）に貯蔵することができる。しかし、これまでの火星探査で見つかった炭酸塩の量は、多めに見積もっても0.3気圧分程度にしか相当しないため、二酸化炭素大気の大部分は宇宙空間に逃げたと考えられている。

一方で、現在の平均的な太陽活動条件下での大気流出率については、最近のNASAの火星探査機メイヴン等の観測により明らかになりつつあるが（たとえば＊5）、いずれのメカニズムも十分な量の大気を逃がせるのか疑問

＊4　Seki, K. *et al.* (2001) On Atmospheric Loss of Oxygen Ions from Earth Through Magnetospheric Processes, *Science*, **291** (5510), 1939-1941.

＊5　Jakosky, B. M. *et al.* (2018) Loss of the Martian atmosphere to space: Present-day loss rates determined from MAVEN observations and integrated loss through time, *Icarus*, **315**, 146-157. doi: 10.1016/j.icarus.2018.05.030

が呈されているのが現状である。すなわち、火星から効率よく（二酸化炭素を構成する）酸素や炭素などの重い元素を逃がすことが可能な大気流出メカニズムはよくわかっておらず、大きな謎である。そのため、後述する太古の激しく変動する太陽条件下での宇宙空間への二酸化炭素大気の流出メカニズムの解明が、重要な課題となっている。たとえば、太陽表面爆発（第４章参照）が起こって通常よりも濃い太陽風が放出された際には、火星からの電離大気の流出率が50倍程度も増えた事例が観測されている。そうした極端な太陽変動への大気流出現象の応答の解明が待たれている。

２つ目の謎は、太古の火星で温暖湿潤な気候を実現することが難しいという問題がある。火星に海があったと推測されている約40億年前の太陽は現在よりも約25％暗かったと考えられており（第17章参照）、その分、太陽放射の入射量も少なかった。この暗い太陽の条件下で、液体の水が存在できる地表面気温を実現するには、大量の温室効果ガスが必要となる（第17章参照）。しかし、二酸

図3-4　約40億年前の火星表層環境の想像図（上図）と現在（下図）の比較.
現在の寒冷で乾燥した気候とは対照的に，過去の火星は１気圧以上のCO_2大気と温暖湿潤な気候を持っていたと考えられている.（©NASA, MAVEN）

化炭素だけでは、雲が形成されてかえって太陽光吸収率を下げてしまうため温暖湿潤な気候を実現するのは難しく、それ以外の温室効果ガス(二酸化硫黄やメタンなど)の役割が重要であるとも指摘されている。また、隕石衝突もしくは火成活動により大気中の温室効果ガスが増えた比較的短い間だけ湿潤な気候が実現され、その他の期間は寒冷な気候であったとの説もある(たとえば*3)。しかし、大気の組成や地表面気圧の条件を変えれば、温暖湿潤な気候を長期間維持することも可能だとの研究もある(たとえば*6)。この問題の結論はまだ出ておらず、活発な議論が続いている。太古の火星で海を持つような温暖湿潤な気候が実現されていたとしたら、それを可能にした当時の大気圧や大気組成がどのようなものだったのかわかっておらず、その解明が重要な課題となっている。

ハビタブル惑星の普遍性と多様性の理解に向けて

これまで述べてきたように、惑星が長期に安定して海を保持できるかどうか、すなわち地球型生命の生存に重要な液体の水を保持してハビタブル惑星としての必要条件を満たせるかどうかは、惑星がどの程度の大気、とくに温室効果ガスを保持できるかに左右される。大気流失の理解に重要な要素である、惑星の質量、大気組成、固有磁場強度のうち、固有磁場の影響については、最近の火星探査機などによる観測の蓄積により、統計的にデータを処理することで観測とシミュレーションとの比較が可能となりつつあり、今後の進展が期待されている。

太古の火星や地球の表層環境がどのようなものだったのかを知るためには、中心星である太陽の放射量や太陽風を吹き出すことによる質量損失率を知ることも重要となる。太古の太陽は、可視域の放射が暗かったのとは逆に、紫外放射は現在の10~100倍、太陽風も100倍程度と、現在よりもかなり強かったと推測されている。太古の火星に固有磁場がなかった場合には、現在の1000倍以上の大気流出率だったと推定する研究もある。

*6 Ramirez, R. M. (2017) A warmer and wetter solution for early Mars and the challenges with transient warming, *Icarus*, **297**, 71-82. doi:10.1016/j.icarus.2017.06.025

*7 Weiss, B. P. *et al.* (2008) Paleointensity of the ancient Martian magnetic field. *Geophys. Res. Lett.*, **35**, L23207. doi: 10.1029/2008GL035585

一方で、火星の地殻には残留磁化が残されており、約41億年前までの火星には地球に匹敵する強い固有磁場があったとの推測がなされている(＊7)。このような強い紫外放射と太陽風の下での惑星大気流出に固有磁場が与える影響に関する研究はまだ始まったばかりであり、固有磁場が大気流出を促進するのか抑制するのかについてさえわかっておらず、両方の説が並立している状況である。今後、大規模数値シミュレーションや現在の太陽活動現象への応答の観測などに基づき、メカニズムそのものについての理解を進めてゆく必要がある。

強い恒星風と強紫外放射下での大気流出は、近年多数発見されつつある赤色矮星まわりの系外惑星(第1章参照)の表層環境を推定するためにも重要な知見であり、地球型惑星が大気を保持できる条件を普遍化する上でも、重要な観点となっている。次世代望遠鏡による系外惑星大気の観測が始まろうとしている現在、主星の活動と惑星表層環境の関係を理解しようという宇宙気候探求の機運が世界的にも高まっている。

ある惑星がどのような大気と表層環境を持ちうるか(ハビタブル環境を持つか否か)を推定するためには、天文学、惑星科学、太陽物理学、宇宙プラズマ物理学、気象学、大気化学など、幅広い学問分野の知見を結集して分野横断的に研究を進める必要があり、10年後にはまったく違う世界が開けているのではとの予感がある。しかしそれは裏を返せば、太陽系内惑星と系外惑星に関する圧倒的な情報量の差をいかにして埋めるのかが今後の課題であり、その克服なしには、ハビタブル惑星環境の多様性や普遍性の理解にはたどり着けないであろうということを意味している。

一般向けの関連書籍――阿部 豊(2015)生命の星の条件を探る、文藝春秋(文庫版、2018)。

4 宇宙天気予報とは何か

草野完也

1958年にスプートニク1号が人類初の人工衛星となり、宇宙時代の扉が開かれた。20世紀後半に人類の宇宙進出は急速に進み、探査機は太陽系のすべての惑星とその外縁にまで達している。また、地球を周回する人工衛星は放送・通信・地球観測などの社会インフラとして、私たちの生活を支えるために不可欠な役割を果たしている。現代ではスマートフォンやカーナビの普及によって、個々の人々が常に宇宙とつながった生活を送っている。それゆえ、いまや宇宙は暮らしにつながった私たちの環境であるといえる。

こうした背景のもとで、宇宙環境とその変動は、気象現象である天気になぞらえ、「宇宙天気（space weather）」と呼ばれている。天気（気象）予報が私たちの生活に必要であるように、宇宙天気予報は現代社会にとって重要な役割を果たす。この章では宇宙天気予報の役割と現状、およびその展望について考えてみよう。

太陽フレアの発見とオーロラ

1859年9月1日、イギリスの天文学者リチャード・キャリントンは自らの天文台でいつものように太陽の画像を投影し、黒点のスケッチを行っていた。すると、ある大型黒点の内部が突然、明るく輝くのを目撃した。これは、太陽フレアと呼ばれる太陽表面での巨大な爆発を人類が初めて発見した瞬間である（＊1）。太陽フレア

＊1　Carrington, R. C. (1859) Description of a Singular Appearance seen in the Sun on September 1, 1859. *Mon. Not. R. Astron. Soc.*, **20**, 13-15.

＊2　Hayakawa, H. *et al.* (2019) Temporal and Spatial Evolutions of a Large Sunspot Group and Great Auroral Storms Around the Carrington Event in 1859. *Space Weather*, **17**, 1553-1569.

＊3　柴田一成・上出洋介編著（2011）総説 宇宙天気. 京都大学学術出版会.

は太陽黒点の周辺でしばしば発生し、黒点が持つ磁場のエネルギーを突発的に解放する。巨大太陽フレアは10^{26} Jを超える膨大なエネルギーを電磁波、プラズマ流、高エネルギー粒子として宇宙空間へ放出する(図4-1)。

キャリントンが太陽フレアを発見した日の夜、世界中で奇妙な現象が起きた。いつもは高緯度地方でしか見ることができない夜空を彩るオーロラ(コラム1参照)が、赤道に近いパナマやキューバでも現れたのだ。同じ日に日本の博多でもオーロラが目撃されたという記録が残っている(*2)。その後、キャリントン・イベントと呼ばれるようになったこうした一連の事象は、1億5000万キロメートルも離れた太陽での爆発が地球にも影響を与える事実を私たちに教えている。すなわち、太陽と地球は「太陽地球結合系」と呼ぶべきシステムを形成しており、その状態は時として大きく変動するのである。

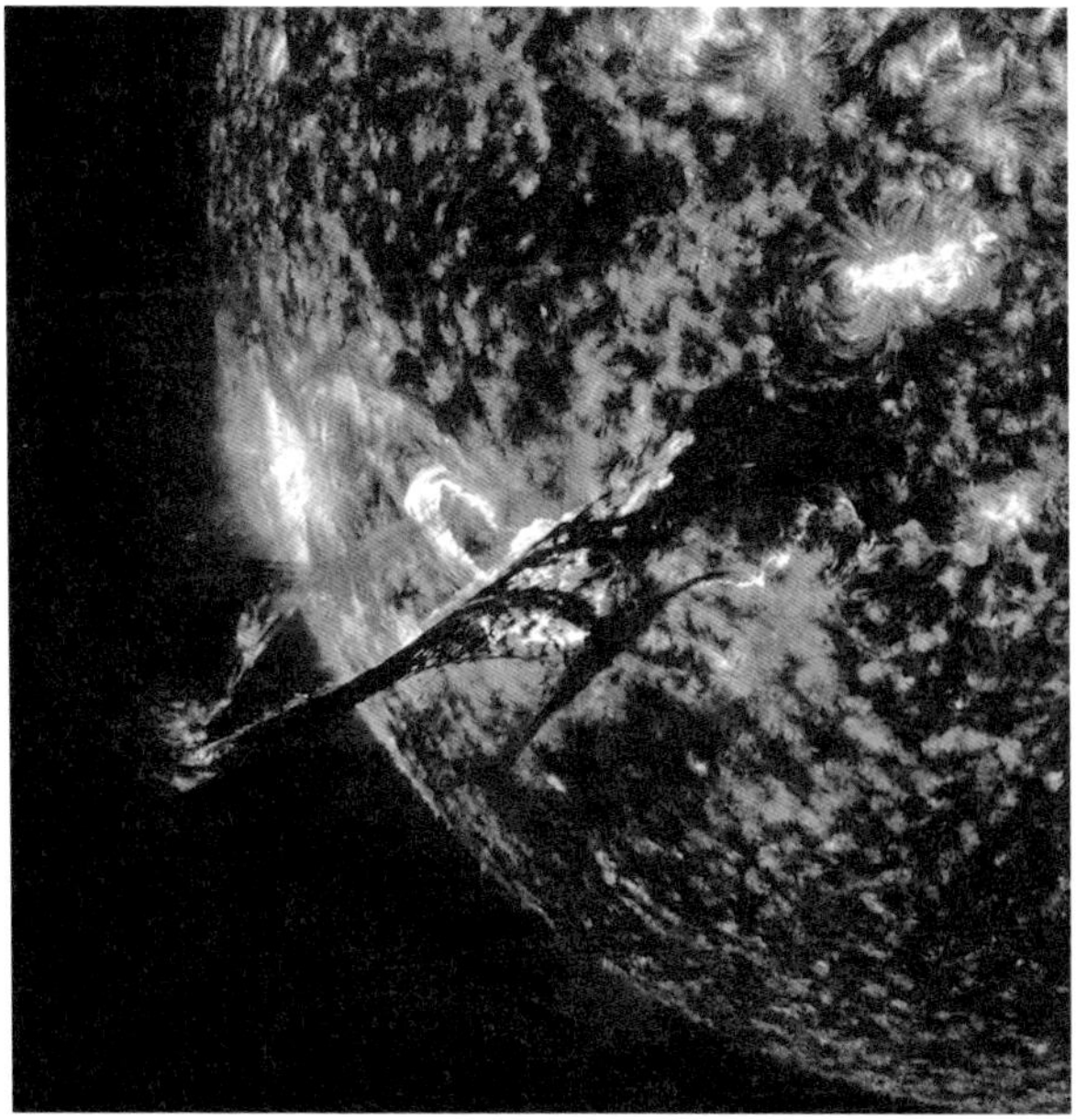

図4-1　2012年8月31日に発生した太陽フレアに伴う太陽からの噴出現象(Courtesy of NASA/SDO and the AIA, EVE and HMI science teams).

宇宙天気とその社会影響

台風などの激しい気象現象が私たちの生活を脅かすように、宇宙天気も人間社会に多大な影響を与える(＊3)。図4-2はそうした宇宙天気現象とその社会影響をまとめたものである。宇宙天気の乱れは、主に太陽風の変動や、その原因にもなる太陽フレアなどの太陽面爆発現象を主な原因として発生する。太陽風とは太陽から毎秒数百キロメートル以上の高速で吹き出す高温のプラズマ(電離気体)である。太陽風は、太陽をとりまく太陽大気である太陽コロナが100万度の高温状態にあるため、太陽の重力を振り切って常に外側に吹き出す現象を意味している。太陽コロナが太陽表面(光球面)の温度(約6000度)よりもはるかに高温であるのは、太陽が持つ磁場を通して太陽から電磁エネルギーが常に太陽コロナに供給され、それが熱化しているためであると信じられている。しかし、その加熱機構と太陽風の加速機構の詳細はまだよくわかっていない。とくに、太陽風には毎秒400キロメートル以下の低速太陽風と毎秒700キロメートルを超える高速太陽風が存在するが、その違いの原因は未解明であり、その解明は太陽物理学の重要課題となっている。

高温プラズマは磁場と強く結合するため、太陽風は太陽の磁場を引き連れて惑星間空間に吹き出している(第3章参照)。一方、現在の地球は北向きの

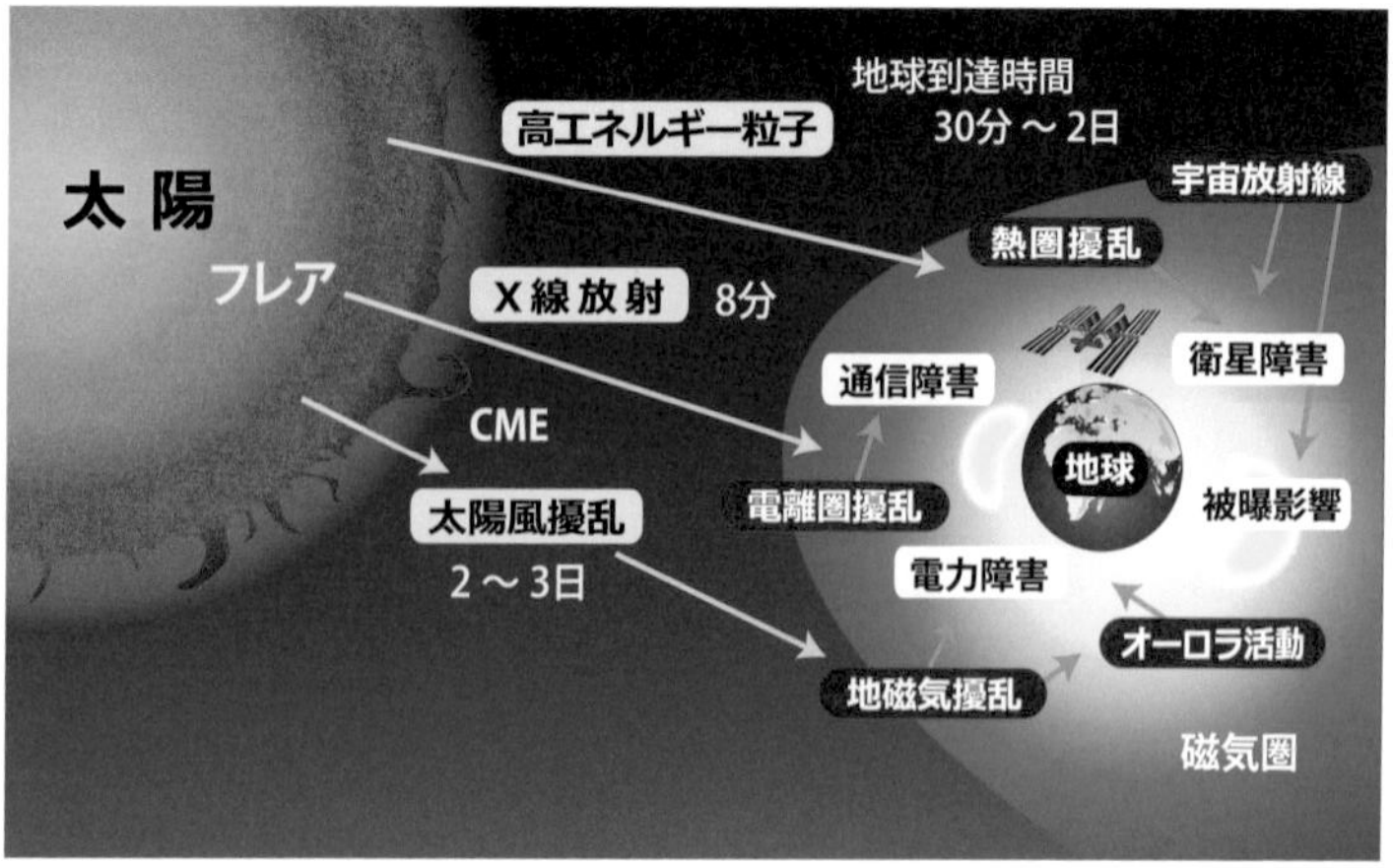

図4-2　宇宙天気現象とその社会影響.

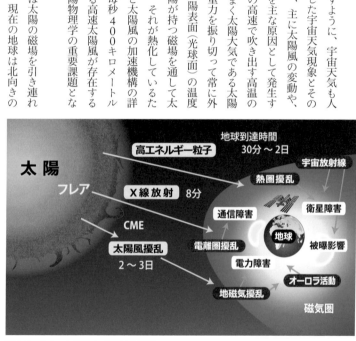

固有磁場(地磁気)を持ち、磁気圏を形成しているため、太陽風は磁気圏の内部に直接入り込むことはできない。しかし、太陽風中の惑星間空間磁場の向きが地磁気とは逆の南向きである場合、惑星間空間磁場と地磁気の一部は互いに打ち消しあい、双方の磁力線がつながる場合がある(図4-3)。こうした磁力線のつなぎ換現象(磁気リコネクション)の結果として、太陽風のエネルギーは磁気圏の内部に蓄積され、宇宙天気擾乱の原因となる。磁気圏に蓄積されたエネルギーが磁気圏の尾部における磁気リコネクションなどを通して解放されると、地磁気の乱れ(磁気嵐)や磁気圏から地球大気に向けた電子などの粒子振り込みが大規模に発生し、爆発的なオーロラ(オーロラ・サブストーム)(コラム1参照)が出現する。

こうした現象は高速太陽風が地球磁気圏に到達した場合にも起きるが、さらに激しい宇宙天気の変動は、コロナ質量放出(CME)と呼ばれる太陽コロナプラズマの爆発的な噴出が地球に達したときにも発生する。巨大太陽フレアは多くの場合、CMEを伴って発生する。

磁気嵐は電磁誘導の法則に従い、大規模な電場を生み出し、地上の長距離電送網に過剰な電流(地磁気誘導電流:GIC)を流し、電力障害を引き起こす場合がある。1989年3月には、太陽フレアに伴うコロナ質量放出が強い磁気嵐を引き起こした結果、カナダ・ケベック州で地磁気誘導電流を原因とした広域停電が発生するとともに、北アメリカ大陸全土でさまざまな電力障害が起きた。

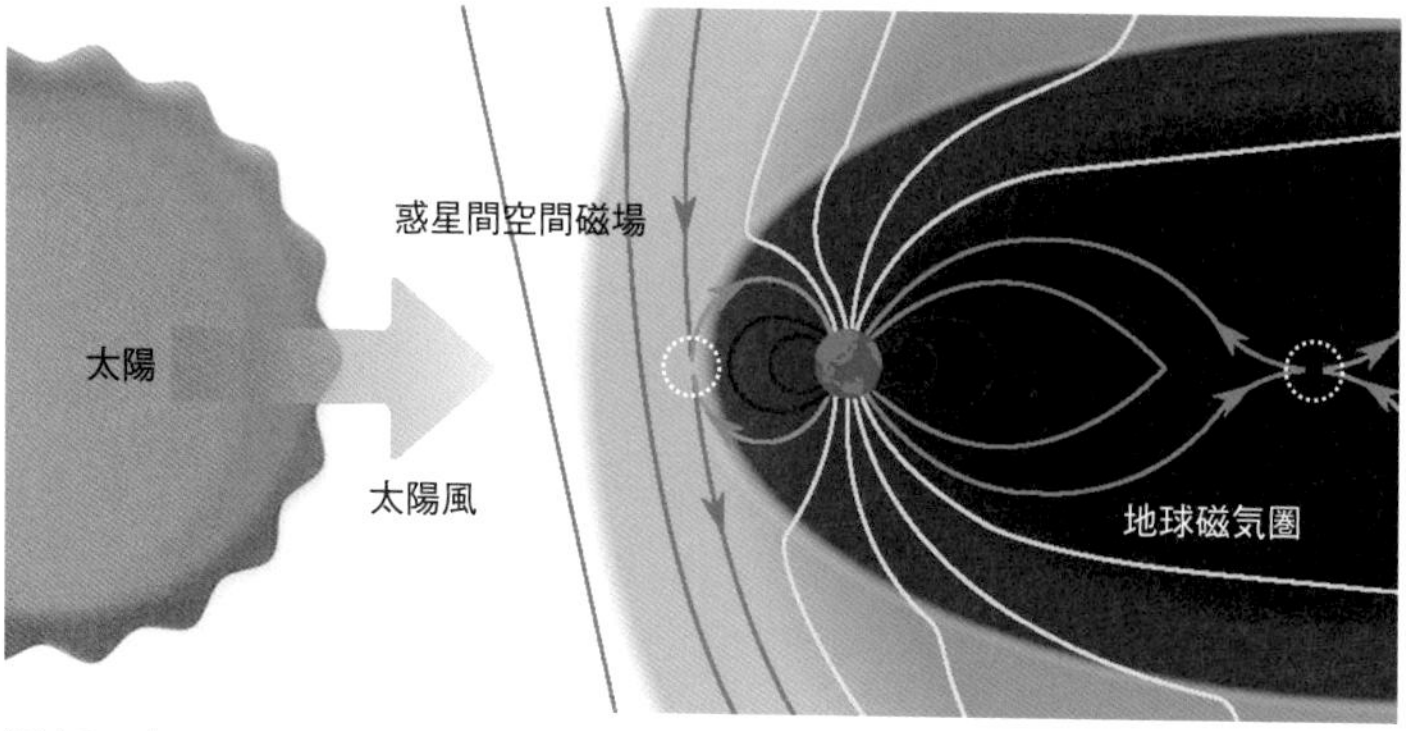

図4-3 太陽風と地球磁気圏の相互作用.
破線は磁気リコネクションが発生する領域を示す.

太陽フレアはまた、突発的にさまざまな波長の電磁波を放出する。とくに、X線や紫外線は超高層大気を加熱し膨張させることがある。また、爆発的なオーロラが現れた場合、大気中に流れる電流によっても超高層大気が加熱膨張する。その結果、低軌道衛星に働く空気抵抗が増大し、衛星の軌道や姿勢が想定を超えて変動してしまう事故が発生する場合がある。実際に、2000年7月14日に発生した太陽フレアの結果として、日本のX線天文観測衛星「あすか」の姿勢が乱れ、コントロールを失ったまま、2001年3月に大気圏に再突入して失われる事故が発生している。

太陽フレアはさらに、エネルギーの高い陽子や電子を生み出して宇宙空間へ放出する。こうした高エネルギー粒子は光速の数割程度にまで加速されるため、フレア観測後の数十分程度で地球に到達する。さらに、超音速で宇宙空間を駆け抜けるコロナ質量放出の前面に形成される衝撃波によって加速された高エネルギー粒子は、コロナ質量放出の到来とともに地球に到達する。こうした高エネルギー粒子は人工衛星の障害の原因となるだけでなく、軌道上の宇宙飛行士や成層圏を飛行中の航空機の乗員乗客の被曝線量を増加させる場合がある。とくに、大気や磁場のない月面や惑星間空間で巨大太陽フレアに伴う宇宙放射線を直接被曝すると致死量に達する恐れがあるため、月や火星に向かう有人宇宙船や月面基地には放射線を遮蔽する適切な構造が必要である。また、安全な船外活動を行うためにも信頼性の高い宇宙天気予報が必要になる。

一方、イオン化した超高層大気である電離層の乱れは、電離層での反射を利用している短波通信や地上と衛星をつなぐ衛星通信を乱す原因となる。たとえば、太陽フレアによるX線や紫外線の放射によって電離層（D層）の電子密度が増加すると、D層が短波を吸収することにより長距離通信ができなくなる現象（デリンジャー現象）が発生する。また、電離層の電子密度が変動することによりGPSなどの衛星測位システムの測位精度に影響が

＊4　National Research Council (2008) Severe Space Weather Events: Understanding Societal and Economic Impacts: A Workshop Report, Washington, D. C., The National Academies Press. doi: 10.17226/12507

現れる場合もある。一方、赤道から中緯度地域では、何らかの大気変動を原因としてプラズマ・バブルと呼ばれる電離層の不安定化現象が発生する場合がある。こうした現象は通信のみならず、航空機の運航などに重大な影響を与える。

前述した1859年のキャリントン・イベントは、地磁気観測の記録が残っている最大の宇宙天気擾乱現象であり、19世紀にすでに欧米で普及していた電信システムに影響を与えた。しかし、当時はまだ高度な情報インフラが整っていなかったため、大きな社会的混乱にはいたることがなかった。しかし、現代において同様の現象が発生した場合、その影響はきわめて大きなものになると考えられている(*4)。

太陽の周りを周回しているNASAの太陽観測衛星ステレオは、2012年7月23日に地球から見て太陽の裏面で発生した巨大なコロナ質量放出を観測した。もし、この爆発が地球側で起きたなら、地球上でキャリントン・イベント級の宇宙天気擾乱現象が起きた可能性が高いと考えられている(*5)。また、名古屋大学の三宅らは樹木年輪中の炭素同位体の解析から(第16章参照)、西暦774年と西暦993年に宇宙放射線が急増したことを突き止めた(*6)。その原因は巨大な太陽フレアである可能性が高いが、その規模はキャリントンが観測した巨大フレアの約10倍程度と推測されている。

以上の事実は、宇宙天気現象が現代社会にとって潜在的なリスクであることを意味しているといえる。

長期的な宇宙天気変動

一方、宇宙天気の原因となる太陽黒点活動は約11年の周期で活発化するが、第22周期(1986年9月〜1996年5月)より第24周期(2008年12月〜)まで黒点数の減少が続いている。その原因はよくわかってい

*5 Baker, D. N. *et al.* (2013) A major solar eruptive event in July 2012: Defining extreme space weather scenarios. *Space Weather*, **11**, 585-591.

*6 Miyake, K. *et al.* (2013) Another rapid event in the carbon-14 content of tree rings. *Nat. Commun.*, **4**, 1748.

ないが、太陽黒点活動が低下すると太陽圏の磁場が弱くなり、太陽系に侵入する銀河宇宙線が増加するため、惑星間空間の放射線量が増加する。これは人工衛星の障害や宇宙飛行士の被曝線量の増加をもたらす。また、詳細なメカニズムは解明されていないが、黒点活動の変動が地球の気象・気候に影響を与えることを示唆するさまざまなデータが見出されている。それゆえ、長期的な太陽周期の変動を探ることは、将来の宇宙開発の計画にとっても、長期的な地球環境変動のメカニズムを探るためにも重要である。

宇宙天気予報の現状

宇宙天気変動そのものを人間がコントロールすることは不可能であるため、その影響を最小化するためには、宇宙天気を予測し、事前に対策をとることが求められている。このため各国の機関は宇宙天気予報を継続的に実施している。日本では国立研究開発法人情報通信研究機構（NICT）の宇宙天気予報センターが24時間先までのさまざまな宇宙天気を予報し、公開している。また、米国ではアメリカ海洋大気庁（NOAA）の宇宙天気予測センター（Space Weather Prediction Center）が同様の宇宙天気予報に取り組んでいる。

しかし、宇宙天気変動の原因となる太陽フレアや磁気嵐の発生機構などは未だに十分解明されていない。そのため、宇宙天気予報は依然として経験的な方法で行われており、その精度は十分に高いとはいえない。たとえば、1996年5月から2008年12月までにNOAA宇宙天気予測センターでは117回の大型太陽フレア（Xクラス・フレア）の発生予測を行ったが、そのうち予測が的中したものは50回であり、実際のXクラス・フレアの発生数は102回であった（＊7）。また、コロナ質量放出は1日〜4日ほどで太陽から地球に到達するが、到達時間の予測には依然20時間以上の誤差があるといわれている。

＊7　Crown, M. D. (2012) Validation of the NOAA Space Weather Prediction Center's solar flare forecasting look-up table and forecaster-issued probabilities. *Space Weather*, **10**, S06006. doi:10.1029/2011SW000760

＊8　Kusano, K. *et al.* (2019) Physics-based prediction of imminent giant solar flares. AGU Fall Meeting 2019, abstract #SH34A-06.

より正確な宇宙天気予報のために

宇宙空間のみならず人間生活や地球環境にも影響を与える宇宙天気をより正確に予測することは、高度に情報化した現代社会にとって重要な科学的課題となっている。そのためには、複雑な宇宙天気変動のメカニズムを解明するとともに、多角的な宇宙天気の観測網を整備し、基礎研究の知見を予測に役立てる仕組みを構築する必要がある。そうした目的のため、日本では「太陽地球圏環境予測プロジェクト(PSTEP)」が進められている。

太陽地球圏環境予測プロジェクトでは、太陽物理学、宇宙空間物理学、地球電磁気学、気象・気候学など関係する多くの分野の協力によって、科学としての太陽地球圏環境の理解と社会経済活動を支える宇宙天気予報を相乗的に発展させることを目的としている。そのため、精密な観測データに基づき太陽地球圏環境の物理モデルを構築するとともに、これを使った予測を繰り返しながら、モデルの妥当性を検証することで、科学的理解と予測精度をともに向上させるサイクルを生み出している。

その一例として、太陽フレアの物理予測の研究がある。太陽フレアの発生機構は前述したように未だ十分に解明されていない。しかし、近年、太陽表面の磁場ベクトルを日本の「ひので」衛星や米国の太陽観測衛星ソーラー・ダイナミクス・オブザーバトリー(SDO)衛星などによって精密かつ連続的に測定することが可能となった。そこで、そのデータを利用して3次元磁場構造を数値モデルで再現し、黒点磁場の安定性を電磁流体力学(MHD)理論に基づいて定量的に評価することにより、巨大太陽フレアの発生を予測する試みが、筆者らによって進められている(＊8)。

また、太陽フレアと太陽コロナの衛星観測データや電波天体シグナルの揺らぎを使った太陽風の観測データを利用したコロナ質量放出の計算機シミュレーションによって、コロナ質量放出が地球に到達する時刻とその際の

＊9 Shiota, D. and R. Kataoka (2016) Magnetohydrodynamic simulation of interplanetary propagation of multiple coronal mass ejections with internal magnetic flux rope (SUSANOO-CME). *Space Weather*, **14**, 56-75.

惑星間空間磁場を予測する試みも、NICTの塩田らによって進められている（図4-4）（＊9）。さらに、電離層の全球シミュレーションによってプラズマ・バブルの出現を予測する試みや、地磁気変動から日本の電力網に流れる地磁気誘導電流を予測する研究、各航空路における宇宙放射線による被曝を地上での観測データから予測するシステムの開発、2020年代に極大期を迎える第25太陽周期の活動度を予測する研究なども進行している。太陽地球圏環境予測プロジェクトではこうした研究成果に基づき、宇宙天気の社会影響を一般の人々にもわかりやすく伝える「宇宙天気ハザードマップ」を作成し、公開する予定である。

宇宙天気予報研究のための国際協力

宇宙天気の影響は、国や地域にとどまらず惑星規模で現れるため、宇宙天気予報は全地球的な課題である。それゆえ、宇宙天気予報のためのさまざまな国際協力が進められつつある。たとえば、各国の宇宙天気予報機関で構成する国際宇宙環境情報サービスをはじめ、国連宇宙空間平和利用委員会、国際宇宙空間研究委員会、世界気象機関、国際民間航空機関（ICAO）などでは、宇宙天気予報とその社会利用について活発に議論されている。とくに、ICAOは2019年に、航空運航のための国際的な宇宙天気情

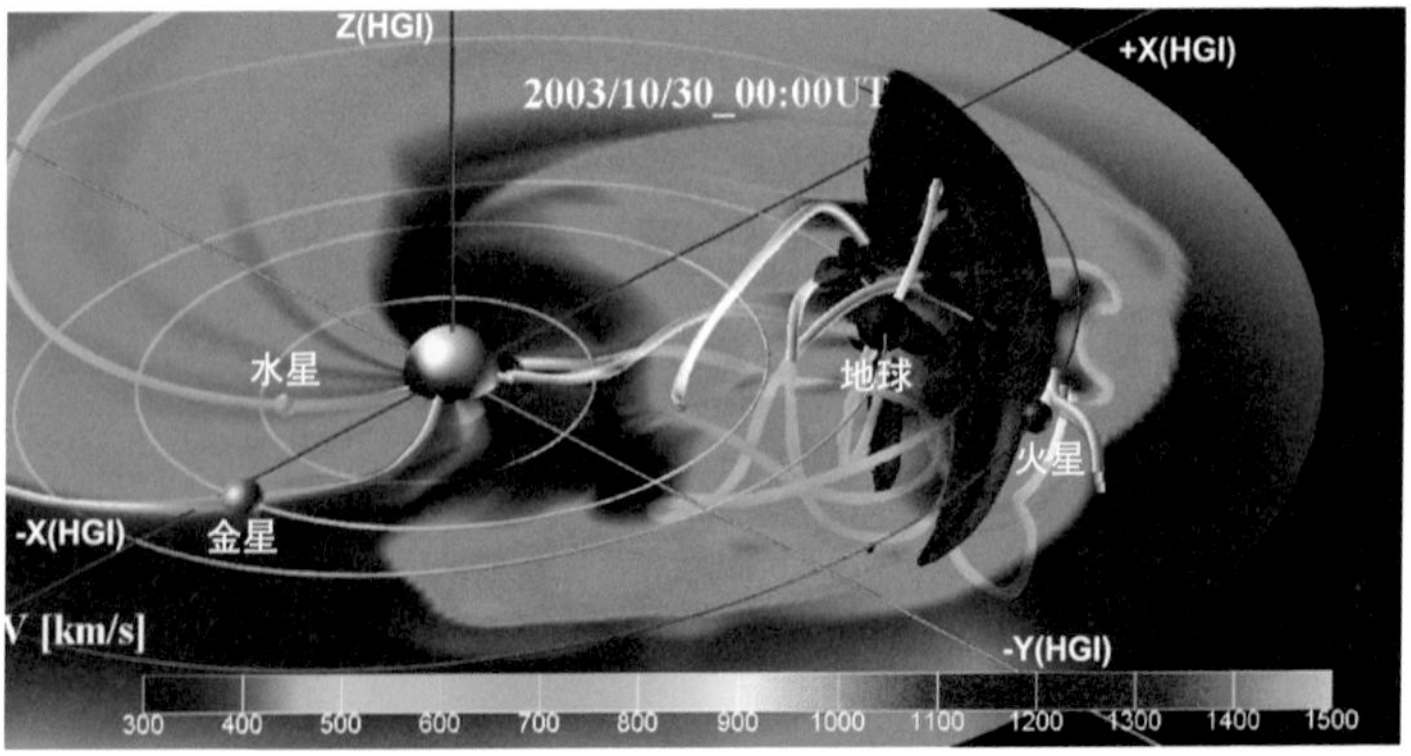

図4-4　太陽から放出され地球に到達したコロナ質量放出の惑星間空間における速度と磁力線の構造を予測する3次元計算機シミュレーション（画像提供：塩田大幸氏，＊9より）．
白いチューブは磁力線，座標軸（HGI）は太陽を中心とした太陽圏慣性座標系を示す．赤道面の色は太陽風の速さを表し，赤い三次元曲面は速さが1200 km/sの部分を示す．

報サービスを連続して行うICAO宇宙天気グローバルセンターを組織した。日本のNICTは豪州、カナダ、フランスとともにこのセンターに参加し、米国および欧州連合とともに安全な航空運航のための宇宙天気予報に取り組んでいる。また、国際科学会議（ISC）傘下の太陽地球系物理学科学委員会（SCOSTEP）は「変動する太陽地球結合系の予測可能性（PRESTO）」プログラムを2019年に開始し、宇宙天気予報に関わる国際共同研究を推進している。

人類の生存環境としての宇宙を正確に理解し、その変動を予測することは、本格的な宇宙時代を生き抜くために不可欠な取り組みである。科学と社会の双方に貢献する宇宙天気予報は、21世紀の新たな学術分野として大きく発展していくであろう。

●一般向けの関連書籍――ジョン・エディ著、上出洋介・宮原ひろ子訳（2012）太陽活動と地球――生命・環境をつかさどる太陽、丸善出版。

ってきました．最近の熱圏研究の興味は，宇宙空間と地球大気との間のエネルギーや物資のやりとりにまで広がっています．一方で，オーロラには厚さ1 kmほどの薄いカーテン状オーロラや，約10秒周期で点滅する脈動オーロラなど，多様な種類があることがわかってきました．この多様なオーロラ現象は，宇宙空間と地球大気の間のやりとりの結果生じるものとして注目されています．

この宇宙と地球の間のやりとりは，「あけぼの」「れいめい」「あらせ」などの人工衛星や地上からの観測により，現在も活発に研究されています．とくに周期的に点滅する脈動オーロラの発生時には，通常のオーロラが発光する熱圏よりも低高度の中間圏（約70 km）まで大気が電離することが発見されました（図）．この事実は，放射線帯と呼ばれる宇宙空間から非常に高いエネルギーの電子が地球に降下し，従来知られていた高さよりも低高度の大気まで侵入して影響を与えうることを示しています．宇宙空間と地球大気との間の複雑なやりとりの解明には，そこでのさまざまな時間と空間の変動現象の探査が不可欠で，今後の人工衛星や地上観測による研究が期待されます．

🌏一般向けの関連書籍——片岡龍峰（2015）オーロラ！，岩波科学ライブラリー．

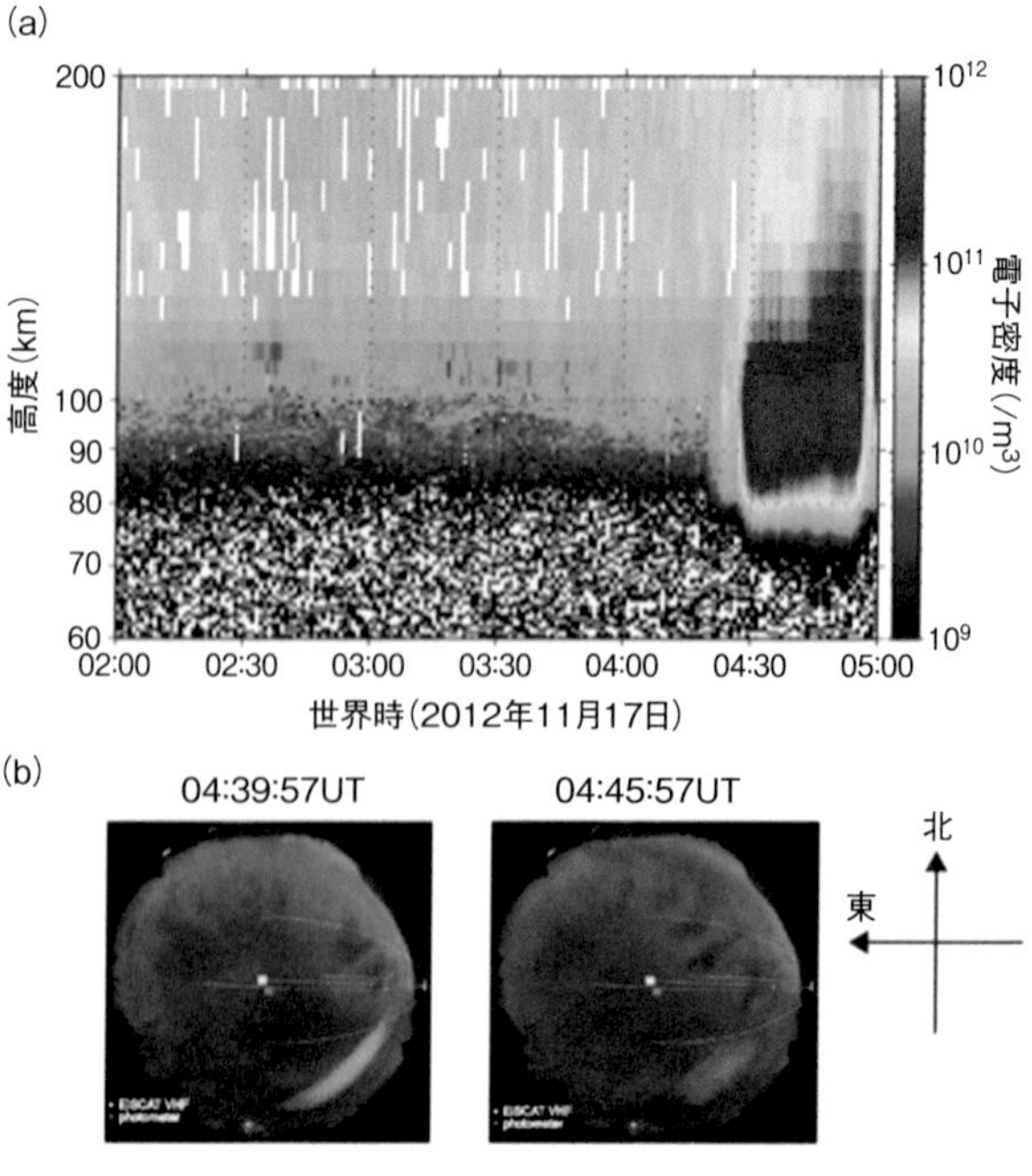

column-01　地球の超高層大気で起こっていること

坂野井 健

極地方の夜を彩るオーロラ──マイナス40 ℃の寒さの中，震えながら夜空を見上げると，緑や赤の光が突然輝き始め，あっという間に全天をおおいつくします．その光の帯は目で追えないほど激しく動き回り，まるで自分が光のシャワーの中にいるかのように感じます．この神秘的な感動は，何度オーロラを見ても褪せることはありません．事実，オーロラの科学研究が始まってから100年以上たちますが，今なお多くの世界中の研究者の関心を集めています．

地球の大気は，地表から高度約10 kmまでを対流圏，約10〜50 kmを成層圏，約50〜90 kmを中間圏，高度約90 kmよりも超高層の大気を熱圏と呼びます．19世紀より前は，オーロラの緑や赤などの色は虹と同じ原理で起きるのではないかと考えた人がいました．ところが約100年前に研究者が地上から三角測量でオーロラの高さを観測したところ，高度100〜300 kmという結果が得られ，虹が発生する対流圏よりもずっと高い熱圏でオーロラが発生することがわかりました．同じころにオーロラを分光した研究者がいました．分光とはプリズムなどを用いて光を色（波長）ごとに分け，どの色の光が強いかを調べる手法です．虹は対流圏中の水滴により太陽の光が分光されたもので，青・緑・黄・赤と連続しています．ところがオーロラを分光すると，緑や赤などの限られた色しかありませんでした．この特徴が真空放電であることは，当時からよく理解されていました．真空放電は看板などのネオン管に見られる発光です．ネオン管の中には電極と希薄なガスが入っていて，電極に電圧をかけると管の中に電子がビーム状に走り，ガスと衝突して発光を起こします．ではオーロラの場合の希薄ガスと電子ビームに相当するものは何でしょうか?

熱圏の高度300 kmでは気圧が地上の約100億分の1になり，希薄なガスとなります．そこへ宇宙空間から電子が降り注ぎ，大気と衝突して発光を引き起こす──これがオーロラです．発光の色はガスの種類で決まり，オーロラは主に酸素原子の発光であることが知られています．大気中の酸素は主に植物の光合成で生成されますので，緑や赤のオーロラが見られるのは，地球が生命ある惑星ゆえかもしれません．

近年の研究から，熱圏では宇宙空間から降り注ぐ電子や太陽光だけではなく，対流圏から伝播するエネルギーにより影響を受け，複雑なふるまいをすることがわか

---

*1　Miyoshi, Y. *et al.* (2015) Energetic electron precipitation associated with pulsating aurora: EISCAT and Van Allen Probe observations. *J. Geophys. Res. Space Physics*, **120**, 2754-2766. doi:10.1002/2014JA020690

(a) 約10秒周期で点滅する脈動オーロラ発生時に高度70km付近まで電離したことを示す例．2012年11月16〜17日の北欧EISCATレーダーにより観測された電子密度の高度分布の時間変動．(b) 同時に地上カメラで観測された緑白色でまだら模様の脈動オーロラの発光分布（＊1）．

査を続けてきましたが，2020年にはいよいよ，火星の土壌をサンプルリターンし生命の痕跡を探る探査車「Mars 2020」が打ち上げられます．まだ見ぬ私たちの兄弟は，目印を教えてくれるでしょうか?

さて，これまでのアストロバイオロジーは「我々はどこから来たのか」に重点を置いてきたように見えます．しかし，それは「我々はどこへ行くのか」の理解へつながっています．光合成のメカニズムや，生命の起源の場となりえた海底熱水環境の種々の鉱物は，未来のエネルギー・資源となるポテンシャルを持っています．生命の理解を深めることで医学・薬学の新展開にも結びつく可能性があります．アストロバイオロジーは私たちの過去と未来をつなぐとともに，自然科学の枠をも超え，社会科学，政治学，宗教学，哲学などと融合しうる「超学際」研究ともいえるでしょう．

アストロバイオロジーの開拓者の一人であるカール・セーガンは「天文学は人を謙虚にし，身の程をわからせる学問である」という言葉を残しました（図）．地球の生命は，環境の変化で影響を受けながらも，地球環境を変化させるということを，地球史の中で繰り返してきましたが（第17章），私たちが地球人として地球と生命の尊さを感じ，未来の地球環境を守り，地球とともに生きていく力を引き出すことが，アストロバイオロジーの使命なのかもしれません．

一般向けの関連書籍——山岸明彦編（2013）アストロバイオロジー－宇宙に生命の起源を求めて（Dojin Bioscience 06），化学同人．

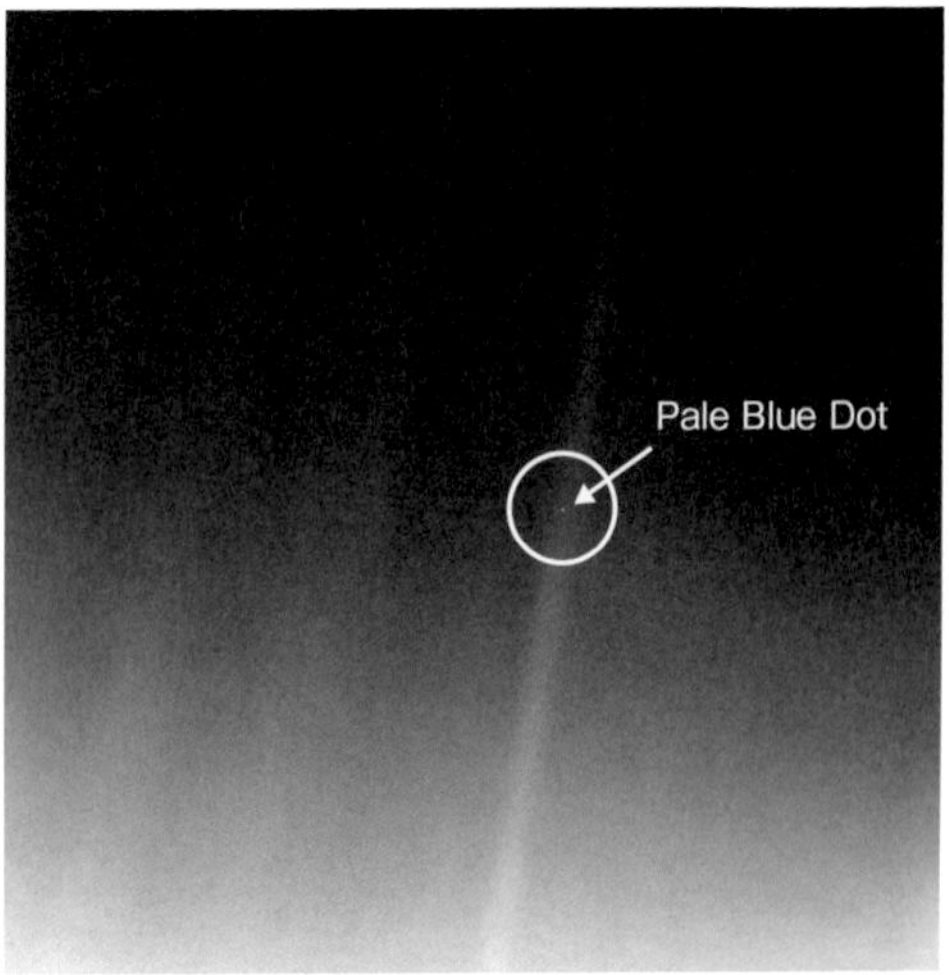

探査機ボイジャー1号によって64億km離れた地点から撮影された地球．
こうして見ると，地球は1つの点（dot）に過ぎない．これをカール・セーガンは，ペイル・ブルー・ドット（Pale Blue Dot，淡く青い点）と名づけた（NASA/JPL-Caltech）．

column-02 アストロバイオロジー――地球人として未来を解くための鍵

薮田ひかる

ゴーギャンの絵画に,「我々はどこから来たのか,我々は何者か,我々はどこへ行くのか」という作品があります.この地球に,生命はいつ,どこで,どのように誕生したのでしょうか.地球は私たちが知る唯一の生命が存在する星ですが,地球以外の星にも生命は存在するのでしょうか.その証拠をどのように見つけることができるのでしょうか.今後,私たち地球の生命はどのような運命をたどるのでしょうか.

1990年代後半,NASAは,宇宙における生命の起源,進化,分布,未来を解明するために,地球惑星科学を含むさまざまな学問分野を融合した学際領域「アストロバイオロジー」を創設しました.以来,この学問は熱い関心を集めています.

アストロバイオロジーに関連する研究事例として,小惑星探査計画「はやぶさ2」では,宇宙における水と有機物の起源・形成・運搬機構を解明し,生命存在可能な天体はどのように生まれたのかを理解することをめざしています(第2章).また,初期地球上で最初の生命が誕生するまでの化学進化の研究では,RNAの構成要素が前生物的に合成できることが実験的に証明されています(＊1).

最近では,地下生命圏の発見によって,微生物が支配する地球の物質循環に対する理解が発展しました.海底熱水噴出孔で水素や二酸化炭素を利用しメタンを発生する微生物の発見(＊2)により,熱水環境で最初の生命が誕生した可能性が拓かれました(第6章).この知見は,土星の衛星エンケラドスから氷微粒子の噴出物と水素の大量発生が観測された際に,エンケラドス地下に地球の海底熱水噴出孔のようなハビタブルな場が存在するのではないかといわれる根拠となりました.ハビタブルな惑星探しは,太陽系外にまでおよび,ハビタブルゾーンにある惑星が20〜30個程報告されています(第1章).今後,大気中の生命活動の指標となる物質の観測が実施され,ハビタブルな系外惑星の探査が発展していくでしょう.

これらの研究から,地球の生命については少しずつわかってきましたが,私たちはまだ,地球の生命でしか生命を知りません(第5章).アストロバイオロジーの究極のゴールは,地球の生命は普遍的な存在なのか,それとも特殊なのかを知り,真の意味で「生命とはなにか」を理解し,生命の起源の解明へ導くことです.そのためには,地球外生命探査が不可欠です.NASAはこれまで火星での水やハビタビリティの探

＊1 Powner, M. W. *et al.* (2009) Synthesis of activated pyrimidine ribonucleotides in prebiotically plausible conditions. *Nature*, **459**, 239-242.

＊2 Nakamura, K. and K. Takai (2014) Theoretical constraints of physical and chemical properties of hydrothermal fluids on variations in chemolithotrophic microbial communities in seafloor hydrothermal systems. *Prog. Earth Planet. Sci.*, **1**, 5.

第I部 執筆者紹介

第1章 **井田 茂**（いだ・しげる）

東京工業大学地球生命研究所（ELSI）教授。1960年生。惑星形成理論、アストロバイオロジーなどの研究を行っている。

第2章 **渡邊誠一郎**（わたなべ・せいいちろう）

名古屋大学大学院環境学研究科教授。1964年生。はやぶさ2プロジェクトサイエンティスト。惑星科学（惑星系形成論）、惑星探査学、臨床環境学などの研究を行っている。

第3章 **関 華奈子**（せき・かなこ）

東京大学大学院理学系研究科教授。1972年生。宇宙惑星科学・惑星大気学・宇宙プラズマ物理学。太陽変動が宇宙環境や惑星表層環境に与える影響などの研究を行っている。

第4章 **草野完也**（くさの・かんや）

名古屋大学宇宙地球環境研究所所長・教授。1959年生。宇宙プラズマ現象、宇宙天気・宇宙気候、太陽フレアの発生機構と予測、天体ダイナモなどの研究を行っている。

コラム1 **坂野井 健**（さかのい・たけし）

東北大学大学院理学研究科准教授。1967年生。オーロラ物理学・惑星大気圏電磁圏物理学。オーロラを北極や南極、宇宙から観測し、宇宙環境を研究している。

コラム2 **薮田ひかる**（やぶた・ひかる）

広島大学大学院先進理工系科学研究科教授。1974年生。宇宙地球化学・アストロバイオロジー。地球外物質分析を手段とし、宇宙における有機物の化学進化を研究している。

II

生命を生んだ惑星地球

5 なぜ地球に生命が生まれたのか

小林憲正

地球生命はなぜ、どのようにして誕生したのか。これは人類に遺された最大の謎のひとつである。20世紀後半、生命科学と地球惑星科学の爆発的進展に呼応し、生命の起源研究が本格的に始まったが、その解明には生物学、化学、物理学、天文学、地球惑星科学などの成果を結集する必要がある。地球生命の起源はどこまでわかり、何がわかっていないのか。地球以外でも生命は誕生するのか。今後の太陽系惑星探査や系外惑星探査への期待をまじえて展望する。

生命の起源研究の始まり

19世紀中ごろまでは、生命は地球のいろいろなところで自然発生すると考えられてきた。しかし、1860年にパスツールは「どのような生物も自然発生しない」ことを実験的に証明した。ほぼ時を同じくした1859年、ダーウィンは『種の起源』を著し、生物「種」は生物進化により誕生する、という生物進化説を提唱した。では、最初の最も簡単な生命はどのようにして誕生したのだろうか？　ここから生命の起源の問題が自然科学上の重大問題に浮上した。

生命の起源研究が本格化したのは、後で述べるように1950年代からであるが、これは分子生物学と惑星探査の黎明期と重なった。1953年、ワトソンとクリックはフランクリンの実験データをもとにDNA二重らせん構造を提唱し、これに端を発して生命科学（とくに分子生物学）が大ブレークした。一方、ソビエト連邦（当時）は1957年に初の人工衛星スプートニク1号を打ち上げ、その後、米ソを中心に月惑星探査が行われるようになった。分子生物学と惑星探査はやがて生命の起源研究を後押ししていくことになる。

原始大気からの生体関連分子の生成

20世紀半ばごろ、原始地球大気に関しては、メタン・アンモニアを主とする強還元型大気説と、二酸化炭素・窒素を主とする非還元型大気説が並立していた。1953年、ミラーは強還元型原始大気説に立脚し、メタン・アンモニア・水素・水蒸気の混合気体中で放電を行い、タンパク質を構成する重要な生体分子であるアミノ酸がいとも簡単に生成しうることを示した。この後、類似の実験が多数行われ、強還元型大気からは紫外線、熱、衝撃波などによってもアミノ酸が容易に生成することが示された。

しかしその後、原始地球大気は強還元型の「一次大気」（惑星を誕生させる母体となった原始太陽系円盤中に含まれていたガス）ではなく、惑星形成時の微惑星衝突により生じたガスを基とした、二酸化炭素・一酸化炭素・窒素・水蒸気などからなると考えられるようになった。このようなわずかに還元型分子を含む「弱還元型」大気からは、放電や紫外線などではアミノ酸の生成は難しくなる。ただし、宇宙線や、隕石衝突時に発生するプルーム（岩石の蒸気雲）をモデルとした実験では、このような気体からもアミノ酸や核酸構成分子の生成が可能であることがわかった（＊1）。この場合、アミノ酸などがどの程度生成したかは、原始大気中の副成分として存在したと考えられる一酸化炭素やメタンの分圧に強く依存する。

＊1　Miyakawa, S. *et al.* (2002) Prebiotic synthesis from CO atmosphere: Implications for the origins of life. *Proc. Natl. Acad. Sci., USA*, **99**, 14628-14631.

地球外の生体関連有機物

一方、地球外にもさまざまな有機物が存在することがわかってきた。たとえば、隕石の中には炭素を比較的多く含む「炭素質コンドライト」と呼ばれるものがあるが、その熱水抽出液からは、多種類のアミノ酸や核酸塩基などが検出されたほか、最近、糖(リボース)も検出された(*2)。

また、1986年のハレー彗星接近時には、探査機ヴェガ1号やジオットに搭載された質量分析計により、彗星から噴き出したダストの分析が行われ、分子量100以上の複雑な有機物が多数存在することがわかった。その後の彗星探査機スターダスト(1999~2006)やロゼッタ(2004~2016)による他の彗星の探査でも、アミノ酸を含むさまざまな複雑な有機物が彗星に含まれていることがわかった。さらに、南極の氷の中などから回収された宇宙塵中にも、複雑な有機物が含まれていることがわかっている。これらにより地球に持ち込まれた有機物が、最初の地球生命の素材として用いられた可能性が示唆された。

隕石や彗星中に見られる有機物の誕生の場としては、まず原始太陽系の故郷である分子雲(暗黒星雲)が候補に上がる。分子雲内部は分子やダストの密度が高いため、恒星の光が入らず、温度が10K程度ときわめて低温である。このため、ダストの表面には分子雲に存在する分子の多く(水、一酸化炭素、メタノール、アンモニア、窒素など)が凍結し、「アイスマントル」を形成している。このような氷に、宇宙線や紫外線が照射され、有機物が生成すると考えられる。

われわれは、水・一酸化炭素(またはメタノール)・アンモニアの混合物を凍結し、これに高エネルギー粒子線を照射する実験を行ったところ、生成物を加水分解するとアミノ酸が生じた(*3)。加水分解前の生成物は、複雑な高分子有機物を含むことがわかった。つまり、分子雲には宇宙線の作用により生じた生体分子の前駆体とな

*2 Furukawa, Y. *et al.* (2019) Extraterrestrial ribose and other sugars in primitive meteorites. *Proc. Natl. Acad. Sci., USA*, **116**, 24440-24445.

*3 Kobayashi, K. *et al.* (1995) Formation of amino acid precursors in cometary ice environments by cosmic radiation. *Adv. Space Res.*, **16**, 21-26.

るような複雑な高分子状有機物がすでに存在していると考えられる。

また、太陽系形成後に生じた小惑星の内部で液体の水が生じることがわかってきたが、このような小惑星内部でも、水に溶け込んだホルムアルデヒドやアンモニアの反応によりアミノ酸前駆体が生じることも実験で確認できた(＊4)。

つまり、生命誕生に必要とされる有機物は宇宙でも普遍的に生成しうることがわかってきた。

有機物から生命へのシナリオ（1）RNAワールド

地球上で生命が誕生したのは38億年前ごろと考えられている(第7章参照)。これまでの化学進化のイメージは、原始海洋に供給された小さい分子が少しずつ結合し、より大きい分子へと進化していき、やがて原始タンパク質と原始核酸（RNA）が生成、これらの相互作用により生命となった、というようなものであった。この場合、タンパク質と核酸のどちらが先に誕生したのかが大きな問題であった。1970年代にリボザイムと呼ばれる触媒機能を有するRNAが発見されたことから、1984年に生命は自己複製機能と触媒機能を併せ持つRNAから始まったとする「RNAワールド説」が提唱され(＊5)、分子生物学者らに広く支持されている(図5-1)。RNAが生成したことを前提として、試験管の中でRNAを機能をもったものへと進化させたり(試験管内分子進化法)、人工的に合成したRNAやタンパク質などから人工細胞を作ったり(合成生物学)して、生物機能を創生できるようになってきた。

しかし、これらの前提となるRNAの構成要素であるリボヌクレオチドがどのようにして生成したかについては謎が残る。核酸塩基やリボースは隕石中に見つかってはいるが、それらとリン酸を正しい位置で結合させせなけ

＊4 Kebukawa, Y. *et al.* (2017) One-pot synthesis of amino acid precursors with insoluble organic matter in planetesimals with aqueous activity. *Sci. Adv.*, **3**(3), e1602093.

＊5 Gilbert, W. (1984) The RNA world. *Nature*, **319**, 619.

＊6 Becker, S. *et al.* (2019) A high-yielding, strictly regioselective prebiotic purine nucleotide formation pathway. *Science*, **352**, 833-836.

ればリボヌクレオチドはできない。近年、リボヌクレオチドを「前生物的に（生命誕生前の環境下で）」合成できたとする論文が発表され（＊6など）、RNAワールド支持者からは歓迎されている。しかし、これらの研究では、確かに模擬原始地球環境下において存在しえたような材料物質を用いているが、濃度が非現実的なほど高すぎたり、反応を阻害する可能性のある物質を加えていなかったりするため、原始地球上でそうした反応が起きたとはとても考えにくい。

一方、アミノ酸は宇宙でも比較的できやすい分子ではあるが、タンパク質になるためにはアミノ酸が正しい順番で長くつながる必要がある。つまり、核酸やタンパク質などのような生体高分子が、化学反応によって無生物的にいきなり生成したとは考えにくい。

有機物から生命へのシナリオ（2）がらくたワールド

炭素質コンドライトや宇宙塵中に見られる有機物の多くは、高分子の不溶性複雑有機物である。炭素質コンドライト中には可溶性の有機物も存在するが、それらはきわめて

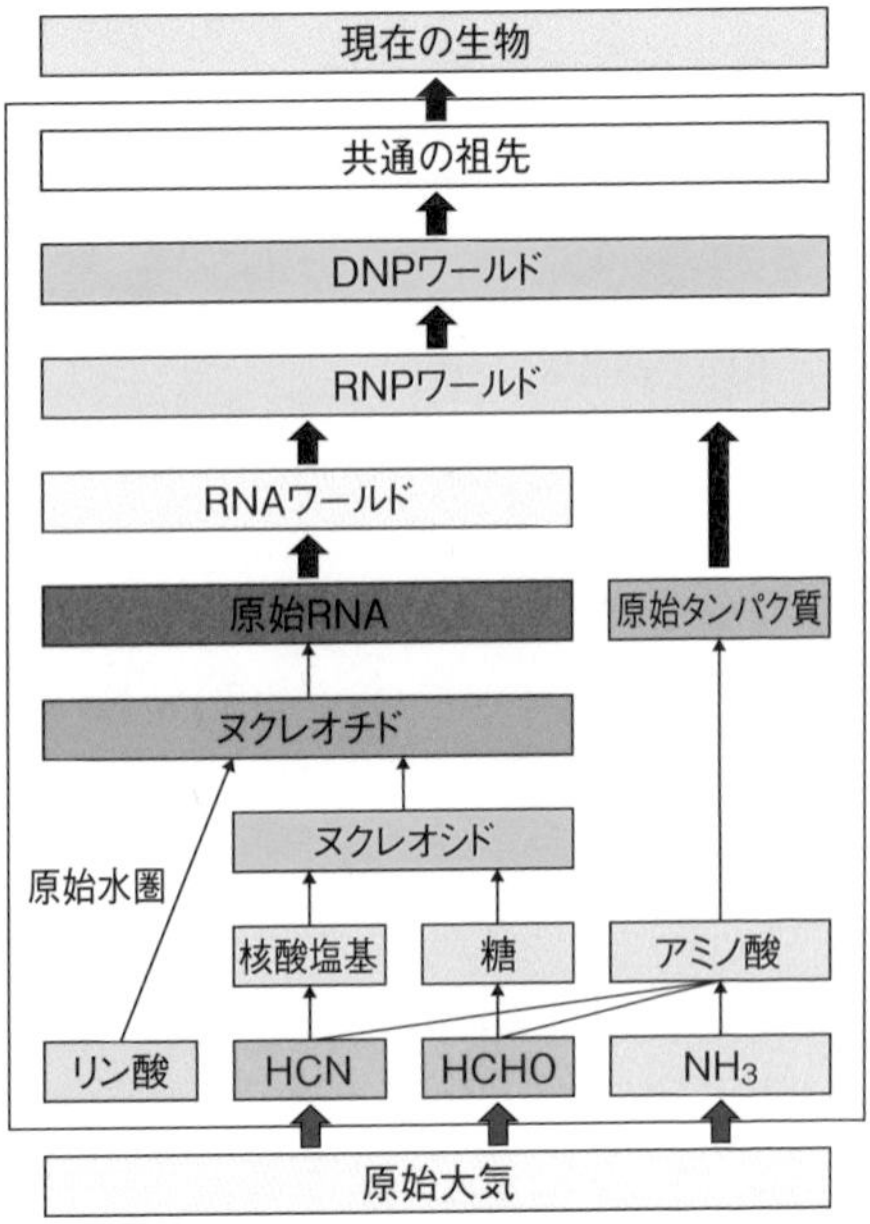

図5-1　古典的な生命の起源のシナリオ．
原始大気中の雷などで生じた分子から化学反応（細い矢印）でアミノ酸などが生成し，重合により原始タンパク質や原始RNAができる．RNAワールドから，代謝機能がタンパク質に譲り渡されたRNPワールド，DNAを用いたDNPワールドへ進化した．

多様であり、網羅的な分析をすると1万4000種以上の元素組成を有すること、つまり化合物種としてはそれよりはるかに多数の有機化合物が存在することが報告されている(*7)。また、模擬星間物質に放射線を照射したときに生じるのも高分子の複雑有機物であった。これは化学反応を促進する性質(触媒活性)を有し、加水分解するとアミノ酸が生じた。

以上の知見から、次のようなシナリオが描ける(図5-2)。原始大気や分子雲中の星間塵上で一酸化炭素・窒素などの単純な分子から、宇宙線エネルギーにより複雑な有機物が生じる。これは雑多な分子の集合体であり、大部分は役にたたない「がらくた分子」(図5-3)であるが、その一部は触媒活性などの機能を有し、また、加水分解されるとアミノ酸などを生み出しうるものである。やがて、このがらくた分子の中に、自分自身を基質として自分と同じ分子を生み出すもの(自己触媒分子)が現れた。この分子は、がらくた分子の供給が続く限り増殖していくだろう。このような「がらくたワールド」の中で、やがて自己触媒分子は周辺に存在す

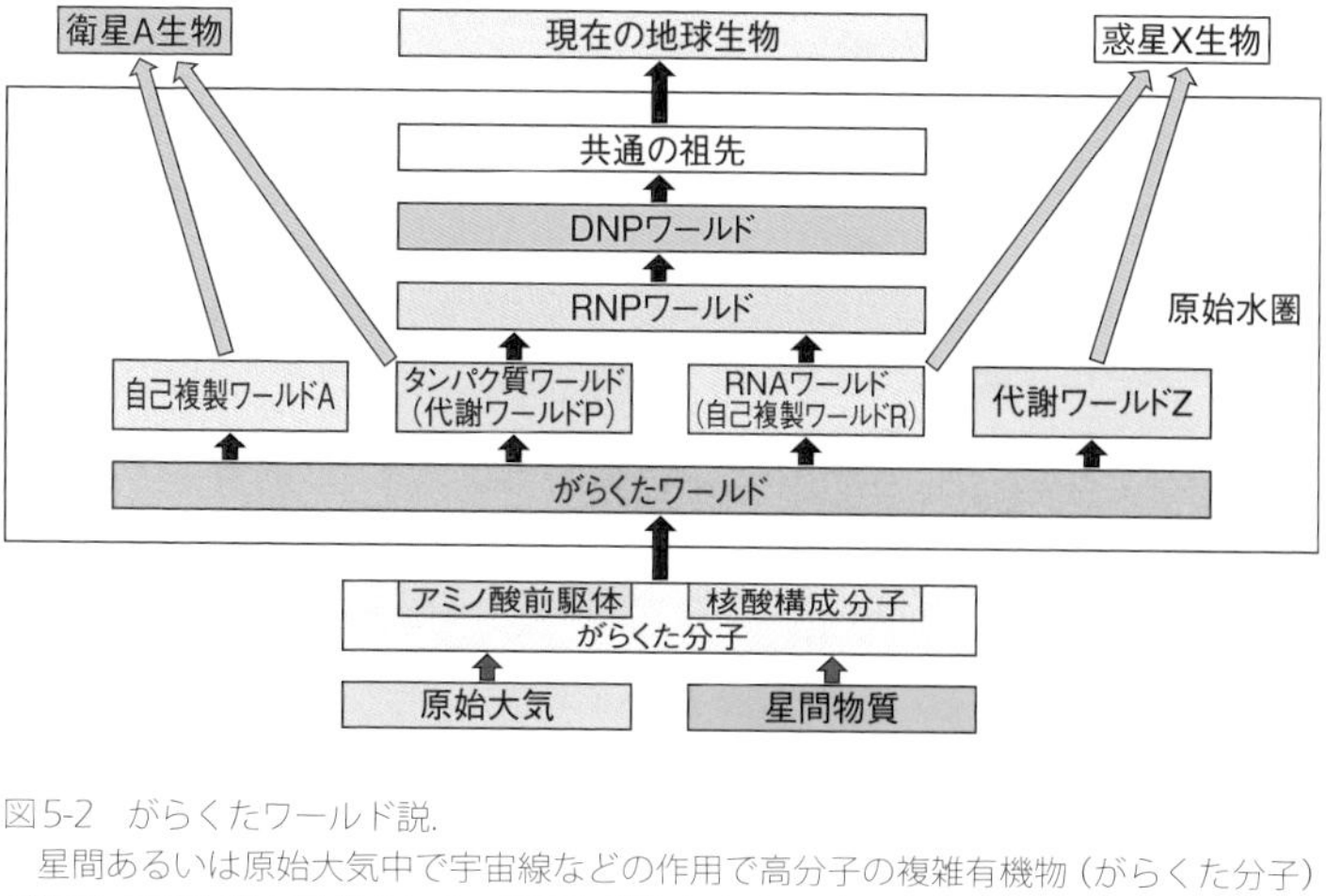

図5-2　がらくたワールド説.

星間あるいは原始大気中で宇宙線などの作用で高分子の複雑有機物（がらくた分子）が生じ，原始海洋に供給される．微弱な機能を有するがらくたワールド中では，膨大なライブラリーの中からより高い機能を持つシステムが選択され，地球ではRNAを用いた自己複製系（RNAワールド）やタンパク質を用いた原始代謝系ができ，それらの共生によりRNPワールドができた．他の惑星ではRNAを用いない自己複製系へ進化するかもしれない．

るアミノ酸や核酸塩基を用いて機能を進化させ、「RNAワールド」などに移行し、やがて「共通の祖先」の誕生にいたった(章末の一般向けの関連書籍参照)。

しかし、このシナリオを裏づけるような証拠は、現在の地球上には残されていない。では、タイムマシンがなければ生命の起源は実証不可能なのだろうか。今後の惑星探査がその不可能を可能にしてくれると考えられる。

太陽系天体に化学進化の化石と第2の生命を探る

土星の最大の衛星はタイタンである。タイタンは、約1・5気圧の濃い大気を有する唯一の太陽系衛星である。また、大気の主成分は窒素であるが、これは太陽系では地球とタイタンのみである。大気の約1%はメタンであり、メタンと窒素から生成したと考えられる有機物や褐色のもやの存在がボイジャー探査機などによる観測で知られていた。このため、タイタンは原始地球環境と類似した「天然の化学進化実験室」として注目され、タイタン大気を想定した窒素とメタンの混合気体を用いた模擬実験が数多く行われてきた。しかし、その多くはタイタン上層大気への土星磁気圏に捕捉された電子や紫外線の作用を模擬したものであっ

図5-3　がらくた分子のイメージ．
黒が炭素，白が水素，青が窒素，赤が酸素．左下は比較のためのグリシン分子．

た。

われわれは、タイタンの下層大気での有機物生成の可能性を調べた。下層大気中での重要なエネルギーは宇宙線であるので、窒素とメタンの混合気体に加速器からの高エネルギー陽子線を照射した（図5-4）。すると、黄褐色の固体生成物が生成し、加水分解するとアミノ酸が生成した（＊8）。

1997年、アメリカ航空宇宙局（NASA）と欧州宇宙機関（ESA）は共同で土星探査機カッシーニを打ち上げた。2005年、カッシーニから切り離されたタイタン探査機ホイヘンスは、タイタン大気中を大気の分析をしながら降下し、無事着陸した。タイタンの地表温度はマイナス170℃であり、液体（メタン？）の流れた跡と考えられる川のような地形が観察された。またカッシーニ本機は上空からタイタンに液体メタン・エタンからなる湖群を発見した。メタンの湖に集められたソーリンと呼ばれる複雑有機物にエネルギーが与えられれば、さらに進化して生命に近づいた有機物が発見される可能性が考えられる。

近年の太陽系探査のもうひとつのハイライトは、小惑星や彗星といった小天体の探査である。日本は「はやぶさ」につづき、「はやぶさ2」を小惑星リュウグウに送り、その表面物質のサンプル採取に成功した（第2

図5-4　模擬タイタン大気への陽子線照射．
　メタン5%，窒素95%の混合気体に陽子線（図中の青い光）を照射すると，もともと透明なガスから複雑有機物からなるもやが生じる．

章参照)。NASAは、すでにヴィルト第2彗星からのダストのサンプルリターン(スターダスト計画)を敢行し、2020年には小惑星ベンヌからのサンプル採取を予定している(オサイリスレックス計画)。ESAは、探査機ロゼッタにより、チュリュモフ・ゲラシメンコ彗星の探査を行い、彗星物質の現地分析を行った。これらの探査により、地球などの惑星に供給された始原的な有機物に関する情報が増えていくだろう。

さらに、火星などに「第2の生命」が見つかる期待も高まっている。2011年に火星に着陸したキュリオシティは、ローバーで移動しながら火星表面の分析を行っているが、過去に大量の水が存在したこと(第3章参照)、ヴァイキング計画(1976)では検出されなかった有機物が地下から検出されたこと(*9)などから、現存する生物もしくは過去の生命の痕跡の発見が期待されている。2020年代には、NASAのMars 2020、ESAのExo Mars 2020などが計画され、さらにはサンプルリターンなども議論されている。木星の衛星のエウロパや土星の衛星のエンケラドスは、表面を氷でおおわれているが、その下に液体の水が存在することがわかった。さらにエンケラドスから噴出するプルーム中には、水に加えて有機物も検出されている(*10)。これらにタイタンを加えた4天体は、太陽系内で生命の発見される可能性がある最有力候補となっている。第2の生命のシステムがわかれば、それと地球生命のシステムとの比較により、生命の起源に関する重要な情報が得られるであろう。

アストロバイオロジーの役割

20世紀末、NASAは「アストロバイオロジー」という新しい学問分野を提案した(コラム2参照)。アストロバイオロジーは、「宇宙における生命の起源・進化・分布とその未来を研究する学問分野」と定義されている。生命の起源研究は、現在、このアストロバイオロジーの中心課題であり、その解明のためには、アストロバイオロジ

*7 Schmitt-Kopplin, P. *et al.* (2010) High molecular diversity of extraterrestrial organic matter in Murchison meteorite revealed 40 years after its fall. *Proc. Natl. Acad. Sci., USA*, **107**, 2763-2768.

*8 Taniuchi, T. *et al.* (2013) Amino acid precursors from a simulated lower atmosphere of Titan: Experiments of cosmic ray energy source with ^{13}C- and ^{18}O-stable isotope probing mass spectrometry. *Anal. Sci.*, **29** (8), 777-785.

ー傘下の天文学から生物学までのさまざまな分野の研究者の協力が必要である。

では、「地球でなぜ生命が誕生したか」の問いに、現在どこまで答えられているのだろうか。地球での生成が考えられていたアミノ酸や核酸塩基などの生体関連有機物が、星間もしくは小天体内で生成可能であるということは、地球のみならず、さまざまな惑星・衛星にも有機物の供給があったということになり、そこに液体の水があれば生命の誕生が期待できることになる。現在は、最新鋭の顕微分析法や総合的分析法による隕石有機物の詳細な分析が可能となっている。一方、生物学においては分子生物学的手法によりさまざまな生物間の関連が解明され、地球上のすべての生物は単一の祖先（LUCA＝最後の共通祖先、もしくはコモノート）から進化したこと、それは高温環境（たとえば海底熱水系）で誕生した可能性が高いことなどがわかってきた（第6章参照）。共通の祖先の前段階については、合成生物学、さらにその前はRNAワールド説に基づいた試験管内分子進化法やさまざまな有機合成的な手法を用いた化学進化実験が行われている。

しかし、問題はまだ山積している。地球外物質の分析が高精度化しているのはすばらしいことであるが、それと生命との関連についての議論はあまり進んでいない。一方、試験管内（*in vitro*）の室内実験においては、ゴールが地球の生物システムに据えられているため、地球外の生命起源に関しては無力であるし、原始地球環境への考察もあまりなされていない。

生命の起源の解明のためには、まずは今後の惑星探査の成果が期待されるが、それに加えて、生命科学のわかる天文学者・惑星科学者、天文学・惑星科学のわかる化学者・生物学者の真の協力が必要である。

われわれは研究においても、そして社会のさまざまな場面においても、常識や自己中心主義にとらわれがちである。コペルニクス以前、人類は地球を中心として他の星々が地球の周りを回るという宇宙観を抱いていた。[17]

＊9 Eigenbrode, J. L. *et al.* (2018) Organic matter preserved in 3-billion-year-old mudstones at Gale crater, Mars. *Science*, **360**, 1096-1101.

＊10 Waite, J. H. Jr. *et al.* (2006) Cassini ion and neutral mass spectrometer: Enceladus plume composition and structure, *Science*, **311**, 1419-1422.

世紀の科学革命以降、物理学・化学は宇宙の原則として宇宙のどこででもなりたつ学問体系となったが、生物学は「地球生命システム」に関する学問であり続けた。また、宇宙（とくに太陽系外）における生命の存在を考えるうえでも、中心星と惑星との距離に依存した狭い意味での「ハビタブルゾーン」に縛られがちである。

もし火星生命が見つかり、それがDNAやRNA以外の遺伝システムを有していることがわかれば、生命システムがタンパク質と核酸の相互作用に基づくとする「生物学の中心教義」は地球にローカルなものということになる。逆に、火星で見つかった生命が地球とまったく同じシステムだとすれば、生命の惑星間伝播の可能性を考える必要が生じる。エウロパに生命が見つかれば、太陽系のハビタブルゾーンは一気に木星軌道にまで拡大する。つまりアストロバイオロジーの役割は、われわれを中心とする「天動説」（自己中心主義）に傾きがちであったわれわれの意識にコペルニクス的転回をさせ、生命科学の「地動説」に導くことである。

一般向けの関連書籍――小林憲正（2017）宇宙からみた生命史、筑摩書房。

6 深海の極限環境に生命の起源を探る

高井 研

「生命の起源」を巡る研究が始まって100年以上経つ。われわれ人類はどこまでその科学的な答えに近づいたといえるのだろうか？　本章では、「生命の起源」研究の歴史を簡単に振り返りながら、現在の地球の深海熱水環境における微生物生態系研究を通じて、冥王代の深海熱水域に生まれた最古の持続的生態系の姿を描像するにいたった筆者の研究グループの成果について概説する。さらにそこから発展した「最後の共通祖先の誕生」以前の生命誕生プロセスに対する最新研究についても紹介する。

生命の起源に関する最新シナリオ

1920年代のオパーリンやホールデンの着想に始まる約100年に及ぶ生命の起源研究（第5章参照）の到達点として、「約40億年前の冥王代地球のどこでどのように生命が誕生したか」に対する答えは、現在2つのシナリオへと集約されようとしている。ひとつは、冥王代（第7章参照）の地球の深海熱水環境において、熱水中での多様な非生物学的有機物生成反応や熱水域での自然発電現象に伴う電気化学的原始的代謝の成立を通じて独立栄養的生命（環境にある無機物から有機物を合成して利用する生命）が誕生したとするシナリオ。もうひとつは、冥王代の地球に、宇宙からさまざまな生体材料が持ち込まれたか（第5章参照）、あるいは当時の大気および陸環境においてさまざまな生体材料が生成され、それらが陸上温泉域に集積し、そこで統合的な化学進化が生じて従属栄養的生命（環境にある有機物を取り込み利用する生命）が誕生した、とするシナリオである。

どちらのシナリオも、地表に降り注いだ水や海水が地中や海底深くにしみ込み、熱源となる高温の岩石やマグマ由来のガスと反応することによって生じた熱水が、地表や海底に再び噴出する場が「生命の揺りかご」となることは共通している。

しかし、「生命誕生の場＝深海熱水」説は、海洋環境では乾燥（脱水）という物理・化学プロセスが起きないため有機物の高分子化（脱水縮合）がきわめて困難であり、RNAなどの高分子の加水分解が促進される、および疎水性および両親媒性有機物の濃縮・組織化が困難である、といった生命誕生以前の化学進化における難点が指摘されている。一方で、この説は「生命誕生の場＝陸上温泉」説と比べ、初期地球における生命存続確率を高める場の普遍性、頑健性および恒常性（つまり、陸地がきわめて乏しかった当時の地球表層において、陸上温泉に比べ深海熱水の方が圧倒的に時間的・空間的な存在量や頻度が大きかった）という圧倒的なアドバンテージがある。

現時点では、どちらのシナリオがより正しいかを結論づけるのは、科学的に不可能である。2つのシナリオの長所・短所を含めた客観的な議論や考察については、他の総説（＊1）や書籍（＊2、＊3）がくわしいので参照されたい。

しかし筆者は、あらゆる人を魅了してやまない、それにもかかわらずその解明にいたる道程が定かでない「生命の起源」という科学命題に挑むひとつの戦略として、地球生命の誕生から最後の共通祖先（Last Universal Common Ancestor: 以下ではLUCAと略す）にいたるシームレスな地球生命の初期進化プロセスは、約40億年前の深海底における普遍的な熱水域で起きたという立場をとる。つまり「生命誕生の場＝深海熱水」説を作業仮説として検証するというアプローチによって、現世の深海熱水系の海底や海底下の環境に残された地球生命の初期進化の痕跡を求め、約40億年前の深海熱水環境で起きたプロセスの理論や実験による再現を進めてきた。本

＊1　高井 研（2017）宇宙における共通物理・化学現象としての生命の誕生. *Viva Origino*, **45**, 1-16.

＊2　高井 研編（2018）生命の起源はどこまでわかったか—深海と宇宙から迫る, 岩波書店.

＊3　山岸明彦・高井 研（2019）対論！生命誕生の謎, 集英社インターナショナル.

章では、その研究の最新の到達点として描像されつつある、最古の持続的生態系の姿や「最後の共通祖先の誕生」以前の生命誕生プロセスを紹介する。

2つの深海熱水起源説

「生命誕生の場＝深海熱水」説が科学論文として発表されたのは、コーリスらが最初である(＊4)。これは、コーリスらが世界で最初に深海熱水活動およびそれに依存した化学合成生態系を発見した論文(＊5)を発表してからたった2年後のことであった。おそらく彼らが有人潜水船「アルビン号」の窓から人類史上初めて現実の深海熱水を見た瞬間、彼らの脳裏に「深海熱水＝生命誕生の場である」という直観が湧き起こったに違いないと想像する。その論文は、原始地球の深海熱水環境が、生命の誕生と存続を支える自由エネルギーを持続的に生み出す最適かつ普遍的な場であることを主張するものであった。しかし何よりも、深海熱水に支えられた豊かな化学合成生態系が存在する現実、および深海熱水が地球史を通じて普遍的かつ安定的に存在してきた事実、を発見したコーリスらの純粋な感動と衝撃が、「生命誕生の場＝深海熱水」説を生み出した最大の原動力であったのだろう。

その後「生命誕生の場＝深海熱水」説は、原始代謝の成立を起因とする独立栄養生命起源説(＊6)や深海熱水環境を模した化学進化実験の成果(＊7)と結びつくことによって、地球生命誕生の有力なシナリオとして受け入れられるようになった。しかし初期の「生命誕生の場＝深海熱水」説は、当時の深海熱水活動の地質学的背景や物理・化学環境に対する知見が乏しかったこともあり、どのような深海熱水環境においていかなるプロセスで生命が誕生したかについての具体的な考察が欠けていたことも事実である。

一方、深海熱水域の発見とそれに続く観測研究は、「生命誕生の場＝深海熱水」説だけでなく、多くの地球科学

＊4 Corliss, J. B. *et al.* (1981) An hypothesis concerning the relationship between submarine hot springs and origin of life on Earth. *Oceanologica Acta*, **N⁰ SP**, 59-69.

＊5 Corliss, J. B. *et al.* (1979) Submarine thermal springs on the Galapagos Rift. *Science*, **203**, 1073-1083.

＊6 Wächtershäuser, G. (1990) Evolution of the first metabolic cycles. *Proc. Natl. Acad. Sci., USA*, **87**, 200-204.

と生命科学に跨がる研究領域においてめざましい知見をもたらした。そのひとつの例として、深海熱水域に生息する多様な超好熱性化学合成微生物（100℃を超えるような高温条件で深海熱水によってもたらされる無機エネルギー・栄養源のみを利用して生育できる微生物）の培養・分離を挙げることができる（＊8）。これらの極限環境微生物の研究が、全生物進化系統の解読研究と結びつくことによって（＊9）、地球生命の分類学上の3大ドメイン（バクテリア、アーキア、真核生物）の進化、つまりLUCAからまずバクテリアとアーキアが分岐し、その後真核生物が誕生した、とするプロセスが明らかになった。またそれだけでなく、それまで研究者の想像の域を出なかったLUCAの遺伝的および生理的性質に対する逆進化的考察（系統関係をさかのぼりながら現存の生物の持つ性質の共通点から祖先型生物の性質を帰納的に考察する方法）が可能となった（図6-1）。全生物系統樹におけるLUCA

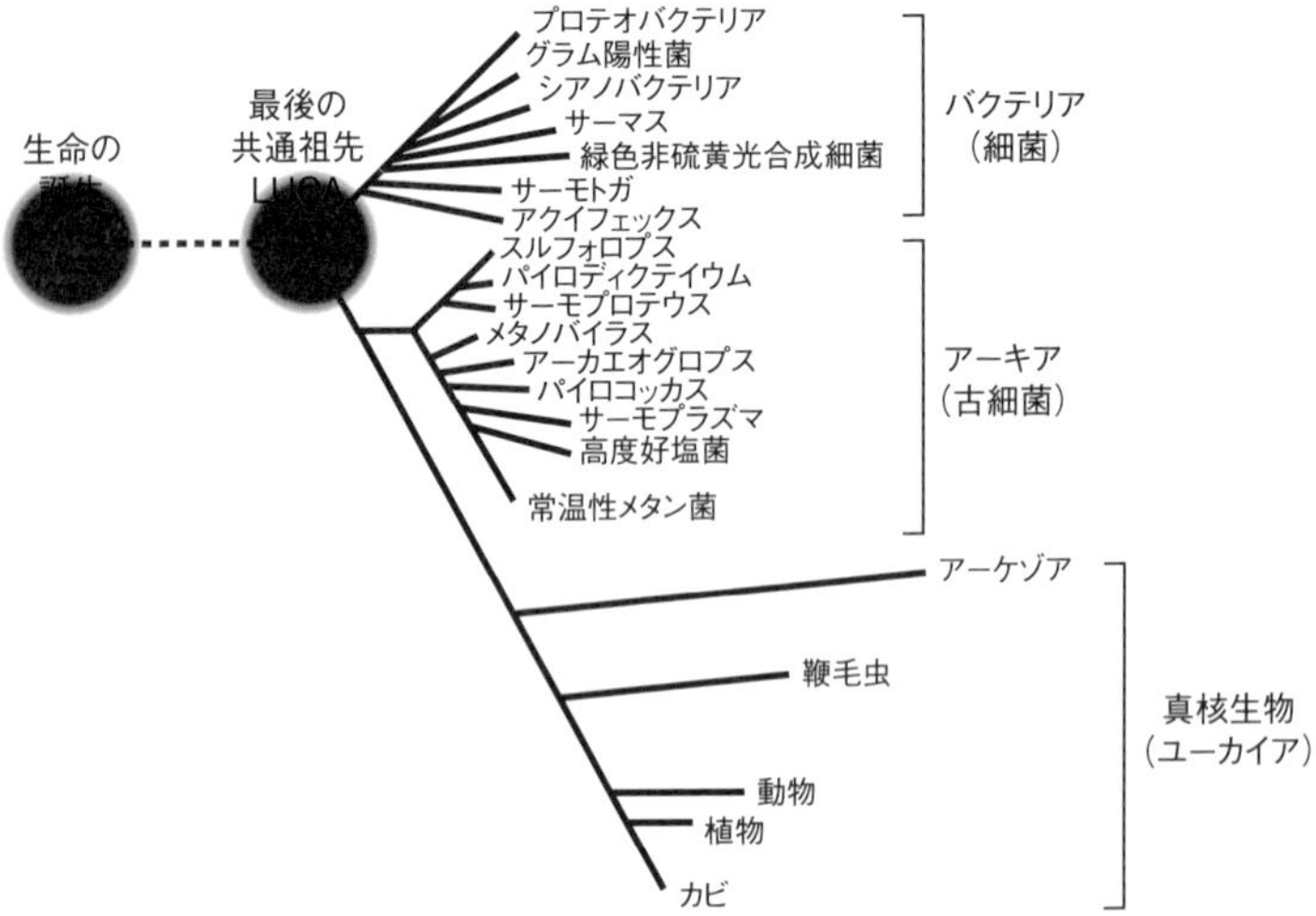

図6-1　全生物の系統樹.

リボゾーム小サブユニットRNA（16S rRNA）遺伝子の塩基配列に基づいたもの（＊9より改変）. LUCAからバクテリアとアーキアが分岐していること, およびLUCAに近い分岐が80℃以上の高温でよく生育する超好熱微生物で占められること, が読み取れる. ただし最新のゲノム情報に基づく未培養の微生物を含む系統樹では, 必ずしもLUCAに近い分岐が超好熱性の微生物で占められるわけではないこと, およびそれぞれの生物の系統関係が16S rRNA遺伝子による系統樹と大きく異なること, に注意が必要である.

に最も近縁なバクテリアとアーキアの系統は、すべて超好熱性化学合成独立栄養微生物、しかも深海熱水域に生息する属、に占められていることがわかる（図6-1）。このことから、LUCAは深海熱水に生息する超好熱性化学合成独立栄養微生物だったとする「LUCA誕生の場＝深海熱水」説が受け入れられるようになった。

一般的に、「生命誕生の場＝深海熱水」説と「LUCA誕生の場＝深海熱水」説は、同じ時間性や文脈に基づいて理解されていることが多い。しかしこの2つの仮説には必ずしも時間的かつ空間的な、もっといえば同一生命システムとしての連続性があるわけではない（図6-2）。さらにLUCAが現存する地球生物のゲノム（遺伝情報）と連続的に関係した祖先情報として科学的に検証可能な（再現可能な）対象であるのに対して、「生命の誕生」という現象は大きな論理的飛躍や思考上の仮定を抜きに科学的に検証することは不可能である。

一方で、「LUCA誕生の場＝深海熱水」説が科学的に検証可能な対象であることはわかっていたものの、その直接的な検証は21世紀初頭になって大規模な極限環境微生物のゲノム解読と生物情報学的解析を実現する技術の開発・普及を待たねばならなかった。

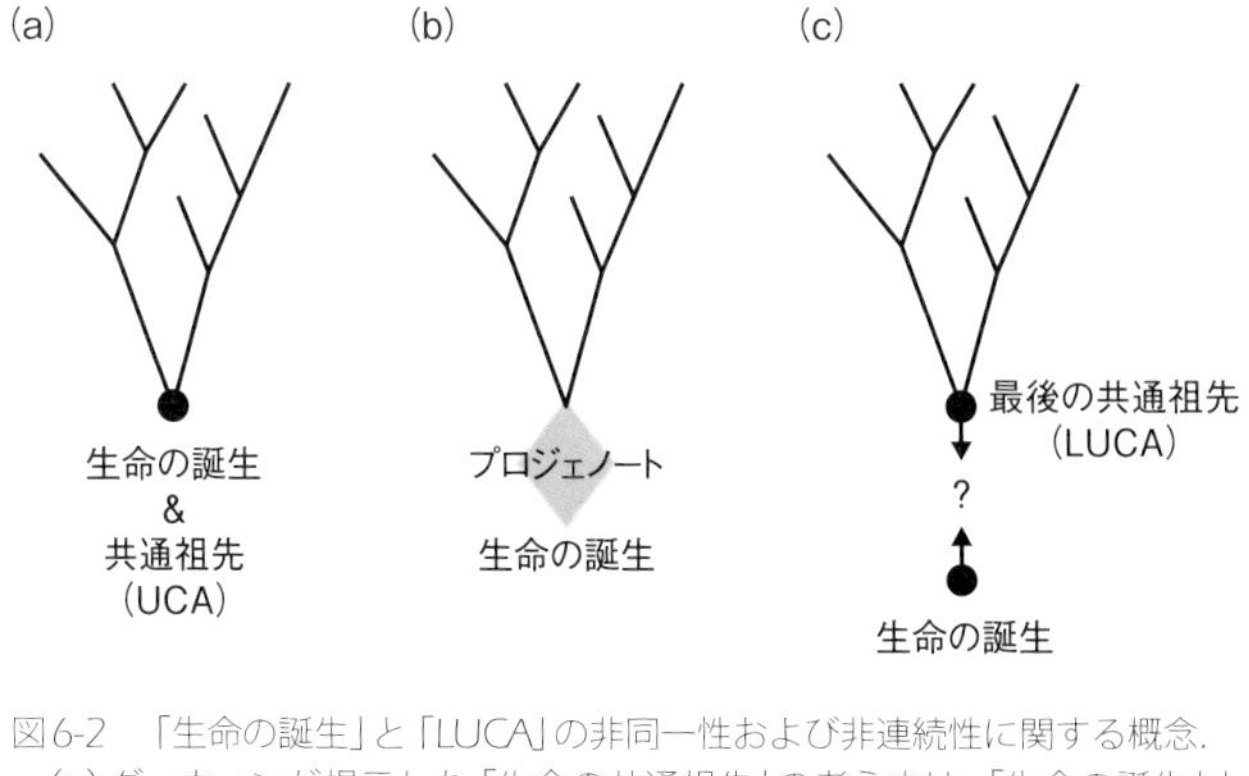

図6-2　「生命の誕生」と「LUCA」の非同一性および非連続性に関する概念．
（a）ダーウィンが提示した「生命の共通祖先」の考え方は，「生命の誕生」と「共通祖先」の同一性および連続性を暗示するものであった．（b）カール・ウーズは，生命誕生から共通祖先にいたるまでに，プロジェノートという多様な遺伝型と表現型の適応進化プロセスが存在するという概念を提唱した．（c）現在では，「生命の誕生」と「LUCAの誕生」という2つの現象が，必ずしも空間的・時間的に同じシステムとして連続するものではないととらえられている．

LUCAはどのような代謝で生きていたのか？

筆者は、1992年に海底熱水域の微生物生態系の遺伝的・生理機能の多様性に注目して研究の門をくぐった。初期の研究は、特別の研究インフラを必要としない浅海の熱水域を対象として、古典的な極限環境微生物の培養や生化学に基づいた手法によるものであった。その後、微生物生態系に対する革新的な分子生態学的アプローチによる研究が進展し、JAMSTEC（当時は海洋科学技術センター）にポスドクとしての職を得たことを機に、1997年当時、誰も手を付けていなかった深海熱水域の微生物生態系の分子生態学的アプローチによる遺伝的・機能的多様性の研究に着手した。

すでに世界各地の中央海嶺や島弧・背弧、ホットスポットには、異なる地質学的要因を背景とする多様な物理・化学的特徴を持った熱水活動が存在することがわかりはじめていた。しかし、その多様な深海熱水の地質・化学的特徴がそこに生息する微生物や大型生物といった化学合成生態系にどのような影響を与えているかは、一切不明であった。

幸運にも、JAMSTECにおける有人潜水船や無人探査機による公募研究調査の機会拡大や、研究分野や研究組織の成長といった筆者の研究を取り巻く環境の活性化が強い追い風となった。これにより、日本周辺や西太平洋・インド洋での深海熱水域の化学合成生態系の新規微生物を培養・分離し、それらの群集構造や生理機能の多様性について、異例の速さで多くの新しい知見を発見し、研究成果を挙げることができた（たとえば＊10など）。

一連の研究で明らかになったことを簡単にまとめると、異なる地質学的要因を背景とする多様な物理・化学的特徴を持った深海熱水には、その物理・化学的特徴に応じた（熱水と海水の間で起きる非平衡状態から生化学反応によって生み出される多様なエネルギーの量論に応じた）遺伝的・生理的多様性や特徴を有した化学合成（微

＊7 Holm, N. G. (1992) *Marine hydrothermal systems and the origin of life*, Springer Netherlands.

＊8 Stetter, K. O. *et al.* (1990) Hyperthermophilic microorganisms. *FEMS Microbiol. Lett.*, **75**, 117-124.

＊9 Woese, C. R. *et al.* (1990) Towards a natural system of organisms: proposal for the domains Archaea, Bacteria, and Eucarya. *Proc. Natl. Acad. Sci., USA*, **87**, 4576-4579.

生物生態系が形成される、という至極当然の結果に帰結する(*10)。しかしこの基本的な原理がフィールドワークを通じた観察・分析によって実証されたことは、多様な環境条件が複雑に相互作用する、複雑系としての深海熱水と微生物生態系を一般化しうる科学的確証を得たことを意味する。さらにいえば、この基本的な原理を、深海熱水と微生物生態系の関係性だけでなく、あらゆる環境と生態系の関係性に拡張しうる根拠となった。

たとえば、「LUCA誕生の場＝深海熱水」説について考えた場合、上記の冥王代の地球の深海熱水の条件が制約されればLUCAの代謝や機能を、逆にLUCAの代謝や機能が制約されれば冥王代の地球の深海熱水を、それぞれ制約することができる。

筆者の研究グループは、化学合成エネルギー代謝に必要な酸化剤(電子受容体)が著しく欠乏していた冥王代の海洋環境において、LUCAあるいはLUCAを含む最古の持続的微生物生態系を支える化学合成エネルギー代謝には、水素、それも生命活動の存続と拡大に十分なエネルギー量を確保するためには高濃度の水素が必要であり、水素と二酸化炭素を利用したメタン生成あるいは酢酸生成代謝に基づく超好熱性化学合成微生物生態系(ハイパースライム)がLUCAの本質であると考えていた。そして現世の世界各地の深海熱水域に生息する化学合成微生物生態系の多様性の研究を通じて、実際に高濃度水素を付随する熱水環境にのみ、メタン生成微生物を一次生産者とする化学合成微生物生態系が形成されることを明らかにした(*10)(図6-3)。つまり、LUCA的生態系のエネルギー代謝の制約から、LUCA誕生の場を、冥王代の超マフィック岩(コマチアイトと呼ばれる初期地球に特徴的な岩石であり、その主成分であるかんらん石と輝石の高温高圧での蛇紋岩化反応により水素が供給される)が関与する熱水域に制約するモデルを提示することに成功した(*11)。

さらに冥王代の海洋地殻や海水の化学組成の推定を基にした理論計算や再現実験を通じて、コマチアイトが関

*10 Nakamura, K. and K. Takai (2014) Theoretical constraints of physical and chemical properties of hydrothermal fluids on variations in chemolithotrophic microbial communities in seafloor hydrothermal systems. *Prog. Earth Planet. Sci.*, **1**, 5.

*11 Takai, K. *et al.* (2006) Ultramafics-Hydrothermalism-Hydrogenesis-HyperSLiME (UltraH^3) linkage: a key insight into early microbial ecosystem in the Archean deep-sea hydrothermal systems. *Paleontol. Res.*, **10**, 269-282.

与する冥王代熱水域でのLUCA的生態系モデルの検証にいたった(＊12)。

一方、最新の大規模な微生物ゲノム情報比較に基づくLUCAゲノムの逆進化的再構成(系統関係をさかのぼりながら現存の生物のゲノムに含まれる共通遺伝子セットを探ることで、LUCAゲノムに存在した構成遺伝子セットを推測する方法)研究によっても、LUCAが深海熱水に生息する水素と二酸化炭素を利用した化学合成微生物であったことが強く示された(＊13)。

これらの検証を通じて、「LUCA誕生の場＝深海熱水」説はかなり確証に近づいたものとなった。

LUCA誕生の場から生命誕生の場へ

元来「生命誕生の場＝深海熱水」説は、原始地球において深海熱水環境が生命の誕生と存続を支える自由エネルギーを持続的に生み出す、および生命の誕生に必要な化学進化や原始代謝を準備する

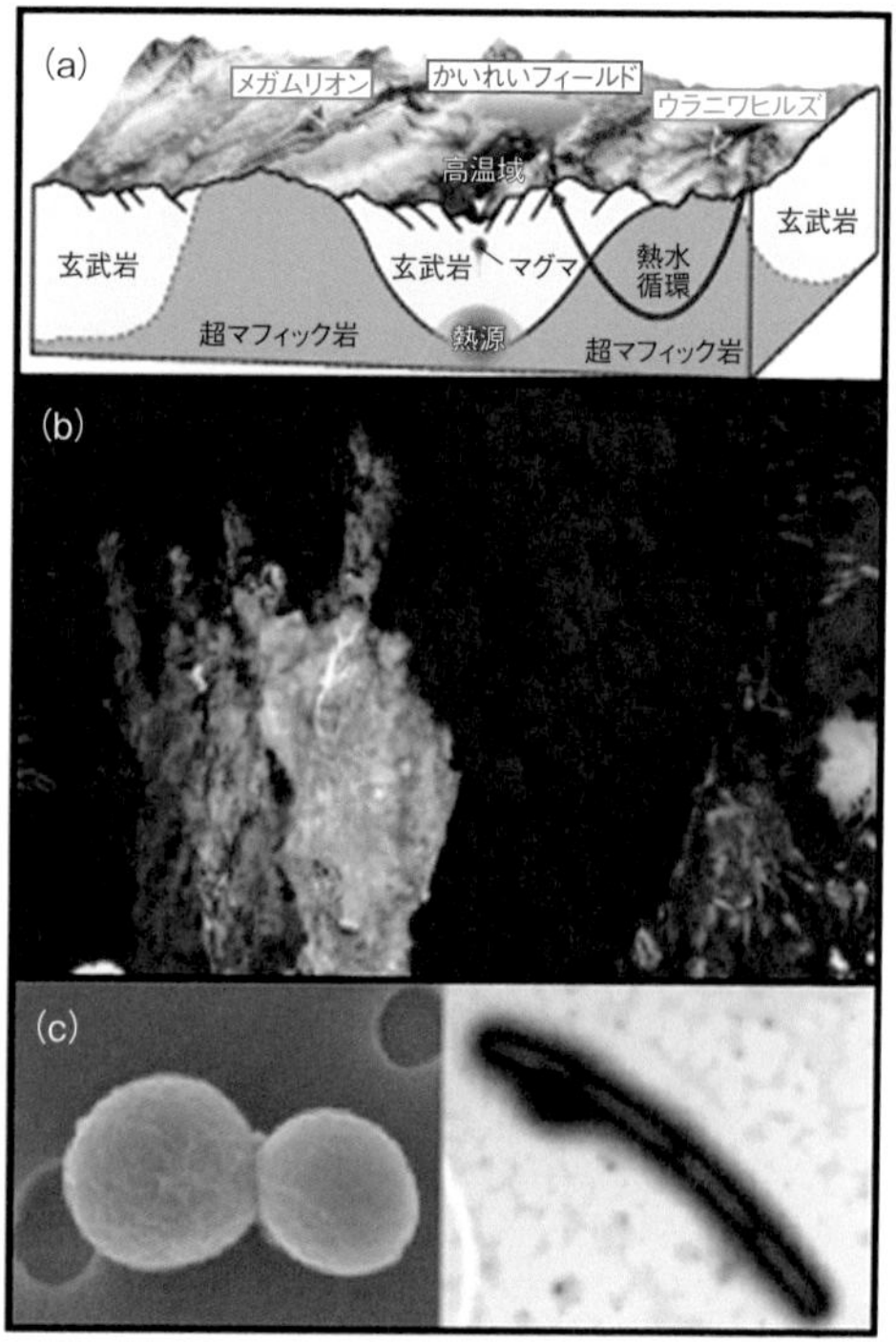

図6-3　中央インド洋海嶺の高濃度の水素を含む熱水を噴出するかいれいフィールドで見つかった超好熱性化学合成微生物生態系(ハイパースライム).

(a)かいれいフィールドの高濃度水素を含む熱水を生み出す地質学的背景. 地殻内熱水循環における海水の浸透過程において, コマチアイトのような超マフィック岩の関与が示された. (b)かいれいフィールドでの高温熱水噴出の写真. (c)高温熱水から分離されたハイパースライムの一次生産者である超好熱メタン菌の電子顕微鏡写真.

最適かつ普遍的な場であること、に基づく演繹的な考察であった。しかし、「LUCA誕生の場＝深海熱水」説が確証に近づいた現在、たとえ生命誕生とLUCA誕生という2つの現象に必ずしも連続性があるわけではないとはいえ、連続的であることのアドバンテージを考慮しない議論は客観性に欠けている。（たとえば生命誕生とLUCA誕生が時間的・空間的に断絶している場合、たとえ生命が誕生したとしても、その後の生命の存続・分散・進化への障壁がきわめて大きくなることは明白である。しかし、これまでその点についてはあまり議論されてこなかった背景がある。）

現在筆者は、地球生命の誕生からLUCAにいたる、深海熱水という同一あるいは同質の場で起きるシームレスな初期進化プロセスは、生命存続確率を高める圧倒的なアドバンテージとなるという立場から、「生命誕生の場＝深海熱水」説の検証を進めている。従来「生命誕生の場＝深海熱水」説の弱点として、生命の誕生に必要な多様な有機物の化学進化（＝非生物学的生成）が困難である可能性が指摘されてきた。しかし、深海熱水域における天然の発電現象（地球電気）の発見（＊14）に伴う「深海熱水電気化学原始代謝」モデルの提唱とその再現実験による検証は、深海熱水域における多様な有機物の非生物学的生成と原始代謝の成立を強く裏づけるものとなった（＊15）。その一方で、依然として、有機物の高分子化が困難なこと、RNAが加水分解されること、および疎水性および両親媒性有機物の濃縮・組織化が困難なこと、といった難点が指摘されている。冥王代深海熱水環境に存在したであろう液体二酸化炭素のような疎水性溶媒を用いた本格的な室内実験による検証が始まりつつあり、近い将来、それらが「生命誕生の場＝深海熱水」説の本質的な弱点であるかどうかが明らかになろう。

また近年、太陽系内に存在する氷衛星の内部海の存在やそこにおける熱水活動が明らかになり、地球外深海熱水域における生命活動の可能性も考えられるようになった（コラム2参照）。もし将来、氷衛星の深海熱水に関す

＊12 Shibuya, T. *et al.* (2015) Free energy distribution and hydrothermal mineral precipitation in Hadean submarine alkaline vent systems: Importance of iron redox reactions under anoxic conditions. *Geochim. Cosmochim. Acta*, **175**, 1-19.

＊13 Weiss, M. C. *et al.* (2016) The physiology and habitat of the last universal common ancestor. *Nat. Microbiol.*, **1**, 16116.

る探査が実現し、地球外生命の存在が発見されたとすれば、そしてその生命システムの理解にいたるとすれば、人類は初めて生命の起源に対する決定的な解を得ることができるかもしれない。若い読者が、その研究を担う未来を、筆者は期待してやまない。

🌏一般向けの関連書籍――高井 研編（2018）生命の起源はどこまでわかったか―深海と宇宙から迫る、岩波書店。

＊14 Yamamoto, M. *et al.* (2018) Deep-sea hydrothermal fields as natural power plants. *Angew. Chemelectrochem.*, **5**, 2162-2166.

＊15 Kitadai, N. *et al.* (2019) Metals likely promoted protometabolism in early ocean alkaline hydrothermal systems. *Science Adv.*, **5**, eaav7848.

7 最古の生命の痕跡を探る

小宮 剛

現在、地球上にはおよそ870万種の真核生物が生息しているという。さらに、全生物となるとその数は膨大なものとなるであろう。そうした生命がいつ、どこで、どのように出現し、その後、どういった長い進化の道を辿って今にいたったのかという問いは、地球科学のみならず自然科学の究極の問題であろう。最近、初期生命の地質学的研究において2つの大きな進展があった。1つ目は分析技術の進歩によって、冥王代の生命活動の痕跡が得られ始めたことである。2つ目は、いくつかの太古代最初期の地質体が新たに発見されたことである。そうした太古代最初期の地層から生命の証拠が見出され、生命の誕生は冥王代にまでさかのぼれることがいよいよ実証されつつある。ここでは、太古代最初期の地層や冥王代物質から発見された最古の生命の痕跡に関する最近の研究を紹介し、生命の初期進化の地質学的研究について展望する。

冥王代という時代

地球の歴史はおおよそ4つに区分され、古い方から冥王代、太古代、原生代、顕生代と呼ばれる（序章の図0-1参照）。冥王代（Hadean）はギリシア語で冥界を意味する"Hades"に由来し、冥界の霧に覆われ混沌とした世界になぞらえて、岩石記録が残されておらず五里霧中の時代であるとされた（＊1）。

＊1 Cloud, P. (1972) A working model of the primitive Earth. *Amer. J. Sci.*, **272**, 537-548.

一方、太古代(Archean)はギリシア語で始まりや起源を意味する"Arkhe"に由来し、日本では生命が誕生した時代とされ、始生代とも訳された。しかし、生命の誕生が冥王代にまでさかのぼれる可能性が高くなった現在では、始生代に替わり、古い時代を意味する太古代という用語が広く使われるようになっている。また、太古代は2004年から、代表的な地質体が存在する時代をもとに、原太古代(40・3~36億年前)、古太古代(36~32億年前)、中太古代(32~28億年前)、新太古代(28~25億年前)の4つに区分されるようになった(序章参照)。

ところで、冥王代においては、地球の誕生、ジャイアントインパクト(火星サイズの原始惑星が原始地球に衝突して月が誕生したとする月形成のイベント)、マグマオーシャン、海の誕生、地殻の誕生、マントルの大規模な化学的分化作用、地球中心核の形成や後期隕石重爆撃(42~38億年前に大量の隕石が地球や月に降ったとするイベント)などが起きたとされ、さらには生命の誕生(第5、6章参照)やプレートテクトニクス(第11章参照)の開始もこの時代にさかのぼるといった提案もされている。しかし、これまでにこうしたイベントの明確な証拠は得られていない。さらに、太古代と冥王代の境界は、当初提案された最古の岩石・地質記録が残された時代という定義が広く用いられてはいるが(提案当時は36億年前だったが、現在は40・3億年前に更新)、その定義は今なお定まっておらず、後期隕石重爆撃の終結、最古の表成岩(溶岩や堆積岩など地球表層で形成した岩石)の存在、大陸地殻形成の開始、生命の誕生なども提案されている。まさに、いまだ冥《くら》い時代といえる。

冥王代の生命の証拠?

最近、およそ30億年前に堆積した西オーストラリアのジャックヒルズ礫岩から分離されたおよそ1万粒の砕屑性ジルコンから、1粒だけ、生物に特有の炭素同位体比を持つ炭質物包有物を含む41億年前(冥王代)の年代

*2 Bell, E. A. *et al.* (2015) Potentially biogenic carbon preserved in a 4.1 billion-year-old zircon. *Proc. Natl. Acad. Sci.*, **112**, 14518-14521.

を持つジルコンが発見された(＊2)。ジルコンは、$ZrSiO_4$の化学組成を持つ鉱物で、硬くきわめて安定な鉱物であり、かつ鉛に比べてウランを多く含むため、ウラン・鉛(U-Pb)系の年代測定にとても有用とされる。そして、その中の炭質物はさまざまな分析や観察の結果、のちの時代に混入した可能性が低いと考えられている。どのようなプロセスで花崗岩から晶出したジルコン中に生命由来の炭質物が混入したのかといった点が検討される必要はあるものの、現在最も信頼できる冥王代の生命の証拠といえよう。

また、アカスタ片麻岩体の花崗岩起源の変成岩(約40億年前)から、硫黄の同位体異常が発見されている。花崗岩はそれ以前に存在した玄武岩や堆積岩の溶融で生じるため、その同位体異常は地殻や海洋中に生息していた硫酸還元菌(硫酸を硫化物イオンに還元することでエネルギーを獲得する細菌)を含む堆積岩が、40億年前に溶融して花崗岩が形成されたことを示す。まだ予察的な結果とはいえ、硫酸還元菌の活動が冥王代にまでさかのぼることを示唆する証拠である(＊3)。

原太古代のストロマトライト

イスア表成岩帯は西グリーンランド南部に存在する37億〜38億年前(原太古代)の地質体で(図7-1)、被った変成作用や変形の程度が比較的低いため、地球表層環境や生命進化に関する多くの研究が、この地質体の岩石を利用してこれまでも行われてきた。とくに、炭質物の炭素・窒素同位体や硫化物の鉄同位体といった化学的指標のみならず、生物由来と考えられる有機分子などの証拠も得られている。

最近、このイスア表成岩帯で非常に興味深い発見がされた(＊4)。それは、現世のストロマトライトに似た堆積構造の発見である(図7-1)。ストロマトライトとは、水平な下層から上に凸に層状成長した非対称な堆積構

＊3　青山 慎ほか(2017)花崗岩の四種硫黄同位体から読み解く40億年前の全球的な微生物硫酸還元活動. 日本地球化学会年会要旨集, **64**, 164.

＊4　Nutman, A. P. *et al.* (2016) Rapid emergence of life shown by discovery of 3,700-million-year-old microbial structures. *Nature*, **537**, 535-538.

造で、現世では酸素発生型光合成をするシアノバクテリアの活動によって作られる。こうしたストロマトライト構造が、変形の程度が局所的に非常に弱い10平方メートルほどの広さの場所から発見された。例年、この場所は厚い雪におおわれているため調査がされてこなかったが、2015年に偶然、雪が完全に溶け地表が現れたときに、このストロマトライト構造が発見されたのである。

その構造は上下に非対称な構造をしており、上面は三角形や半円状の凸型で、下面は水平な形態をもつ（図7-1下段写真中央）。また、それらの構造が比較的等間隔に並んでいるといった特徴を持つ。より若い時代に発見されるストロマトライトでは、内部に日縞に由来する層状構造が見られるが、本地域のストロマトライトにはそのような構造は見られず、粗粒な炭酸塩からなるモザイク状組織からなる。堆積後の変形や鉱物の二次的な成長によって、そのような元々の構造は失われてしまったのかもしれない。しかし、上下に非対称な構造、等間隔に並んだ規則性と三角形や半円状のさまざまな形態の存在は、非生物学的プロセス（たとえば褶曲など）では生じ得ないとされた。

議論はあるものの、もしこれがストロマトライト構造であるとすると、少なくとも2つの点で重要な示唆を与える。1つ目はこの堆積場が光の届く浅海であったこと、2つ目は光合成をしていた生物が生息していた可能性があることである。このストロマトライトを含む層は、深海性の堆積物の特徴を持つため、従来は、

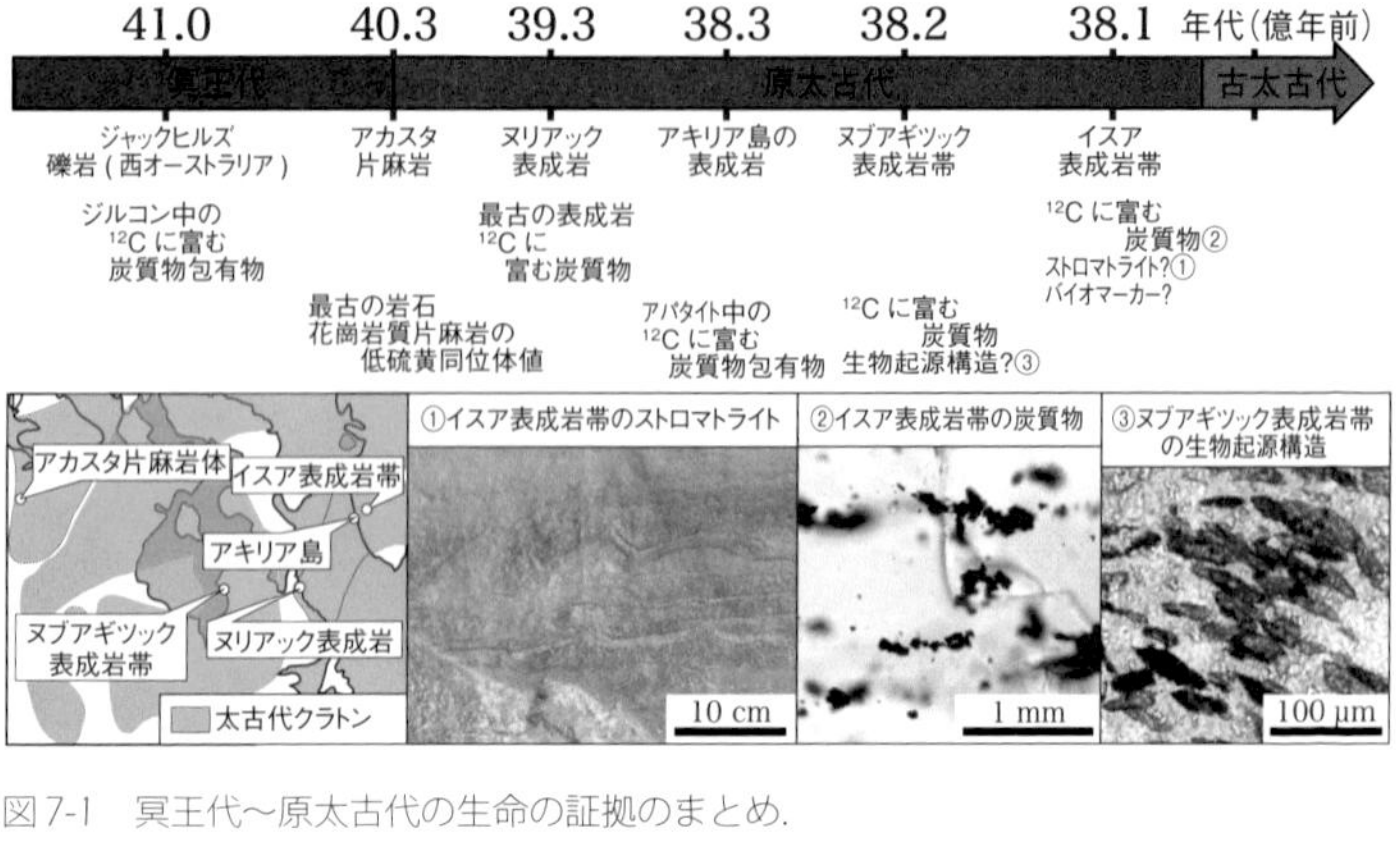

図7-1　冥王代〜原太古代の生命の証拠のまとめ.

遠洋域で堆積したと考えられていたが、浅海域であった可能性があるということになる。また、光合成生物由来であるとすると、原太古代の地質体から、当時の大気には十分な量の酸素が存在していた証拠は認められていないため、酸素発生型光合成生物ではなく、水素、硫化水素、鉄などを用いた非酸素発生型の光合成生物による構造物の可能性があるということになる。今後のさらなる研究が期待される。

最古の生物構造化石の発見

ヌブアギツック表成岩帯は、2000年代中ごろに原太古代の地質体であることが発見され、形成年代が38億年前か42億年前かで活発な議論がされている地質体である（＊5）。最近、ドッドら（＊6）が、ヌブアギツック表成岩帯中の鉄鉱石中から、若い時代の鉄酸化細菌に似た数種の構造を報告したことで、最古の形態を残す化石の産する場所としても注目を集めている（図7-1③）。

これまでに発見された原太古代の生命の証拠の多くは、化学的な指標によるものであり、原太古代の地質体から形態を残す化石が見つかっていないことが、この時代の化石研究の問題点とされてきた（＊7）。その理由は、化学組成だけではのちの混入の可能性を完全には排除できないし、最近、さまざまな条件下での無機化学実験がされるようになり、これまで生物の証拠とされてきた化学的指標が無機的にも生じることが示されるようになってきたからである。このヌブアギツック表成岩帯の生物構造化石の発見によって、化石自体の年代測定や形態と化学組成を組み合わせた研究が可能となり、より信頼度の高い原太古代の生物種の特定につながることが期待されている。今後、地質学的産状と化石形態や化学組成との関係が明らかになることが待たれる。

＊5　O'Neil, J. *et al.* (2012) Formation age and metamorphic history of the Nuvvuagittuq Greenstone Belt. *Precamb. Res.*, **220-221**, 23-44.
＊6　Dodd, M. S. *et al.* (2017) Evidence for early life in Earth's oldest hydrothermal vent precipitates. *Nature*, **543**, 60-64.
＊7　Javaux, E. J. (2019) Challenges in evidencing the earliest traces of life. *Nature*, **572**, 451-460.

炭質物の同位体から見る最古の生命

サグレック岩体は、西グリーンランドに面したラブラドル半島に分布し(図7-2a~2c)、そこには原太古代の花崗岩や表成岩由来の変成岩が存在する(＊8)。花崗岩由来の変成岩は約39・3億年前の年代であるとされ、それに貫入されているヌリアック表成岩類は39・3億年前より古いことが示された。つまり、ヌリアック表成岩類は現存する最古の表成岩となる。

私たちは、図7-2cで示された4カ所で泥質岩(図7-2d)を採取し、炭質物を顕微鏡下で探索した(＊9)。その結果、54試料から炭質物を発見し、それらの炭質物がのちの時代(変成作用後)の混入によるものではないことも確認した。礫岩や泥質岩中の炭質物は数十~数百ミクロンの大きさで、堆積構造に沿うように鉱物の粒界あるいは鉱物中に存在する。そうした産状は、これらの炭質物が粘土鉱物や石英とともに堆積したことを示す(図7-3a左)。また、炭酸塩

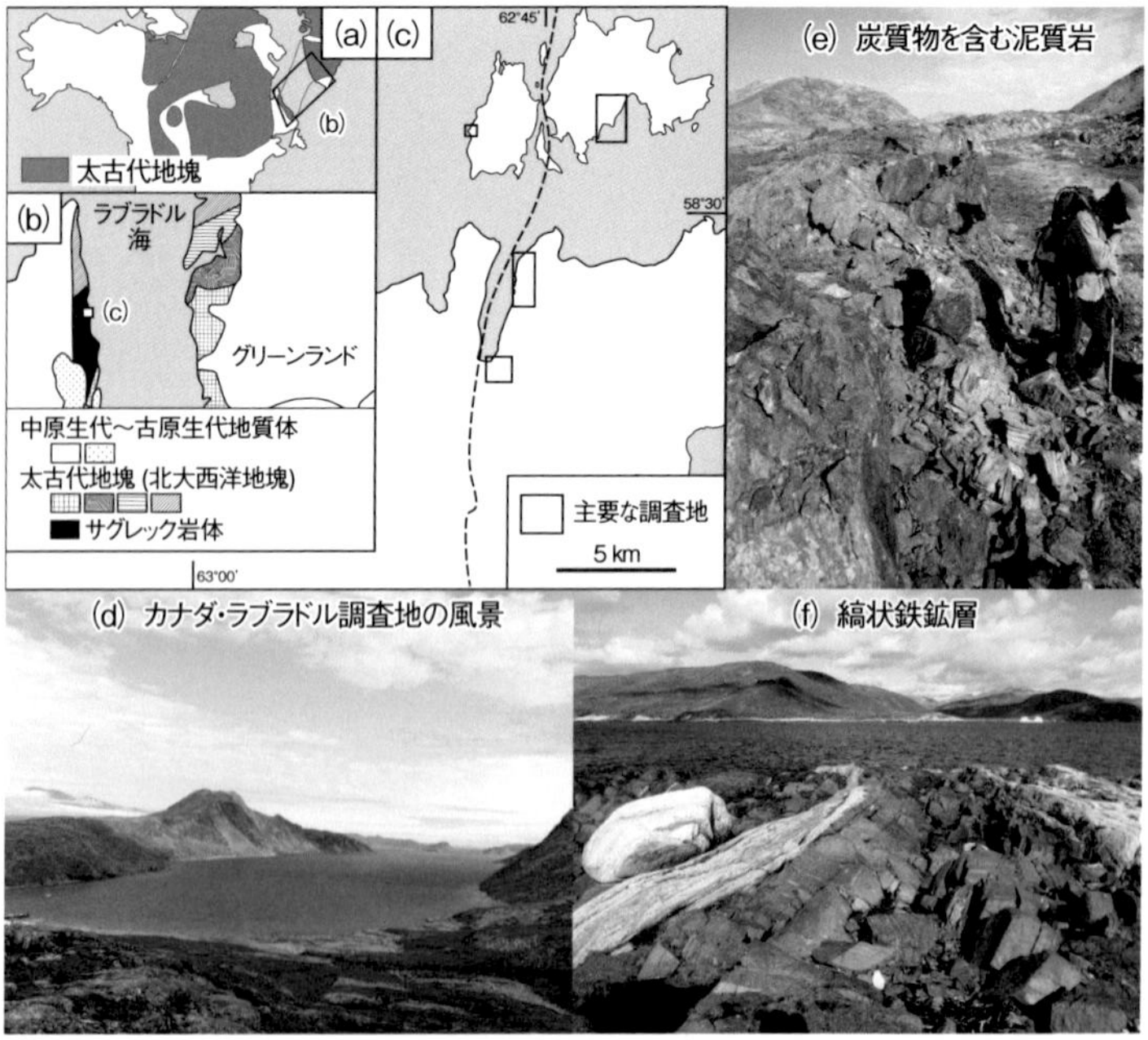

図7-2　カナダラブラドル・サグレック岩体の位置と調査地域(a, b, c), 調査地域の様子(d), 炭質物を含む泥質岩の露頭写真(e)と縞状鉄鉱層の露頭写真(f).

岩中には生物の形状に類似した球状炭質物も存在した（図7-3a中央、右）。

私たちはこれらの泥質岩、礫岩、炭酸塩岩の炭素の同位体を分析した。なぜなら、生物は重い炭素同位体（^{13}C）に比べて軽い炭素同位体（^{12}C）をより選択的に利用するため、炭素同位体の比（^{12}Cに対する^{13}Cの比）を調べると、生物の活動がわかることが多いからである。図7-3bは泥質岩、礫岩と炭酸塩岩の全岩の有機炭素同位体値（炭素同位体比の既知の標準試料の同位体比との千分率偏差として表現される値で、δ^{13}C値という）、炭酸塩岩の無機炭素同位体値と全岩の有機炭素含有量を示す。炭酸塩岩の無機炭素同位体値は-3.8〜-2.6‰で、全岩の有機炭素同位体値は-28.2〜-6.9‰であった。炭酸塩岩の無機炭素同位体値は一般にのちの変質によって低くなることから、当時の海洋中の炭酸イオンの炭素同位体値は最低でも-2.6‰であったと考えられる。一方、礫岩や泥質岩の全岩有機炭素同位体値の多くは-20‰以下と低く、-28.2‰に達するものも存在する（図7-3b）。さらに、全岩の有機炭素含有量が少ないほど全岩有機炭素同位体値が高くなることから（図7-3b）、そうした炭素同位体値のばらつきは、変成作用時の有機物の分解によって、軽い同位体（^{12}C）が選択的に失われたことによって生じたと考えられる。その場合、炭質物の炭素同位体値の当初の値は-28.2‰以下であったと考えられる。

一般に、流体起源のグラファイトや炭酸塩の分解で生じた非生物起源の炭質物は0〜-15‰と比較的高い炭素同位体値を持つとされる（図7-3c左側）。それに対して、独立栄養生物は炭素固定の際に軽い炭素同位体（^{12}C）を選択的に同化するため、代謝に用いる炭素固定回路の種類によっては、-20‰以下の低い炭素同位体値を持ちうる（図7-3c右側）。とくに本地域の炭質物の炭素同位体値は、還元的アセチル-CoA経路（メタン生成菌）やカルビン回路（鉄酸化菌やイオウ酸化菌）の代謝分別経路を経て生じる炭素同位体値に相当することがわかる（図7-3c）。すなわち、これらの炭質物は、そうした生命活動によって生成されたものであることが示唆されるのである。こ

＊8 Komiya, T. *et al.* (2015) Geology of the Eoarchean, > 3.95 Ga, Nulliak supracrustal rocks in the Saglek Block, northern Labrador, Canada: The oldest geological evidence for plate tectonics. *Tectonophys.*, **662**, 40-66.

＊9 Tashiro, T. *et al.* (2017) Early trace of life from 3.95 Ga sedimentary rocks in Labrador, Canada. *Nature*, **549**, 516-518.

れまで最古の生命の証拠とされてきたものは、38・1億年前の堆積岩中の炭質物だったが、私たちの研究によって最古の生命の証拠が1億年以上更新されたこととなる。今後、窒素や鉄などの生元素の同位体組成や有機物に結合する金属元素の分布などさらなる分析評価を重ねることで、当時の海洋に生息していた微生物種の特定につながることが期待される。

地質試料に基づく初期生命研究の展望

最近、原太古代の地質体や露頭の新たな発見と、これまで見過ごされてきた火成岩や火成鉱物の軽元素同位体分析によって、初期地球の生命の物質学的証拠の発見が相次いだ。そして、それらの発見は、原太古代初めにはすでに現生生物と同じような代謝機能を持つ微生物が存在していたことを示しており、生命が誕生してからすでに十分に時間が経っていたことを強く示

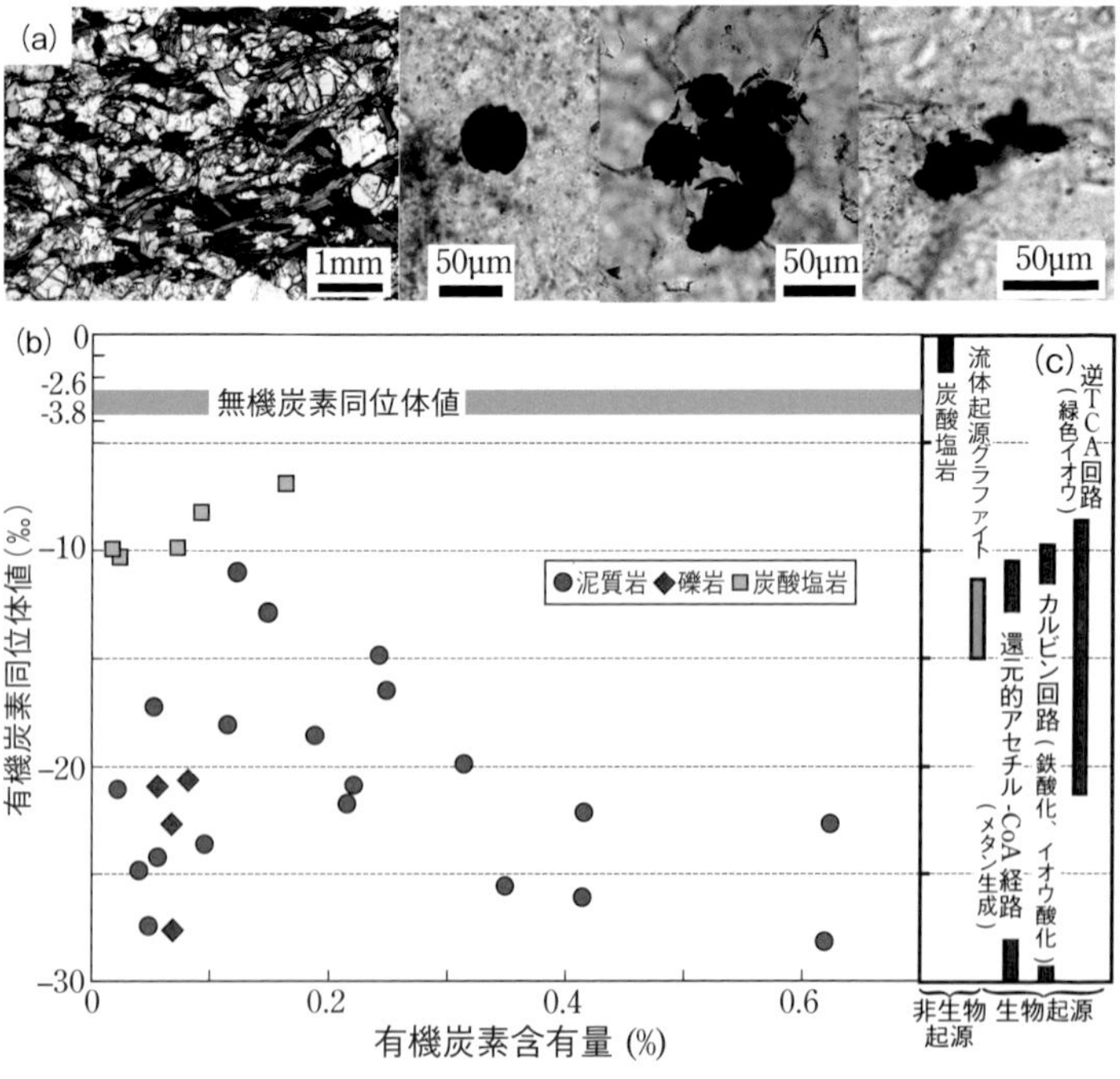

図7-3　炭質物の産状(a),全炭素含有量と炭素同位体値の関係(b),生物起源と非生物起源プロセスによって生じた炭質物や炭酸塩の炭素同位体値の範囲(c).

唆する。つまり、生命の起源は冥王代（の中ごろ）にまでさかのぼるのであろう。

加えて、これまでの研究では冥王代の生命や初期生命は仮想のものであって、実在の物質を研究することは、不可能とされてきた。しかし、こうした発見によって、生命必須微量元素分析や重元素同位体を用いた冥王代生命の代謝機能および生物種の同定が現実的なものとなってきた。

今回紹介した3地域や露頭は、15年前には認識されていなかったものであり、冥王代研究においても地質学が適用できることを示しており、明るい話題である。さらに、原太古代の地質体はすべてさまざまな年代・岩相からなる複合岩体であるので、こうした地質体を丹念に調査することにより、さらなる冥王代物質が発見されることが期待されよう。一般に、地球上には生命が誕生した冥王代の地質が残されていないとされているため、太陽系の他の惑星や小惑星および系外惑星の探査を通じて生命の起源を探る計画が進められている（第1、5章、コラム2参照）。しかし、地球にもまだ未知のフロンティアがあり、地球史試料を用いた生命の起源や初期進化解読が期待できるのである。

一般向けの関連書籍——田近英一（2019）46億年の地球史、三笠書房。

8 恐竜研究の今、そして未来

小林快次

これまでの恐竜研究は欧米が中心になっていた。そのため、恐竜についての情報は、一方的な「輸入」という形をとっていた。しかし、近年になって日本全国から恐竜化石が発見されるようになり、東アジア特有の恐竜の多様性や進化が明らかになってきた。さらに、日本人のアイディアや技術の導入によって、最新の研究が行われ、恐竜の生態についての研究成果を、日本から世界へと情報発信するようになってきている。

恐竜研究の意義

化石は、生命が地球上に誕生してから約38億年という、長い命の営みの歴史(第5～7章)を刻んでいる。古生物学とは、この化石を使って長い歴史の中で起こった生命の進化を紐解く研究である。古生物学は他の生物学分野とは違い、化石となった過去に実在していた生物を扱う分野であり、ある意味化石が見つかる地層の時代へとタイムトラベルできる研究である。さらに、扱う時間軸は億年単位であることから、微視的な私たち生活の時間の流れではなく、もっと長い時間の流れで進化や絶滅といった現象を巨視的な視点から観察できる。

恐竜は、その生命の歴史の中で革命的な進化を成功させた生物である。それは、陸上生物の中で最も「空間を支配した動物」であるということだ。奇妙な姿や形、際限なく巨大化した体、重力を克服した飛翔といった、他の陸上生物にない進化を遂げた。まず、奇妙な姿や形の代表例として、トリケラトプスが挙げられる。頭に3本の角が生えており、そのうちの2本はとても長く1メートルほどにもなる。自分の存在を誇示し、子孫を残すため交配相手のアピールとして役立ったとも考えられている。次に、巨大化したものとして、アルゼンチンから発見されたアルゼンチノサウルスという恐竜が有名だ。その体重は70トン、体長が35メートルにもなったという。そして、最後に飛翔としては、恐竜は大きな翼を持ち、空へ羽ばたくことで、陸上という二次元の世界から空という三次元の世界へ生活圏を広げていった。その結果、恐竜化石は、「爬虫類から鳥類へ」という革命的な進化の過程を残すこととなった。

つまり、恐竜化石を研究することは、現在生きている生物を研究しても知ることができないであろう、「生命体が持っている進化の可能性」と「爬虫類から鳥類への大進化の軌跡」を学ぶことができる学問であるということだ。そして、その恐竜研究が現在日本で盛んに行われている。

日本で発見された恐竜化石

恐竜化石は、北海道から鹿児島まで日本全国にわたる19道県から発見されている(＊1)(図8-1a)。最初に発見された恐竜は、1934(昭和9)年にまでさかのぼる。当時日本領だった樺太から、6割以上の骨が残っている全身骨格化石が発見された。2年後の1936年に、この恐竜がハドロサウルス科の新しい種であることが明らかになり、「ニッポノサウルス・サハリエンシス」と命名された(図8-1b)。

続いて、1978年に岩手県岩泉町から竜脚類の上腕骨が発見された。これを皮切りに、北海道の蝦夷《えぞ》層群、熊本県の御所浦《ごしょうら》層群、兵庫県の篠山《ささやま》層群、北陸三県と岐阜県を中心に露出している手取《てとり》層群などといった地層か

＊1　久保田克博(2017)日本産の中生代恐竜化石目録．人と自然 *Human Nature*, **28**, 97-115.

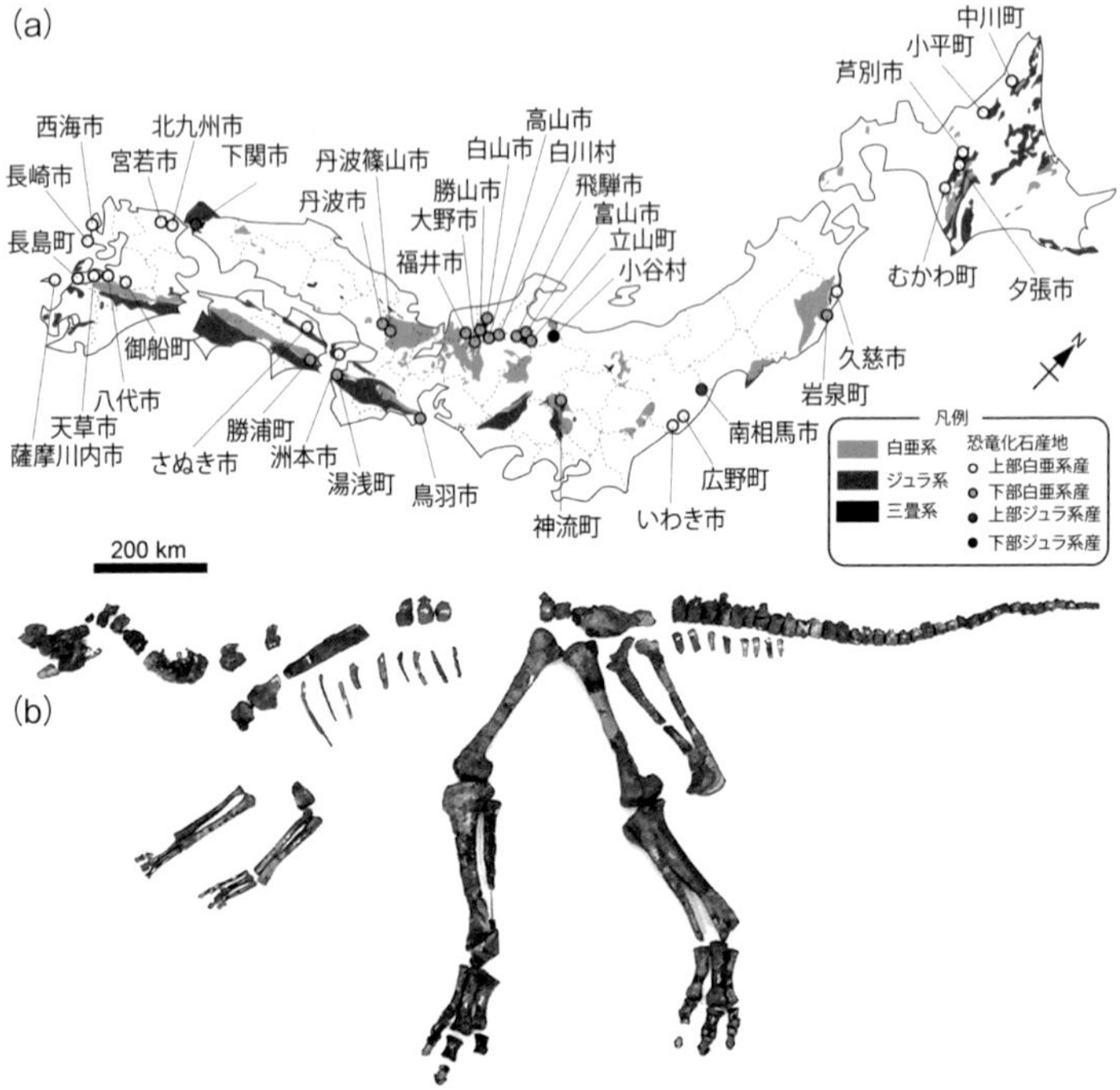

図8-1　(a) 日本の恐竜化石産地図（＊1を基に制作），(b) 樺太から発見された日本初の恐竜ニッポノサウルスのタイプ標本．

＊2　Azuma, Y. and P. J. Currie (2000) A new carnosaur (Dinosauria: Theropoda) from the Lower Cretaceous of Japan. *Can. J. Earth Sci.*, **37**, 1735-1753.

＊3　Kobayashi, Y. and Y. Azuma (2003) A new iguanodontian (Dinosauria: Ornithopoda) from the Lower Cretaceous Kitadani Formation of Fukui Prefecture, Japan. *J. Vertebr. Paleontol.*, **23**, 166-175.

＊4　Ohashi, T. and P. M. Barrett (2009) A new ornithischian dinosaur from the Lower Cretaceous Kuwajima Formation of Japan. *J. Vertebr. Paleontol.*, **29**, 748-757.

＊5　Azuma, Y. and M. Shibata (2010) *Fukuititan nipponensis*, a new titanosauriform sauropod from the Early Cretaceous Tetori Group of Fukui Prefecture, Japan. *Acta Geol. Sinica English Ed.*, **84**, 454-462.

＊6　Saegusa, H. and T. Ikeda (2014) A new titanosauriform sauropod (Dinosauria: Saurischia) from the Lower Cretaceous of Hyogo, Japan. *Zootaxa*, **3848**, 1-66.

＊7　Shibata, M. and Y. Azuma (2015) New basal hadrosauroid (Dinosauria: Ornithopoda) from the Lower Cretaceous Kitadani Formation, Fukui, central Japan. *Zootaxa*, **3914**, 421-440.

＊8　Azuma, Y. *et al.* (2016) A bizarre theropod from the Early Cretaceous of Japan highlighting mosaic evolution among coelurosaurians. *Sci. Rep.*, **6**, 20478.

ら、多数の恐竜化石が発見された。ジュラ紀（序章の図0-1）から恐竜の足跡が報告されているが、恐竜の骨化石はすべて白亜紀の地層から発見されている。骨化石の多くは断片的なものであるものの、十分な特徴を持っていることから固有の種として命名されたものがある。

　これまで命名された恐竜（鳥類を除く）は、北海道蝦夷層群函淵《はこぶち》層から1種（カムイサウルス）、兵庫県の篠山層群大山《おおやま》下層から1種（タンバティタニス）、石川県の手取層群桑島《くわじま》層から1種（アルバロフォサウルス）、福井県の手取層群北谷《きただに》層から5種（フクイサウルス、フクイラプトル、フクイティタン、フクイヴェナトル、コシサウルス）である（＊2〜8）（図8-2）。これらの恐竜のうち、カムイサウルスを除いてすべてが白亜紀（序章の図0-1）前期の恐竜

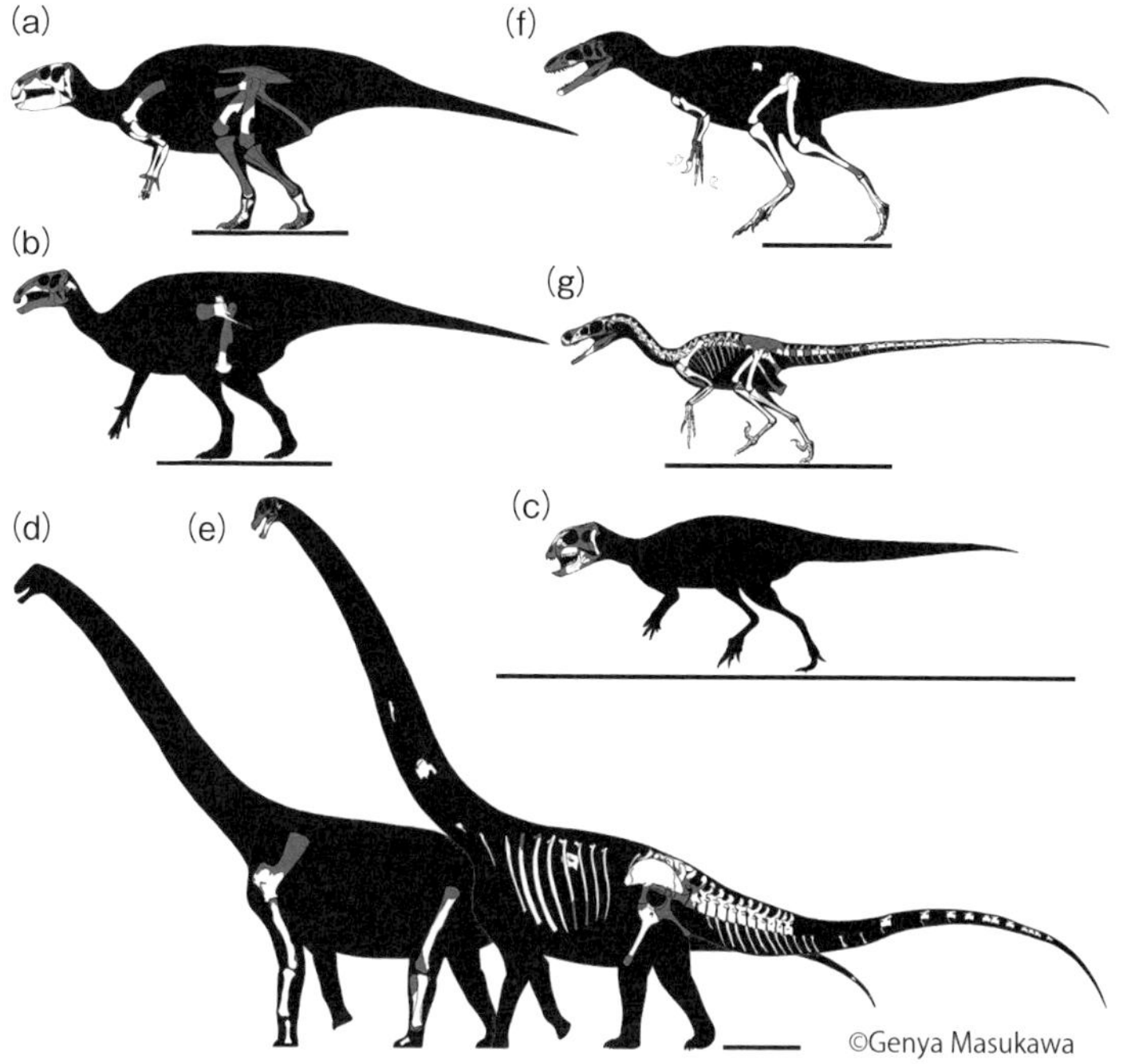

図8-2　日本から発見されている恐竜.
　(a) フクイサウルス, (b) コシサウルス, (c) アルバロフォサウルス, (d) タンバティタニス, (e) フクイティタン, (f) フクイラプトル, (g) フクイヴェナトル. スケールバーは1 m.（図はすべて増川玄哉氏提供）

であり、陸成層から発見されている。

2003年、現在の日本領土で初めて恐竜の全身骨格が発見され、カムイサウルスと命名された(＊9)。この恐竜は、体長8メートル、体重4〜5・3トンの鳥脚類ハドロサウルス科の恐竜である(図8-3)。ハドロサウルス科は、大きく発達した空洞のトサカを持つランベオサウルス亜科と、トサカの中が空洞ではないハドロサウルス亜科に分けられる。カムイサウルスは、後者のハドロサウルス亜科に属し、その中でも北米や極東地域に分布するエドモントサウルス族に属す。カムイサウルスは、極東地域から発見されているロシアのケルベロサウルスと中国のライヤンゴサウルスと近縁な恐竜である。これら3種の恐竜の祖先は、少なくとも7400万年ほど前には極東地域に分布しており、その後、他の地域からは隔離され独自の進化をしたと考えられる。

ハドロサウルス科は、植物食恐竜の中で最も繁栄した恐竜であることが知られている。その理由は、咀嚼をしないはずの恐竜であるにもかかわらず、カモノハシのような大

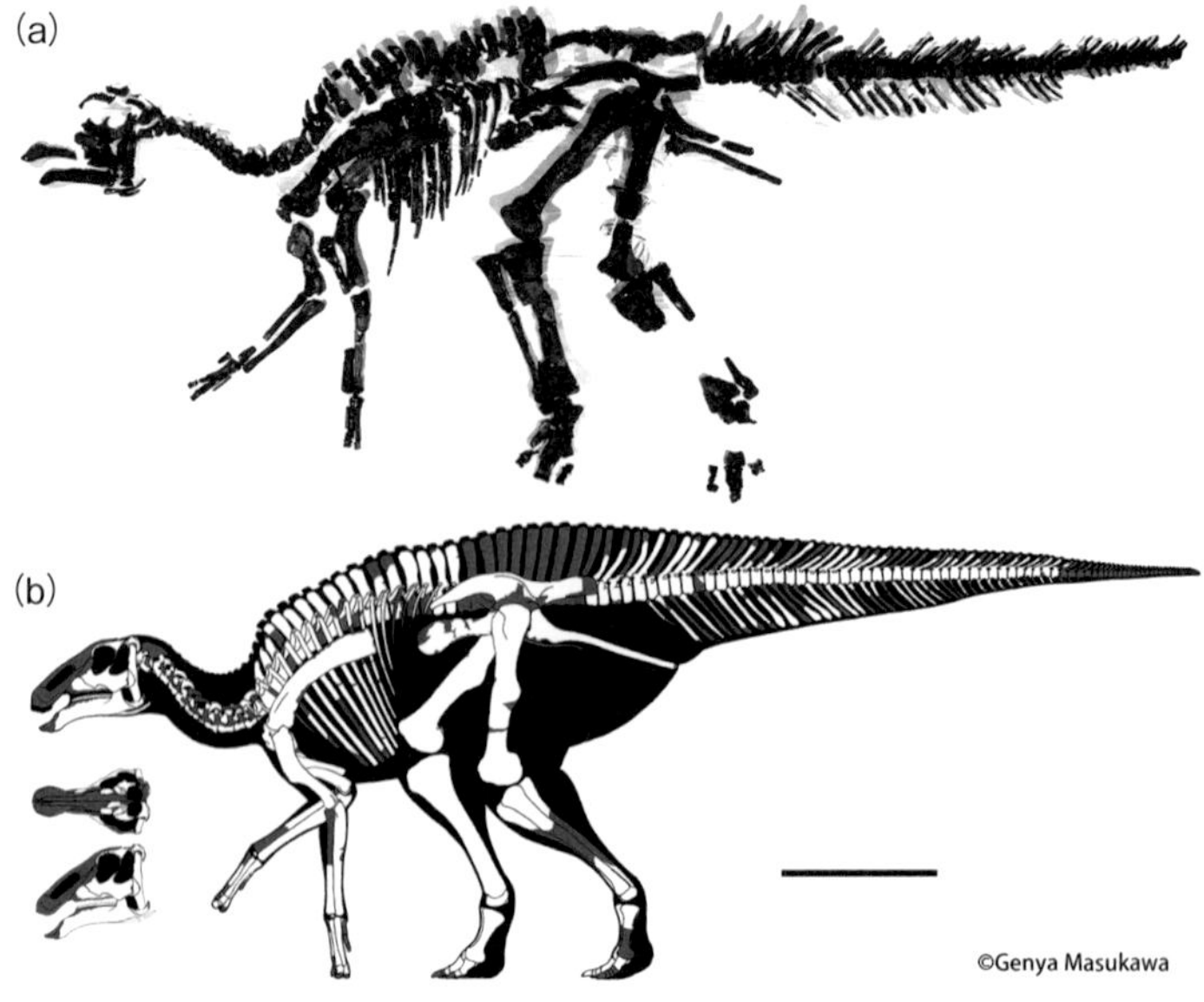

図8-3　(a)カムイサウルスのタイプ標本と(b)骨格図．スケールバーは1 m.（図は増川玄哉氏提供）

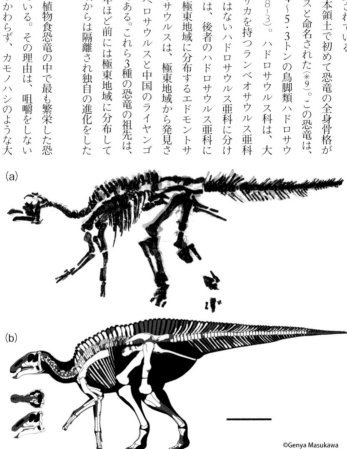

きなくちばし、顎に歯を敷き詰めた構造（デンタルバッテリー）、顎の骨を横に振れさせながら咀嚼することができる構造（プレウロキネシス）、歯の咬耗面にエナメルや複数種の象牙質が存在し洗濯板のような作用をする歯を持つことで、高度な口内消化をしていたことだ。これによって、裸子植物だけではなく被子植物も食べることに適応できた。この高度な口内消化の獲得によって、ハドロサウルス科はその生息域を、極圏を含む世界各地（ユーラシア大陸、北米大陸、南米大陸、南極大陸）へと広げた。カムイサウルスは、このハドロサウルス科の起源の解明においても重要な研究となった。

カムイサウルスは、日本で発見されている恐竜化石の中で最も骨が揃っている標本であり、そのひとつの理由に海成層から発見されたことが考えられる。岩石の特徴から、カムイサウルスの遺骸は水深80～200メートルほどの外側陸棚の海底に沈んで化石化した。海の地層から発見されることは、この恐竜が海岸線近くといった海の影響を受ける環境に棲んでいたことを示す。ハドロサウルス科の系統解析に、海の影響のある堆積物から発見されたものと、内陸の環境の堆積物から発見されたものという、環境の要素を加えた分析を行った結果、ハドロサウルス科の起源に、海岸線の環境が大きく関係している可能性が提示された。おそらく、ハドロサウルス科の祖先は、大きなくちばしと高度な口内消化で、海岸線に広がる湿地帯に生える植物を食べ、繁栄に成功したのだろう。

海の堆積物から発見されている恐竜化石は、北海道以外にも岩手県、福島県、兵庫県、香川県からのものがある。これまで世界で発見されている恐竜化石の多くが陸成層のものであり、海成層の化石はあまり注目されていなかった。とくに東アジアでは海成層から発見されている化石はまれである。これらの事実は、恐竜の進化において海岸線という環境がどのような影響を及ぼしているかほぼ研究されていないことを示す。とくに東アジアで

＊9　Kobayashi, Y. *et al.* (2019) A new hadrosaurine (Dinosauria: Hadrosauridae) from the marine deposits of the Late Cretaceous Hakobuchi Formation, Yezo Group, Japan. *Sci. Rep.*, **9**, 12389.

は、この視点で研究されているのは皆無であり、日本の恐竜化石がいかに重要であるかがわかる。

また、カムイサウルスが白亜紀末（マーストリヒチアン）の地層から発見されたことは興味深い。カムイサウルスが約6600万年前の白亜紀／古第三紀（K／Pg）境界（コラム3参照）に最も近い層準から発見された日本の化石のひとつとなる。この時代の恐竜化石は、他にも兵庫県洲本市の和泉《いずみ》層群北阿万《きたあま》層と鹿児島県薩摩川内市の姫野浦《ひめのうら》層群からも発見されている。これは、将来の日本の恐竜化石研究が、恐竜絶滅のメカニズムの解明に寄与する可能性を秘めている。

最後に、北海道、兵庫県、鹿児島県の他に、岩手県、福島県、兵庫県、香川県、長崎県、熊本県といった多数の地域に露出する白亜紀後期の地層からも、多くの恐竜化石が発見されている。白亜紀の日本は、多様な恐竜が棲んでいたことは明らかであり、今後もさらなる新しい発見が続くことが期待できる。

恐竜研究を飛躍的に進歩させた発見と技術

他分野の研究と同様、恐竜研究にも飛躍的に進歩する時期がある。そのきっかけになるのは、新しい化石の発見と技術の導入である。新しい化石の発見は、最も基本的なものであり、多くの情報を提供してくれる。しかし、恐竜化石の発掘には、高額の費用がかかることが多く、調査をしても大きな発見に結びつく保証がない。そのため誰もが自由に新しい地で発掘を行うことは困難である。また、新しい技術の導入によって、恐竜研究の飛躍が起こることがある。これまでに発掘され博物館、研究所や大学といった機関に保管されている標本すべてが対象となるため、新技術によって世界中の標本に隠されていた情報を抽出できる点は、非常に効果的である。

近年、新しい化石の発見の中でも大きかったのは、中国遼寧省に露出する中生代白亜紀前期の地層から、

1990年代から立て続けに発見された羽毛恐竜の化石である。その最初の恐竜が、1996年に発表されたシノサウロプテリクスである。この獣脚類恐竜の化石には、シミのような羽毛の痕跡が残されていた。発表当初は、このシミは、羽毛ではないと反論が出たが、その後次々と発見される羽毛恐竜化石によって、その声はなくなっていった。

代表的なものに、カウディプテリクス（オヴィラプトロサウルス類）、ミクロラプトル（ドロマエオサウルス科）、ディロング（ティラノサウルス上科）が挙げられる（図8-4a）。これらの化石には、紛れもなく羽毛が保存されており、羽毛の進化過程が解明されるようになった。加えてこれらの化石には、恐竜がどのようにして鳥へと進化したかという、進化

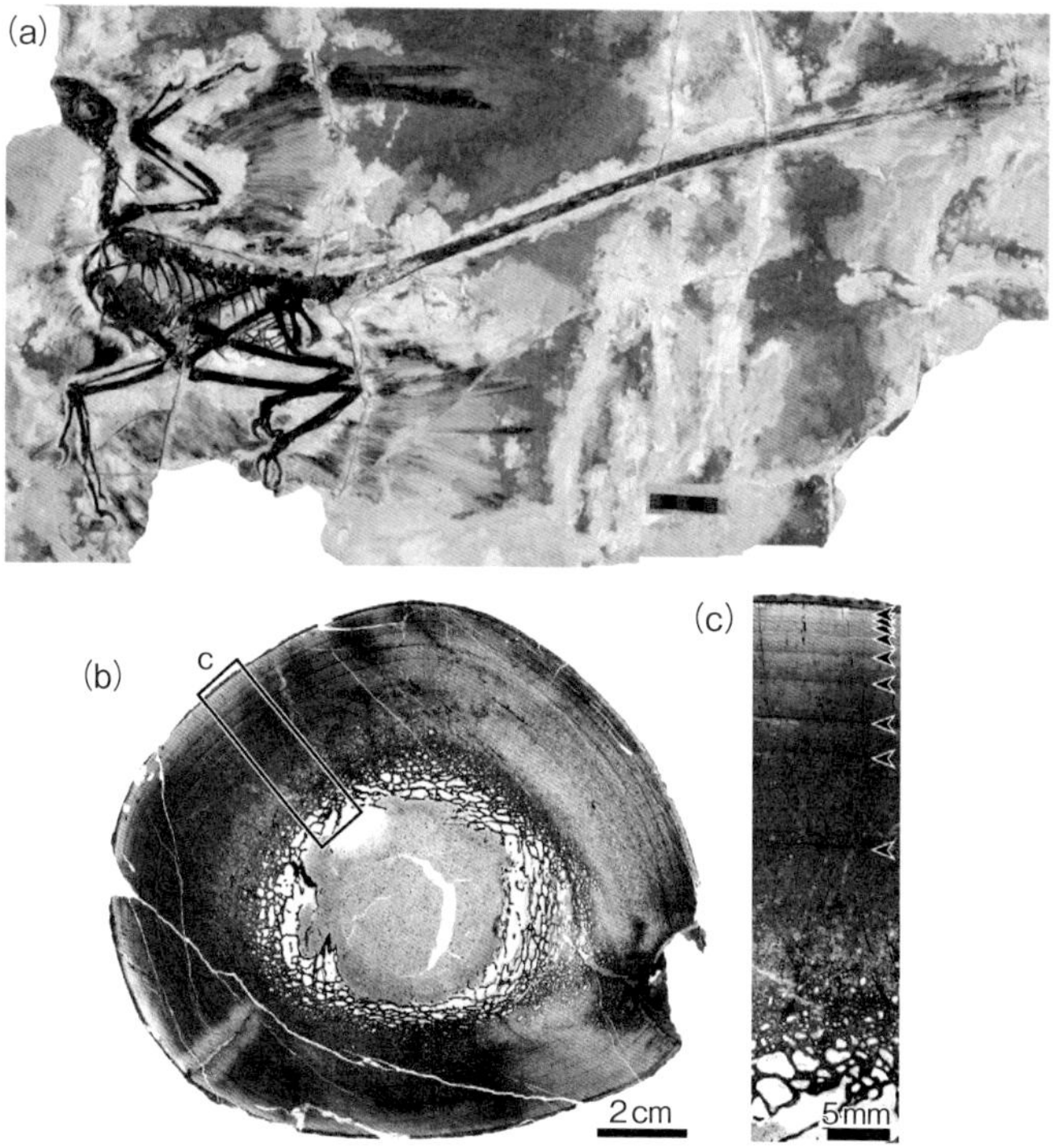

図8-4　(a) 代表的な羽毛恐竜ミクロラプトル（徐星氏提供）と (b) カムイサウルスの脛骨の骨幹の薄片（＊9より改変）．(c) は (b) の四角部の拡大．9本の成長停止線が観察され，その間隔の変化からカムイサウルスが成体であることがわかる．

過程が保存されており、これらの発見によって、「鳥類の起源が中生代の恐竜類にある」や「鳥類は恐竜類である」ということが広く認められるようになった。恐竜は、過去に生きていた摩訶不思議な生き物という考えから、爬虫類から鳥類への大きな進化過程を示す生き物へと考えが変わっていき、多方面にわたる研究が生まれていった。

また、新しい技術の導入として代表的なものに、CTスキャンや組織学の研究が挙げられる。CTスキャンの技術を使うことによって、恐竜化石を破壊せずに内部構造を見ることができるようになった。たとえば、脳函や三半規管といった頭骨の内部の解析が挙げられる。大脳や小脳の発達具合の解析や比較が可能となり、恐竜の行動を推測できるようになった。一方で、組織学の研究は、CTスキャンとは正反対の方向で、化石を破壊して行う。四肢骨の骨幹やその他対象になる骨の薄片を作り、その微細構造を分析する。これらの分析によって、恐竜の成長段階や行動・生態といったことが解明されている（図8-4b）。どちらも技術導入時はインパクトのある研究であったが、現在では通常の研究手法として取り入れられている。

恐竜研究新時代

現在注目されている研究の背景には、さらなる新しい技術や手法の導入と新しい発見がある（*10）。新しい手法として、これまで以上に現生動物のデータを取り入れ、恐竜の生態を推測する研究が増えている。先に述べたように、恐竜は現在生きている爬虫類と鳥類をつなぐ動物であることから、生きている恐竜類である鳥類と恐竜類に最も近縁な爬虫類であるワニ類を研究することによって、化石に残らない恐竜の生態が推測できる。これは「系統ブラケッティング法」という手法で、恐竜類を中心に考えたとき、より祖先型のワニ類にも見られ、より進化型の鳥類にも見られる特徴であれば、その中間である中生代の恐竜もその特徴を持っているはずと考えるのが

*10 ナイシュ, D.・バレット, P.（2019）恐竜の教科書―最新研究で読み解く進化の謎（小林快次ほか監訳）, 創元社, 240p.

*11 Tanaka, K. *et al.* (2015) Eggshell porosity provides insight on evolution of nesting in dinosaurs. *PLoS ONE*, **10**, e0142829.

この手法である。また、ワニ類と鳥類の特徴が異なるとき、いったいどの段階で鳥類の特徴が進化したのかという疑問は、恐竜化石が答えを示してくれる可能性がある。

　生物学および動物学として、ワニ類や鳥類の研究はなされているが、古生物学の視点から見ると、まだ研究すべき課題が残されている。たとえば、恐竜の卵の研究では、卵の殻の間隙率に注目したものがある（＊11）（図8-5）。卵殻間隙率は、「総気孔断面積／気孔の長さ」で計算され、外気とのガス交換や水分量調整の必要性（湿度など）に対応しており、卵を埋めて温めるタイプ（ワニ類や一部の鳥類）は間隙率が高い。一方で、卵を体温で温めて孵すタイプ（多くの鳥類）は卵が空気にさらされているので間隙率が低い。このことに基づいて、恐竜の卵の構造と比較すると、どの恐竜が抱卵し、どの恐竜が抱卵しなかったかが推測できる。これら現生動物のデータは、古生物学者の手によって集められ分析されて

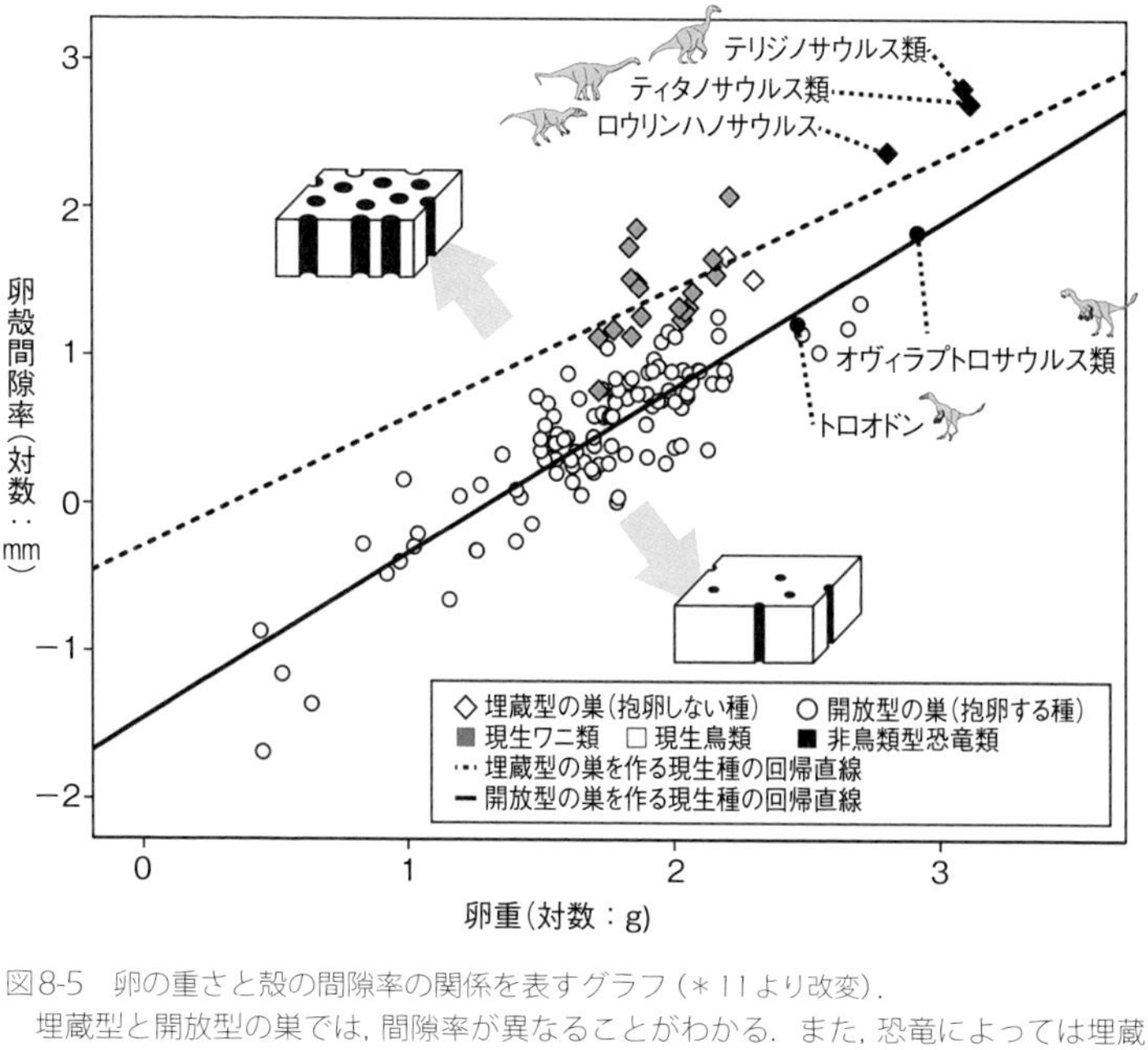

図8-5　卵の重さと殻の間隙率の関係を表すグラフ（＊11より改変）．
　埋蔵型と開放型の巣では，間隙率が異なることがわかる．また，恐竜によっては埋蔵型（テリジノサウルス類やティタノサウルス類など）のものや，開放型（トロオドンやオヴィラプトロサウルス類）のものがいることがわかる．

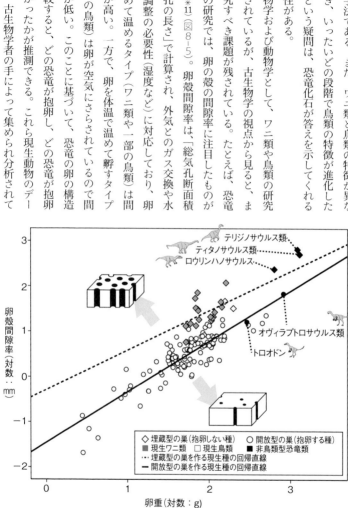

いる。現生動物は、構造と行動のデータを入手することが可能であるため、それらの因果関係を検証することができる。この因果関係を恐竜に応用することで、恐竜の行動が読めるというものだ。

新しい発見には、偶然の発見を除くと、すでに知られている恐竜化石産地でのしつこいくらいの調査と、まだ誰も足を踏み入れていない場所での調査があると思う。このどちらも、固定観念を崩すというところに鍵がある。すでに知られている産地では、これまでと異なった観察点で化石を探すことが必要だ。たとえば、恐竜が多産する産地では、どうしても大きな恐竜に目が行きがちである。そこで小さな恐竜や骨に注目することで大きな発見につながることがある。また、残るはずのないと思われていた軟組織も化石化されることがあり、私たちが想像している以上にさまざまなものが化石となって残っている場合がある。

もう一方の、まだ誰も踏み入れていない場所での調査は、お金がかかることが多い。通常ではアクセスしづらいため、セスナやヘリコプターといった交通手段を使って調査を遂行する。たとえば、アラスカ州での調査は高額ではあるが、北極圏の恐竜の生態を知る上で重要な発見が続いている。それだけではなく、「誰も踏み入れていない」のではなく、「誰も踏み入れようとしていない」場所が身近にあったりする。その例が、カムイサウルスである。海成層から良好な恐竜化石は発見されないという固定観念によって、海成層が調査の対象になることは少なかった。しかし、カムイサウルスの発見によってその観念が崩れ、多くの海成層が露出する日本はさらなる新しい発見が期待できる国となった。

恐竜研究は、毎年新しい研究が生まれ、新しい場所が開拓されている。今後、日本を舞台にした研究によって、新しい恐竜研究の成果が続々と生まれてくるだろう。

🌏一般向けの関連書籍——D・ナイシュ・P・バレット著、小林快次ほか監訳（2019）恐竜の教科書—最新研究で読み解く進化の謎、創元社。

に降り注ぎます．つまり衝突の冬仮説で示されたような数年以上におよぶ太陽光の遮蔽は起こらず，かわって酸性雨による海洋表層のpHの急激な低下が引き起こされたというものです．この仮説にしたがうと，「石灰質の殻を持つ浮遊性有孔虫と円石藻は殻形成がうまくできずに絶滅し，微小な植物プランクトンや，二酸化ケイ素を主体とした殻を持つ放散虫は生き残ることができた」と説明することができます．しかし実際のところ，pHの低下が放散虫の殻形成に与える影響などはわかっていませんので，今後の研究に注目です．

さて白亜紀末の衝突でさえ生き残ることができた放散虫ですが，別の時代に目を向けると，天体衝突により絶滅が引き起こされたケースもあります（*3）．岐阜県坂祝町《さかほぎちょう》）に分布する「層状チャート」と呼ばれる約2億1500万年前（三畳紀後期）の遠洋性堆積岩には，直径3.3～7.8 kmの隕石の衝突により形成された，厚さ5 cmほどの粘土岩からなる地層がはさまれます．この層状チャートと粘土岩を対象とした研究からは，天体衝突直後から約30万年間にわたって放散虫生産量が激減し，この期間に放散虫種の約4割が絶滅したことが明らかにされています（図）．この30万年という長い期間の放散虫生産量の減少は，数日～数年単位で起こるとされる衝突の冬仮説や海洋酸性化説では説明することができません．天体衝突による微化石の絶滅には，まだまだ未知のメカニズムが隠されていそうです．

一般向けの関連書籍——尾上哲治（2020）ダイナソー・ブルース—恐竜絶滅の謎と科学者たちの戦い，閑人堂．

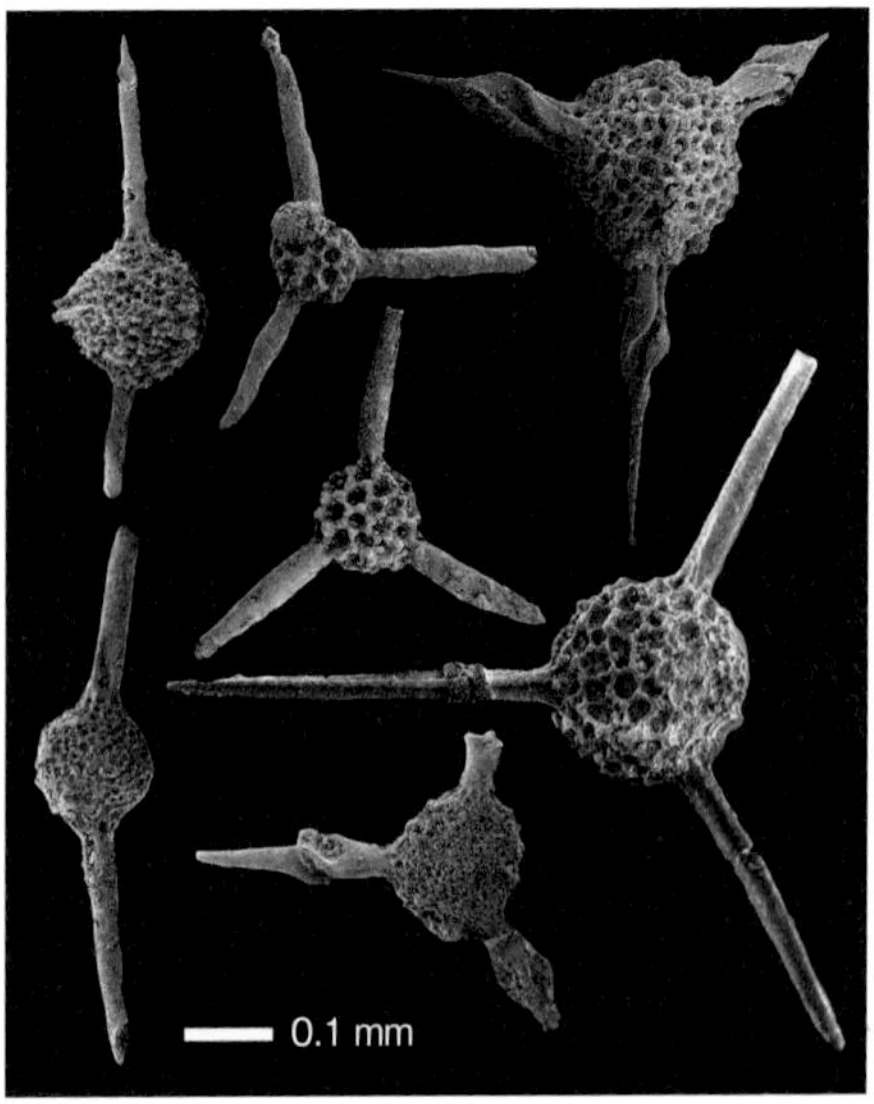

2億1500万年前の天体衝突により絶滅した放散虫の電子顕微鏡写真．

column-03　微化石から探る天体衝突と大量絶滅

尾上哲治

白亜紀末(約6600万年前)に恐竜(第8章)などの大量絶滅が起こった原因は天体衝突だった――このような説が1980年にカリフォルニア大学バークレー校のルイス・アルヴァレス，ウォルター・アルヴァレス父子らにより提唱されました．このとき彼らが絶滅した生物として注目したのは，光学顕微鏡レベルで見える「浮遊性有孔虫」と，それよりさらに小さく電子顕微鏡でなければくわしく見ることのできない「円石藻」(第15章)です．これらの海洋プランクトンは石灰質(炭酸カルシウム)の殻を持ち，それが微小な化石(微化石)として残って，当時の環境変動を知る有用な手掛かりとなります．このとき提唱された絶滅理論によると，これらプランクトンの絶滅は，天体衝突により放出された塵(その後，煤や硫酸エアロゾル)が太陽光を遮蔽し，光合成停止による食物連鎖の崩壊がきっかけとなって起こったとされています．

天体衝突による絶滅理論が提唱されてから約40年が経ちますが，この間に，ある種の海洋プランクトンは，白亜紀末にほとんど絶滅しなかったことが明らかになっています．その代表格が「放散虫」です．大きさがわずか0.1～0.2 mm程度で，多様な形の殻を持つこの海の動物プランクトンは，主に二酸化ケイ素(オパール)からなる骨格と殻を持ちます．浮遊性有孔虫の種の97%以上が白亜紀末に絶滅したとする報告もある一方で，ニュージーランドの白亜紀末の地層から確認された放散虫23種の絶滅率は，なんと0%です．

従来考えられてきた絶滅理論にしたがうと，衝突による太陽光の遮蔽(これは「衝突の冬仮説」と呼ばれます)が引き起こす光合成停止は，放散虫の餌になるはずの微小な植物プランクトンの生産量を低下させるはずです．その結果，餌を失った放散虫の生産量も減少し，場合によっては絶滅にいたります．ところが放散虫の生産量は，天体衝突の前と後で変化することはなく，また先に紹介したように種の絶滅も見られません．このように，衝突の冬仮説による絶滅理論では，放散虫の化石記録をうまく説明することができませんでした．

しかし最近になって，天体衝突による「海洋酸性化仮説」(＊1，＊2)が，この問題に決着をつけるかもしれないことがわかってきました．この仮説では，衝突により放出された三酸化硫黄や窒素酸化物が，短い場合は数日で，強烈な酸性雨として地表

＊1　Ohno, S. *et al.* (2014) Production of sulphate-rich vapour during the Chicxulub impact and implications for ocean acidification. *Nature Geosci.*, **7**, 279-282.

＊2　Henehan, M. J. *et al.* (2019) Rapid ocean acidification and protracted Earth system recovery followed the end-Cretaceous Chicxulub impact. *Proc. Natl. Acad. Sci.*, **116**, 22500-22504.

＊3　Onoue, T. *et al.* (2016) Bolide impact triggered the Late Triassic extinction event in equatorial Panthalassa. *Sci. Rep.*, **6**, 29609.

第II部 執筆者紹介

第5章 **小林憲正**（こばやし・けんせい）

横浜国立大学大学院工学研究院名誉教授。1954年生。生体関連分子の前生物合成を中心とする、生命の起源・アストロバイオロジー研究を行っている。

第6章 **高井 研**（たかい・けん）

海洋研究開発機構超先鋭研究開発部門部門長。1969年生。地球微生物学・宇宙生物学を専門とし、地球の七つの海の、さらには地球外海洋の生態系の制覇を目指している。

第7章 **小宮 剛**（こみや・つよし）

東京大学大学院総合文化研究科教授。1972年生。地質学・地球生命惑星環境進化学。物質学的研究手法をもとに地球惑星環境と生命の共進化などの研究を行っている。

第8章 **小林快次**（こばやし・よしつぐ）

北海道大学総合博物館副館長・教授。1971年生。古脊椎動物学・恐竜研究。非鳥類型恐竜から鳥類への進化過程や極圏地域の恐竜生態解明などの研究を行っている。

コラム3 **尾上哲治**（おのうえ・てつじ）

九州大学大学院理学研究院教授。1977年生。地質学（層序学・古生物学）。天体衝突や宇宙塵の大量流入による環境変動、中・古生代の生物絶滅について研究を行っている。

III 岩石惑星地球の営み

9 大きい地震と小さい地震、速い地震と遅い地震

井出 哲

さまざまな地球科学の話題の中でも、巨大地震ほど社会的に注目を集めるものはない。とくに地震の予測への期待は根強い。1992年の政府の調査では、いわゆる地震予知の実現は2010年ごろと期待されていた。しかし1995年の阪神・淡路大震災、2011年の東日本大震災を経て、2017年に政府は地震予知を前提とした地震対策を断念した。科学の進展によって、社会活動を停止して大規模な避難をするほど正確に、地震の発生を予測することはできない、ということがわかったからである。だからといって何もわからないということではない。地震研究の最前線では確率に基づく将来予測へ向けて、さまざまな研究が進められており、日本では世界に比類ない高性能の地震と地殻変動の観測網によって、次々と新発見がもたらされている。ここでは最新の地震研究の知見と、それが地震の予測に及ぼす意味について紹介する。

地震の大きさと発生頻度の関係

震災を引き起こすような巨大地震は恐ろしいが、めったに起きない。一方で中小規模の地震は日常的にたくさん起きる。現在気象庁は日本周辺で毎年20万回以上の地震を検出しており(図9-1a)、これは3分に1回以上となる。これらの地震の大きさと発生頻度の関係は「グーテンベルグ・リヒターの法則」に従う。1940年代か

ら知られる古い法則だが、とても普遍的に通用する。本章ではこのあとも出てくるので「GR則」と略しておこう。GR則では、地震のマグニチュード（M）が1小さくなると、頻度はおおむね10倍になる（図9-1b）。

図9-1bから日本周辺では、大地震といわれるM7の地震が平均して年に1回起きることがわかる。場合によっては被害が出るM6の地震は年10回程度、ほぼ毎月起きている。この数字は直観的にイメージするより高頻度かもしれないが、日本周辺の海の部分も含めると、本当にこれくらい起こっているのだ。M5、M4、M3、M2がそれぞれ年100回、1000回、1万回、10万回となるので、前述の年間20万回というのは、M2より少し小さな地震まで検出されていることに相当する（実際は図9-1bのように少しずれる）。まず大まかな地震の数と大きさの予測はこのようなものである。図9-1aのような分布は長期的にはあまり変化しないから、場所もある程度は予測できている。

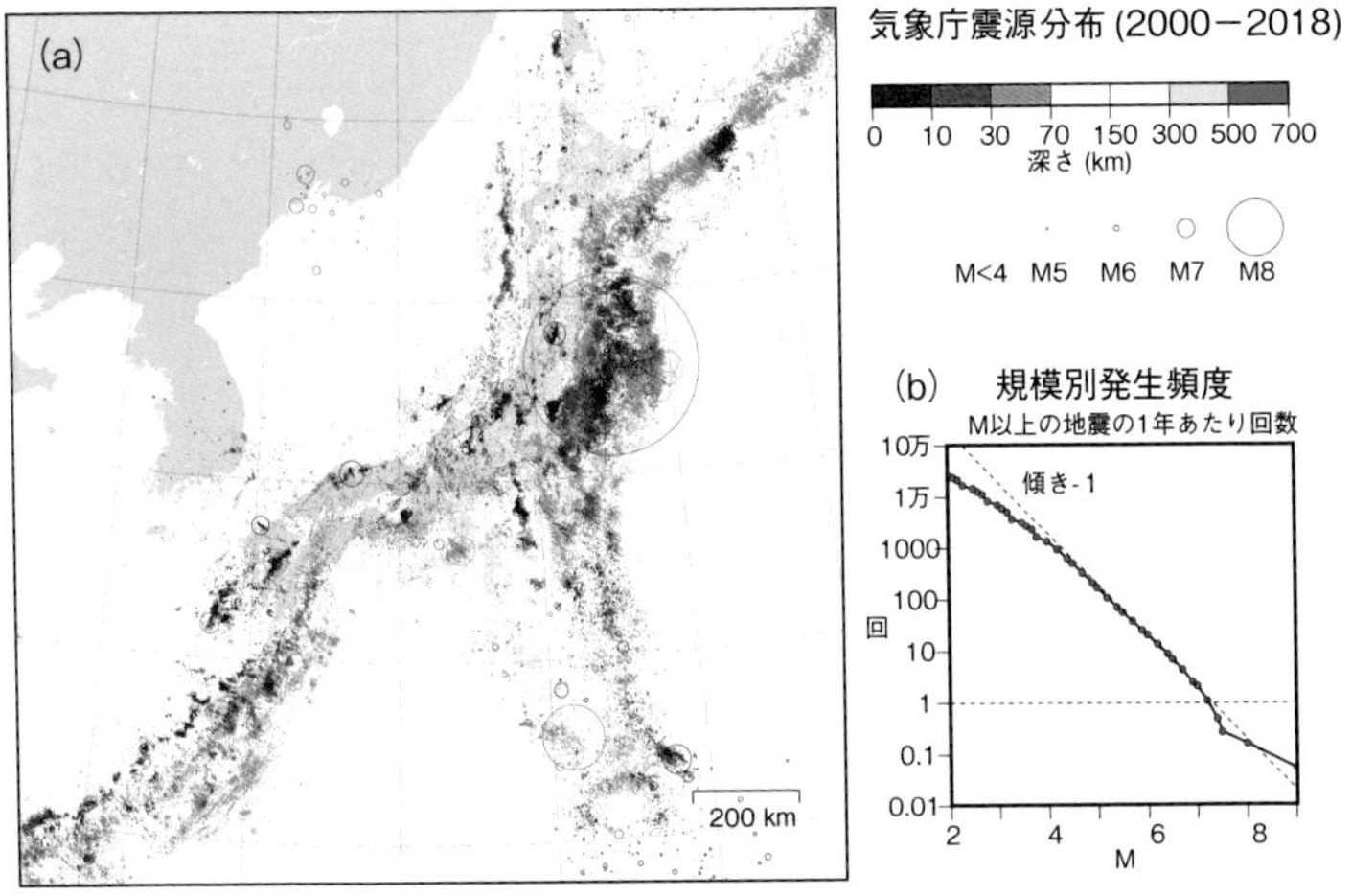

図9-1　気象庁震源分布でみる日本周辺の地震活動と規模別発生頻度（2000-2018年）．（a）ひとつひとつの円の中心がその地震の震央位置を表す．色は深さの違いを表し，円の大きさはその地震のMに対応した典型的な大きさを表す．（b）規模別頻度分布図の傾きの絶対値がGR則のb値になる．さまざまな地震について，おおむね1程度だと知られている．この図より，日本周辺では平均的に年1回以上M7より大きな地震が発生することがわかる．M2からM4で傾き－1の直線からずれているのは，地震観測網が一様ではなく場所によっては小さな地震が観測できないためだと考えられる．

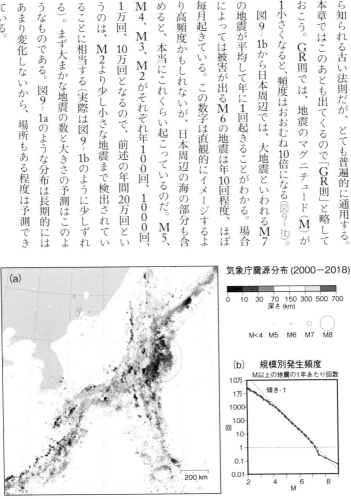

繰り返し地震

地震の予測でとくに重要なのは時間、つまり発生時期である。時間の正確な予測が難しいからこそ、地震予知が不可能といわれるのだ。それでも、ある地域に限れば、比較的正確に地震の大きさと発生時期を予測できることもある。有名な例が岩手県釜石市の地下約50キロメートルで発生するM４・８の地震である（＊1）。この場所では同じような地震が１９５０年代から約５年間隔で繰り返し発生してきた。揺れ自体は釜石市の近くでも震度３程度で、深刻な災害にはならない。ただ年が違っても測定される地震波は、細部にいたるまで毎回同じ。つまり約５年に一度、まったく同じように地面が揺れるのだ。地震というとランダムに地面が揺れるようなイメージがあるので、まったく同じ揺れというのは少々気味悪い。

この地震は日本列島の下に沈み込んだ太平洋プレート（第11章参照）の一部が沈み込めずに引っかかった場所で、同じように岩盤が破壊してすべる（破壊すべりを起こす）ことで発生すると考えられている。ほぼ同じように繰り返すので、一度発生すればしばらくは起こらず、５年後が近づくと、高い確率で発生時期を予測できる。実際に東北大学がこの方法で２００１年と２００８年の地震発生を事前に予測している。

このように同じ大きさの地震が同じ場所で同じような時間間隔で発生する現象は、世界各地で見つかっている。特別に「繰り返し地震」といわれ、まったく同じ場所の破壊すべりが原因だと考えられている。図９‐２aにその地震波の例を示す。東北地方の沖合で太平洋プレートに沿って発生する地震のうち2～3割は繰り返し地震である。それ以外の地震は必ずしも規則的に起きないし、同じ場所で破壊すべりが起きるわけではない。どのような地震も繰り返し地震だと考えて将来の地震を予測するのは少々危険だ。

それでもデータが増えてくると、大きさの違う、異なる時間に起きた地震が、ほとんど同じ場所で同じように、

＊1 Uchida, N. and R. Bürgmann (2019) Repeating Earthquakes. *Annu. Rev. Earth Planet. Sci.*, **47**, 305-332.

＊2 Ide, S. (2019) Frequent observations of identical onsets of large and small earthquakes. *Nature*, **573**, 112-116.

つまり繰り返し地震のように始まった後で、一方は中規模で終わり、他方は大規模になるという例が発見される(＊2)。図9-2bにその地震波の一例を示す。これらは「中途半端な繰り返し地震」といってもよいだろう。観察される地震データの始まりがまったく同じなので、どちらの地震がどれくらい大きくなるかは、終わるまでわからないことになる。別の見方をすれば、地震とは本来このようなもので、毎回同じ大きさで止まる特殊なケースが繰り返し地震だと考えることもできる。予測にとっては厄介だが、このような観察を一般化することで、それぞれの場所で将来どのような地震が起こるのか想定するのに役立つ。

地震断層の階層構造

繰り返し地震や中途半端な繰り返し地震は、なぜ起こるのだろうか？　地震は地下の岩盤中にある断層面に沿って生じる破壊すべり運動である(第13章参照)。リアルな断層面は数学的な二次元平面ではない。ひとつひとつの面は三次元的な凸凹の形状をしており、より現実的には大小さま

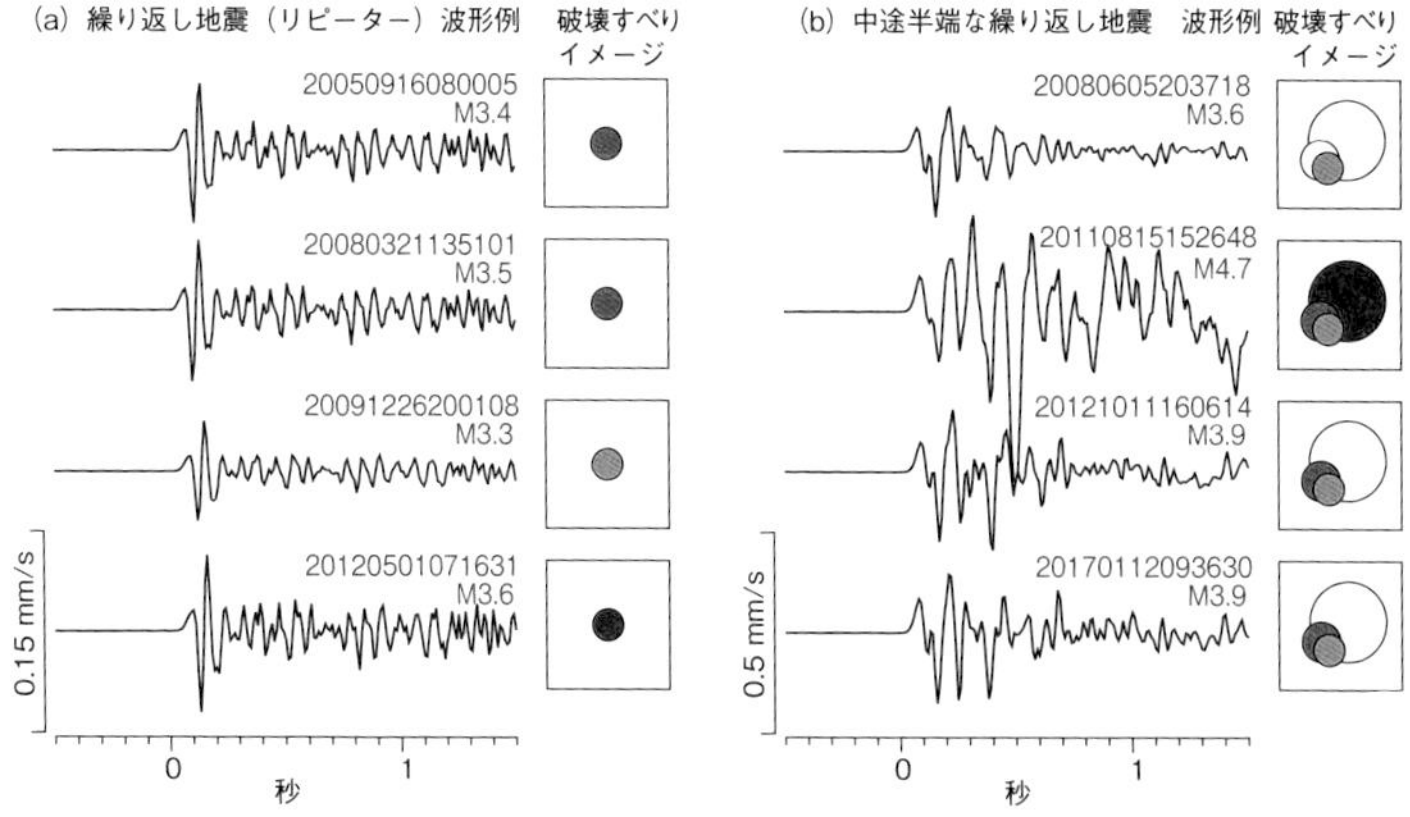

図9-2　繰り返し地震と中途半端な繰り返し地震の地震波形（上下動速度記録）の例と対応するプレート境界面における破壊すべり領域分布のイメージ.
(a) 高感度地震観測網（Hi-net）の観測点（コードGZNH）で観測した繰り返し地震.(b) Hi-netの観測点（コードEDSH）で観測した中途半端な繰り返し地震．時刻0がP波の時刻でP波部分のみを表示している．それぞれの地震の発生時刻を年月日時分秒の14桁で，マグニチュードとともに記す．破壊すべりは個々の四角の中の色がついているところのように特定の場所で発生したと考えられる.

ざまな面が重なり合ったり、分岐したりして複雑な構造を作り上げている。断層群、断層系、断層システムなどといった方がわかりやすいだろう。複雑な断層システムの中にも、部分的には単純に見える場所がある。野外で平面的な断層露頭として観察できるものや、地図にきれいな一本線で断層と表示されているところがそうだ。このような単純な構造は、いっせいに破壊すべりを起こし、その周辺にある複雑な構造で停止しやすい。

似たような単純な構造と複雑な構造の組み合わせは小さなものから大きなものまで、さまざまなスケールのものが断層システムに含まれている。これを専門的には「フラクタル構造」とか「階層構造」ということもある。たとえばM2の地震を起こすのは、差し渡し100メートルくらいの構造、M4、M6だとそれぞれ1キロメートル、10キロメートル程度の構造で、多数の単純な構造と複雑な構造が集まってひとつの断層システムを形作っている(＊3)。

どのような地震も最初は小さな構造での破壊すべりで始まり、ある程度の確率でその周辺の大きな構造に乗り移って大きな破壊すべりへと成長する。その成長確率が大きさによらずある程度一定なので、前述のGR則が生まれる。この階層構造の中には、繰り返し同じような破壊すべりを起こす場所や、あるときは小さな破壊すべりを、別のときは大きな破壊すべりに発展するような場所もあるはずだ。このような考えは現在では仮説にすぎない。しかし地質学的な物質観察や、観測データの精密解析、統計物理学的な定式化によって、断層の階層構造と地震発生の関係が徐々に明らかになりつつある。

スロー地震の発見

地震を起こす場所がある程度決まっているとすると、その他の場所では何が起こっているだろうか？　地震計

＊3　Ide, S. and H. Aochi (2005). Earthquakes as multiscale dynamic ruptures with heterogeneous fracture surface energy. *J. Geophys. Res. Solid Earth*, **110**, B11303.

で地震波を観測できれば、地震がいつどこで起きたかわかるが、地震を起こさないとなると、そもそも観察できない。ところが、2000年ごろからこの本来観察できないはずのものが観察できるようになってきた。地震発生地域の周辺から、通常の地震とは異なる、観測限界ぎりぎりの小さなシグナルが検出されたのだ。シグナルが小さいのは、現象がゆっくりと進行するかららしい。これらの現象は、通常の(速い)地震と区別して遅い地震ということで「スロー地震」とか「ゆっくり地震」などという名前で呼ばれる(*4、*5)。

スロー地震の震源も通常の地震同様に断層の破壊すべりと考えられる。ただし通常の地震であれば、M9の巨大地震でも2〜3分で破壊すべりが終了するところ、スロー地震は数分どころか、数時間から数日、場合によっては年単位で続く。この間、破壊すべりは断続的にじわじわと続くのだ。大きなスロー地震の場合、M6〜7の通常の地震に相当する大きな変動を引き起こす。これらはスロースリップともいわれ、GPSなどの測地観測機器で検出されている。日本周辺では日本海溝や南海トラフ沿いでさまざまな形で観測される(図9-3)。また世界の地震発生帯でも、次々に同じような現象が観察されるようになってきており、日本がリードする形でさまざまな国際共同研究が進んでいる。

スロー地震自体は測定機器で検出するのが難しいくらいなので、災害を引き起こすことはない。それでも、たとえば房総半島周辺で発生したスロースリップによってM5くらいの地震が引き起こされ、被害を引き起こした例もある。また国内で最もよくスロー地震が観察されるのは、いわゆる南海トラフの巨大地震の想定震源域周辺である(第13章参照)。巨大地震発生とスロー地震は、まず間違いなく関係している。実際に2011年の東北巨大地震の直前には震源域周辺で活発なスロー地震活動が発生していたらしい。同じようにスロー地震が通常の地震に先行した事例は、メキシコやコスタリカ、チリでも報告されている。通常の地震とスロー地震の関係は、

*4 Beroza, G. C. and S. Ide (2011) Slow earthquakes and nonvolcanic tremor. *Annu. Rev. Earth Planet. Sci.*, **39**, 271-296.

*5 Obara, K. and A. Kato (2016) Connecting slow earthquakes to huge earthquakes. *Science*, **353**, 253-257.

現在の地震研究で最も注目されるトピックとなっている。

通常の地震とスロー地震には、いくつか重要な違いがある。そのひとつは、スロー地震はさまざまな外部の現象の影響を受けやすいというものである。たとえば遠方で大きな地震が起きると、その地震波によってたくさんの小さなスロー地震が引き起こされる。これを「誘発」という(＊7)。2011年の東北の巨大地震はもちろん、2004年のインドネシア・スマトラの巨大地震(第18章参照)でも、西日本で多くのスロー地震が誘発された。一方、2011年の東北の巨大地震は、遠く地球の裏側のチリでもスロー地震を誘発した。

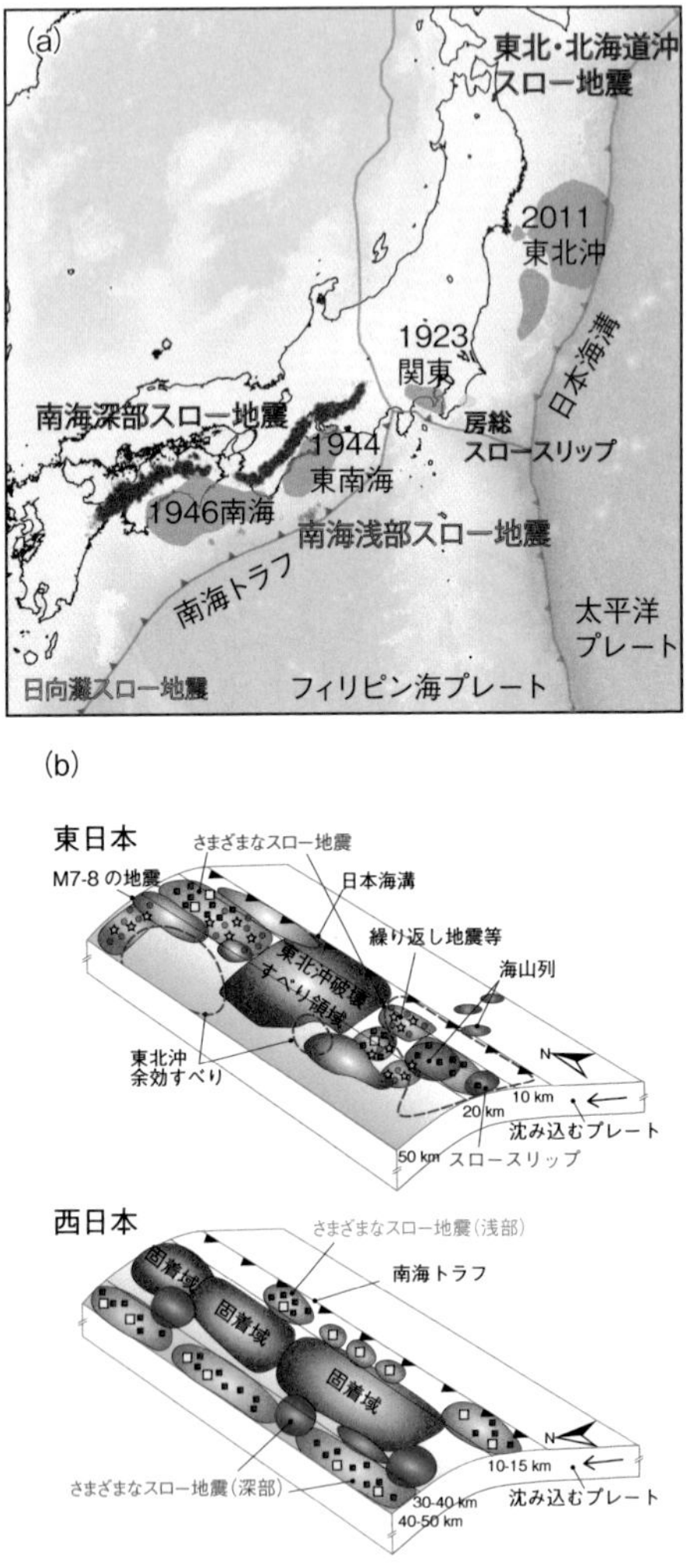

図9-3 (a)日本周辺のスロー地震と大震災を起こした沈み込み帯の地震の破壊すべり領域の分布図. (b)東日本(日本海溝)と西日本(南海トラフ)を比較したイラスト(＊6より改変).

＊6 Nishikawa, T. *et al.* (2019) The slow earthquake spectrum in the Japan Trench illuminated by the S-net seafloor observatories. *Science*, **365**, 808-813.

スロー地震と潮汐の関係

さらに顕著な影響を及ぼすのは潮汐だ。地球は太陽や月の引力によって常時変形している。固体地球部分も変形するし、海洋部分の変形は1日に2回程度の満潮干潮として、その時刻も大きさもかなり正確に予測されている。場所によっては、ほぼ完全に満潮干潮に対応して、スロー地震の発生数が増減する。より正確には、潮汐によってプレート境界をすべらせる向きの力が増加すると、その力に対して指数関数的にスロー地震の発生確率が急増する（図9-4）。

スロー地震の多くはプレート境界で発生するので、これはプレート境界の運動が潮汐によってコントロールされていることを意味する。指数関数的な増加は、岩石を使った摩擦すべり実験で観察される関数形と同一なので、物理学的な裏づけもある。これまでプレートは一定速度で沈み込むと

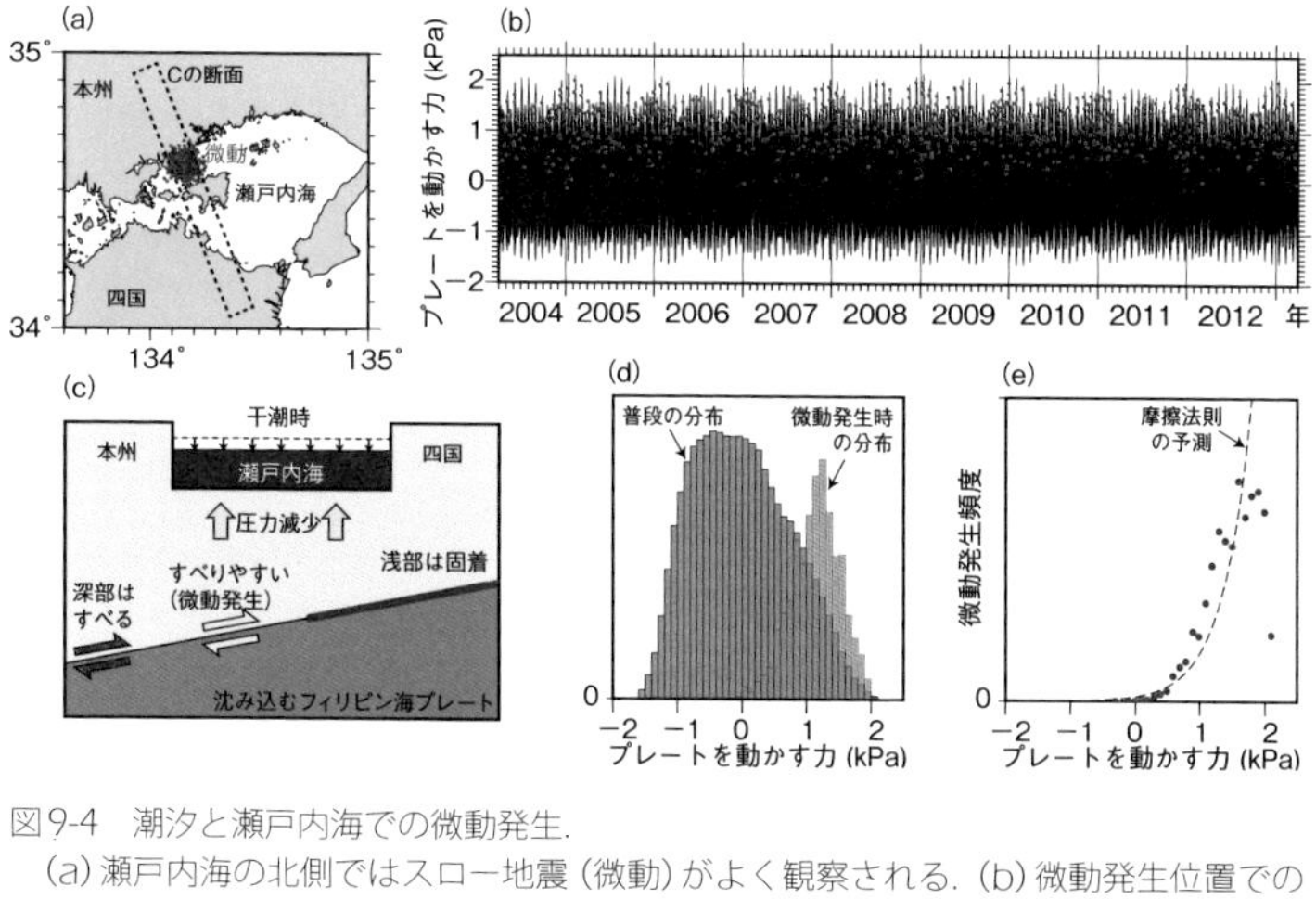

図9-4　潮汐と瀬戸内海での微動発生.

(a) 瀬戸内海の北側ではスロー地震（微動）がよく観察される. (b) 微動発生位置での潮汐によるプレートを動かす力の変化. 1日ほぼ2回満潮, 干潮があり, ときどきその振幅が大きくなる（大潮）. 微動（赤丸）は干潮時, プレートを動かす力が大きいときによく起こる. (c) 干潮によって微動が発生するイメージ図. フィリピン海プレートの沈み込みによって深部の境界ではすべりが起きるが浅部は固着したままである. 干潮によって上盤プレートにかかる力が減少するとプレート境界がすべりやすくなって微動が起こる. (d) プレートを動かす力の普段の分布（灰色）と微動発生時の分布（赤）. (e) プレートを動かす力による微動発生頻度（単位時間あたり回数）の変化. 摩擦法則からの予測を点線で示す.

考えられてきたが、その考えは修正する必要があるだろう。潮汐以外にも台風や季節性の気圧変動がスロー地震に関係あるという研究報告もある。私たちの足元は意外にぐにゃぐにゃ動いているのだ。

それなら通常の地震も潮汐の影響を受けるのではないか？ と考えるだろう。地震学の研究が始まった直後から、地震と潮汐の関係は多数の研究者の興味を引くテーマだった。しかしこれまでのところ、一部の例外を除き、潮汐が直接地震発生率をコントロールしているという説は統計学的に支持されない。

GR則の直線の傾きb値

それでもスロー地震がプレート境界にかかる力の指数関数として急増するという事実を踏まえ、その時期だけに着目して地震の発生率を調べると、興味深いことがわかる。潮汐によってプレート境界をすべらせる力が高まる時期には、GR則の直線の傾きが小さくなるのだ。この傾きの絶対値を「b値」と呼ぶ。全世界の地震カタログを使った研究によって、通常1くらいのb値が、潮汐のタイミングによって1割ほど変化することが示される。潮汐が大きいときはb値が小さく、相対的に大きな地震が増える(＊8)。

地震予測にとって、b値は最も注目されるパラメターだ。地震時には岩盤にかかる力が解放されるから、力がかかっているほど地震が起こりやすいと考えられる。ただし、断層システムの構造は複雑かつ場所によって違い、壊れやすいところも壊れにくいところもある。地震の発生頻度の違いは場所による違いにすぎないかもしれない。そんなときに活躍するのがb値である。前述のように、地震の破壊すべりには階層構造の小さいものから大きいものへ順に伝わりながら成長するという性質がある。b値はこの成長確率と強く関係する。実験室での岩石を用いた地震の模擬実験では、岩石に力をかけると多数のGR則に従う小さな破壊が起こり、そのb値は力が大きい

＊7 Chao, K. *et al.* (2013) A global search for triggered tremor following the 2011 Mw 9.0 Tohoku earthquake. *Bull. Seismol. Soc. Am.*, **103**, 1551-1571.

＊8 Ide, S. *et al.* (2016) Earthquake potential revealed by tidal influence on earthquake size-frequency statistics. *Nature Geoscience*, **9**, 834-837.

ほど小さくなる。b値は岩盤にかかる力の指標として使えるのだ。

より直接的に、いくつかの地震の前には周辺で発生する地震のb値が小さくなっているという報告もある。2011年の東北巨大地震はその一例(*9)で、b値の低下は直前に発生したスロー地震活動とも対応する。スロー地震によって、地震の成長確率が高まったのであれば、前述の潮汐によるb値の低下ともつじつまが合う。b値の低下はさまざまな形で報告されている巨大地震の前兆現象の中でも、最も信頼性の高いものである。

進化する観測システムと将来の地震発生確率予測

地震はどこでもいつでも同じように起こるわけではない。ある地域の地震の発生確率は、そこにかかる力とその場の断層システムの階層構造の性質で決まり、空間的に時間的に変化する。巨大地震が起こった直後に周辺で余震が頻発するのも似たような理由だ。余震の発生による確率変化はすでによく研究されており、それを取り入れた発生確率モデルのETASモデル(*10)は、すでに実用段階に近づいている。繰り返し地震の場合には、発生直後に確率が低下し、その後徐々に確率が上昇する。階層構造を持つ場だと、確率変化を定式化するのはもう少し厄介だ。スロー地震の発生も直接的、間接的に影響するはずだ。これらの発生確率に影響する要素を特定し、定量的に解明していけば、現在より正確な地震の予測が可能になるだろう。

将来の地震発生確率予測以外にも、地震自体にまだ多くの謎がある。階層構造が地震を生み出すといっても、何が階層を生み出すのだろうか。固体地球の変形と、地震発生システムの形成を結びつける理論はいまだに貧弱だ。断層システムの階層性と強力な地震波の放出を結びつける理論的な研究もまだ途上だ。これらの研究では破壊と摩擦の物理法則に基づいた破壊すべりの数値計算による再現が試みられている。さまざまな最先端の研究を

*9 Nanjo, K. Z. *et al.* (2012) Decade-scale decrease in b value prior to the M9-class 2011 Tohoku and 2004 Sumatra quakes. *Geophys. Res. Lett.*, **39**, L20304.

*10 Ogata, Y. (1988) Statistical models for earthquake occurrences and residual analysis for point processes. *J. Am. Stat. Assoc.*, **83**, 9-27.

支えているのは、つねに進化する観測システムだ。繰り返し地震もスロー地震も30年前には未知の現象だったことを考えると、私たちの地震に対する知識は、今後の新たな観測によって大きく改善する余地がありそうだ。

一般向けの関連書籍――井出 哲（2017）絵でわかる地震の科学、講談社。

10

破局噴火

高橋正樹

9世紀に起きた富士火山貞観噴火は、最近5000年間の富士火山の噴火では最大規模であり、総延長6キロメートル近い割れ目火口から1・4立方キロメートルあまりの大量の玄武岩質溶岩を噴出して、現在の広大な青木ヶ原樹海すなわち青木ヶ原溶岩原を形成した。1立方キロメートルは1辺1キロメートルの立方体に相当するので、かなりの規模の噴火である。第四紀の日本列島には見かけの噴出量(火山灰や軽石などからなる空隙のある噴出物の見かけの体積のこと)が1000立方キロメートルを超えるような火山は存在しないが、青木ヶ原溶岩の数十倍から100倍を超えるような噴火を行った火山は見られる。見かけの噴出量で100立方キロメートルを超えるような超巨大噴火は、破局的噴火あるいは破局噴火と呼ばれ、噴火の跡には直径10キロメートル以上におよぶ陥没地形(カルデラ)が残される。こうした破局噴火は、最近の日本列島では1万2000年に1回程度起こっているが、その分布は北海道や九州に限られている。

日本埋没

大規模な破局噴火では、火砕流の到達範囲が100キロメートルを超えることもまれではなく(＊1)、火砕流から舞い上がり成層圏にまで到達した巨大な噴煙が日本列島をおおいつくし、この巨大な噴煙に由来する降下火山灰によって、「日本沈没」ならぬ「日本埋没」が実現することになる。
たとえば、７３００年前に南九州の鬼界海底カルデラで生じた噴火（鬼界アカホヤ噴火）は、見かけの総噴出量が１７０立方キロメートルあった。大阪が厚さ20センチの火山灰でおおわれ、西日本全体および東日本の一部が火山灰による埋没状態となって、西日本の縄文文化を滅ぼしたといわれる。２万９０００年前に南九州姶良カルデラで起きた噴火（姶良Tn噴火）では、見かけの総噴出量が４５０立方キロメートルを超え、関東地方で10センチ以上、北海道でも数センチ以上の降下火山灰でおおわれた。９万年前に中部九州の阿蘇カルデラで起こった噴火（阿蘇４噴火）は、見かけの噴出量が６５０立方キロメートルを超える、最近10万年間の日本列島では最大規模の噴火で、北海道のオホーツク海沿岸でも15センチ以上の降下火山灰でおおわれてしまっており、完璧な「日本埋没」が実現された。

こうした破局噴火が起きると、カルデラ周辺の半径約１００キロメートル以内は高温の火砕流の直撃を受けて壊滅状態となるので、その領域内の人間が生き残れる可能性はまずない。また、九州で噴火が生じた場合、日本のような中緯度偏西風帯では強い西風にのって日本列島全体が降下火山灰の災害を受けるため、日本国の社会経済システムは完全に破壊され、国際的な救援がない限り、長期にわたって元に回復することはないだろう。破局噴火が日本社会にもたらす火山災害にはきわめて深刻なものがあり、それは確実に日本国家の存亡を左右する。

地球上にはもっと大規模な噴火が存在する。たとえば、アメリカ合衆国西部のイエローストーン火山の64万年前の噴火では、１０００立方キロメートルという膨大な量の、珪《ケイ》酸分（SiO_2）に富む珪長質（珪酸すなわち石英成分と長石成分に富む）マグマが噴出している。１０００立方キロメートルは一辺10キロメートルの立方体に相当し、青木ヶ原溶岩の実に１０００倍近い。こうした、１回の噴出量がマグマ量に換算して１０００立方キロメー

*1　町田 洋・新井房夫（2003）新編 火山灰アトラス―日本列島とその周辺，東京大学出版会．

トル以上にも及ぶ超巨大噴火をスーパー噴火と呼び、こうした噴火を行う火山のことをスーパーボルケイノという。

世界では、最近100万年間にスーパー噴火を行った火山として、イエローストーン火山以外にも、アメリカ合衆国西部のロングバレー火山、ニュージーランド北島のタウポ火山、インドネシア・スマトラ島のトバ火山などがある。このうち、トバ火山からは、7万4000年前に2800立方キロメートルという想像を絶する量の珪長質マグマが噴出している（図10-1）。

破局噴火がもたらす「火山の冬」

大規模な噴火が起こると、大量の火山灰とともに二酸化硫黄（SO_2）などの火山ガスが成層圏に撒き散らされる。二酸化硫黄は光化学反応によって硫酸エアロゾルの微細な粒子となる。硫酸エアロゾルは太陽光を反射するが、微細なため降下することなく長期にわたって成層圏に留まる。そのため、長期間地表に到達する太陽エネルギーの減少が生じ、地表付近の年平均気温の著しい低下が引き起こされる。これが「火山の冬」である（＊2）。

たとえば、マグマ噴出が数立方キロメートル程度であったフィリピ

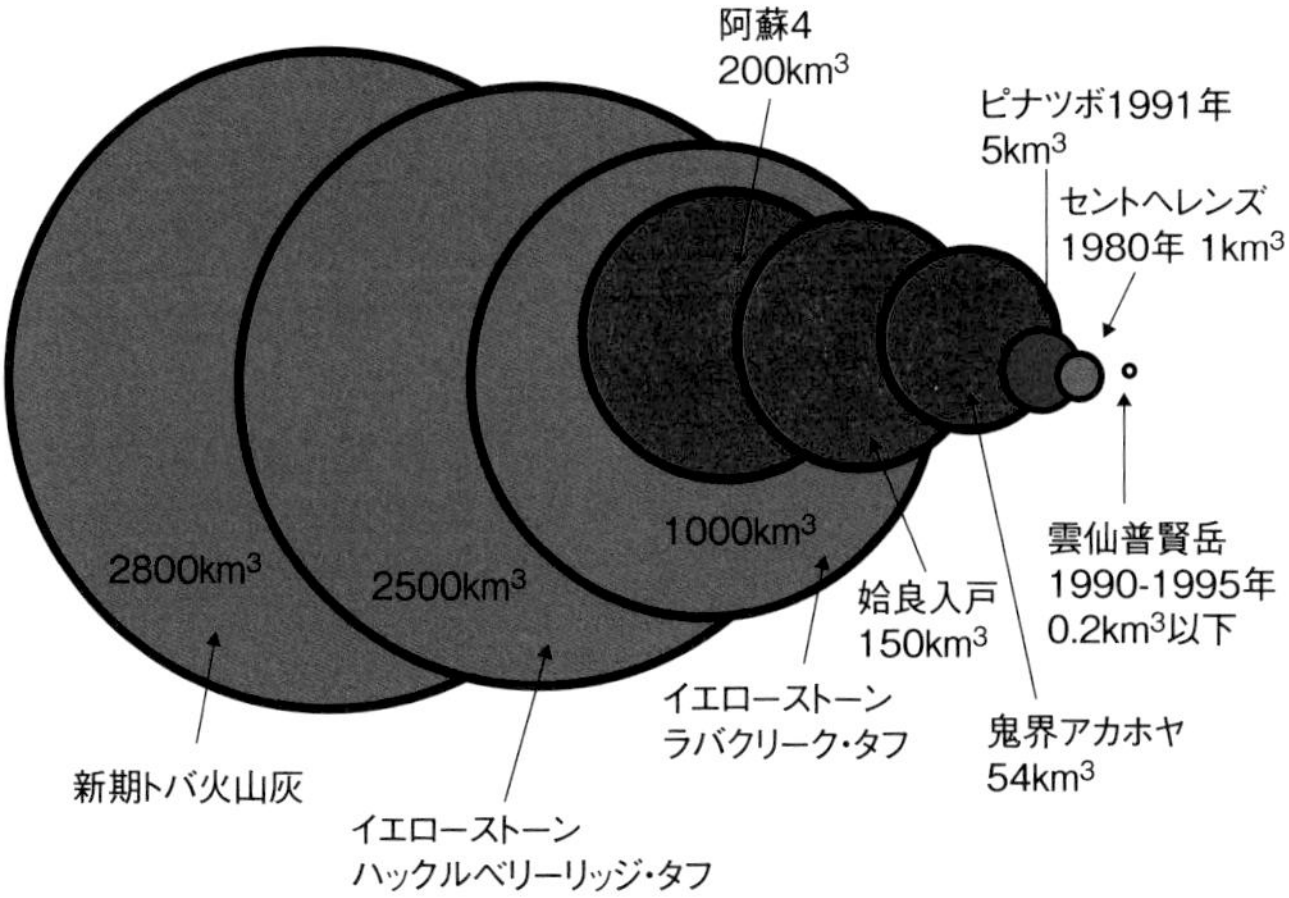

図10-1　破局噴火のマグマ噴出量（見かけの噴出量ではない）．
噴出したマグマ量は球体を二次元に投影した円で表されている．

ンのピナツボ火山1991年噴火では、翌1992年の北半球の平均気温が最大で0・7℃低下したという。さらに、1815年のインドネシア、スンバワ島のタンボラ火山の噴火では、見かけの噴出量で150立方キロメートルという大量の火砕物が噴出し、インドネシアだけで9万人の犠牲者が出たという。翌年には、全体として年平均気温が1・0℃以上低下し、北アメリカ大陸東岸やヨーロッパ西部を中心に火山の冬に襲われ、「夏のこなかった年」となった。北アメリカ大陸のハドソン湾では年平均気温が5〜6℃低下し夏季に湾が氷結したという。また、ヨーロッパ西部では冷夏による飢饉に襲われ、アイルランドでは発疹チフスのパンデミック（感染爆発）により、7万人近い犠牲者が出た。さらに、この寒冷化が引き金となって、コレラがインドからヨーロッパに広がり、世界的なパンデミックとなった。このパンデミックは安政コレラとなって日本も襲い、当時の江戸だけで10万人近い犠牲者が出たという。

最近10万年間で最大規模のインドネシアのスマトラ島のトバ火山の噴火では、大量の二酸化硫黄が成層圏に供給されたため、6年間にわたって年平均気温が10℃以上低下したという。このことは、グリーンランドの氷床のボーリングコアの分析（第16章参照）などによって確認されている。このように、破局噴火、とりわけスーパー噴火は、急速な地球寒冷化をもたらす。

最近のミトコンドリアDNAなどの遺伝子研究から、ホモサピエンスは6〜7万年前ごろの一時期、総人口が1万人を切るといった極端な人口減少による絶滅の危機、すなわちボトルネックを迎えたのではないかという説が有力となっている。こうしたボトルネックの引き金になったのが、トバ火山で7万4000年前に起きた超巨大噴火による急速な地球寒冷化ではないかというのである。こうした説をトバ・カタストロフィー説という（＊3）。

＊2 Self, S. (2014) Explosive super-eruptions and potential global impacts. In *Volcanic Hazards, Risks, and Disasters*, Elsevier, 399-418.

＊3 Savino, J. and M. D. Jones (2007) *Super Volcano: the Catastrophic Event that Changed the Course of Human History*, A Division of Career Press.

量の問題

マグマの成因には，「質の問題」と「量の問題」の両面がある。破局噴火では大量の珪長質マグマが噴出するが，こうした珪長質マグマが玄武岩を含む地殻物質の融解によって形成されるという考えは，一般にほぼ受け入れられている。一方，破局噴火では，数百から数千立方キロメートルという大量のマグマを溜めておいて，それを一度に噴出するわけで，いかにしてこうした大量の珪長質マグマを形成するのかという「量の問題」の解明が最大の課題となる。

大量の珪長質マグマを形成するには2つの方法がある。ひとつは，多くの熱量を供給して大量に地殻物質を融解するか，あるいは低融点の地殻物質を大量に用意してそれを融解するという，比較的短時間に大量のマグマを生成するやり方である。もうひとつは，生成するマグマの量は破局噴火を行わない火山とほぼ同じでも，時間をかけて大量に溜めるという方法である。前者の場合，数十万〜百万年スケールで見た長期的な平均的マグマ噴出率（すなわち生産率）が，一般の火山と比べて明らかに大きくなるはずである。一方，後者の場合，長期的な平均的マグマ噴出率が，一般の火山と比べてあまり変わらないはずである。

実際の長期的マグマ噴出率を比べてみると，一般の火山も破局噴火を行う火山も，その長期的マグマ噴出率には大きな違いが認められない（＊4，＊5）。つまり，破局噴火を行う火山の大部分では，後者のケース，すなわち時間をかけて大量に溜めるという方法が採られている可能性が高い。この場合，大規模な噴火ほど噴火間隔が長いということになる。たとえば，イエローストーン火山では，3回の破局噴火の平均噴火間隔が72万年，トバ火山では，同じく3回の破局噴火の平均噴火間隔が39万年である。破局噴火は「完全に忘れたころにやってくる」というわけだ。

＊4　高橋正樹（1995）大規模珪長質火山活動と地殻歪速度．火山，**40**，33-42.

＊5　Costa, F.（2008）Residence time of silcic magmas assocated with calderas. In *Caldera Volcanism: Analysis, Modelling and Response*, Elsevier, 1-47.

＊6　Jelineck, A. M. and D. J. DePaolo（2003）A model for the origin of large silicic magma chambers: precursors of caldera-forming eruptions. *Bull. Volcanol.*, **65**, 363-381.

マグマが溜まりやすい環境が、大量のマグマの蓄積を可能にしたとすると、マグマが溜まりやすい環境とはどのようなものなのだろうか。第四紀後期の日本における大規模カルデラ火山の分布は北海道と九州に限られるが（図10-2）、これらの場所では長期的な地殻の変形（歪）速度が他地域より有意に小さいことから、長期的地殻変形速度の小さいことがマグマの溜まりやすさを規定している可能性が指摘されている（＊4）。

一方、マグマ溜りの壁の粘性が低下すれば破壊が起こりにくくなり、マグマ溜りにマグマが溜まりやすくなるとする説もある。壁岩の粘性が低下する要因としては、①熱、②微細な破壊現象、③流体の浸透、④変成反応、⑤広域的な引張テクトニクス場、などが挙げられている（＊6）。

長期的地殻変形速度の違いは、地殻の見かけの粘性の違いと見なすこともできる。地殻変形

図10-2　日本列島における第四紀後期の大規模カルデラ火山の分布．
　九州および北海道周辺に分布が偏っている．茶色は大規模火砕流堆積物の範囲．プレートについては第11章参照．

速度が小さいということは粘性が大きく、逆に大きいということは粘性が小さいことになる。巽・鈴木(＊7)はこのことに着目して、地殻変形速度が小さいときには、地殻下部が部分的に融解して生じた珪長質マグマと地殻の粘性の差が大きくなって、珪長質マグマが分離上昇しやすくなり、上部地殻内に蓄積されやすくなるが、地殻変形速度が大きいときは粘性差が小さくなり、珪長質マグマが分離されにくくなって、下部地殻の融解がさらに進行し、珪酸分にやや乏しい安山岩質マグマが生成されやすくなると考えた。

一方、比較的短時間に大量のマグマを生成するやり方で破局噴火を行ったと考えられる火山もある。たとえば、熊野酸性岩などで代表される西南日本外帯で1400万年前ごろに活動した大規模珪長質マグマ活動は、100万年以内の比較的短期間に生じており、しかもそれ以前にも以後にもマグマ活動が見られず、短時間に大量の珪長質マグマが生成された可能性が高い。これらのマグマ活動は、日本海の急速な拡大に伴って、西南日本が拡大直後の熱いフィリピン海プレートへのし上げるというカタストロフィックな事件により生じたと考えられており、日本列島の第四紀とは異なる特異なテクトニクス場でのできごとであったらしい。日本列島の白亜紀の大規模珪長質マグマ活動についても、中央海嶺に伴う熱いプレートの沈み込みなど特殊なテクトニクス場で生成されたとする考えが有力である。

時間の問題

長時間をかけてマグマ溜りにマグマを溜めるということは、そのマグマ溜りが長期にわたって安定であったことを意味する。マグマ溜りで晶出した結晶(斑晶)のマグマ溜り中における滞留時間がわかれば、そのマグマ溜りの最小存在時間(少なくともその結晶が晶出を開始して以降マグマが存在した時間)を知ることができる。

＊7　巽 好幸・鈴木桂子(2014)焦眉の急, 巨大カルデラ噴火－そのメカニズムとリスク. 科学, **84**, 1208-1216.

滞留時間を求める方法のひとつとして、ジルコンという鉱物のウラン・鉛(U-Pb)年代(ジルコン放射年代)がよく使われる(*5、*8)。この方法は、閉鎖温度(放射壊変の時計がスタートする温度)が900℃以上と高く、結晶化した年代がマグマ固化後の冷却期間の影響を受けずに求まる、という利点がある。こうした方法によって求められた最大滞留時間は、ロングバレー火山の76万年前の噴火によるビショップ・タフ(タフとは凝灰岩のこと、マグマ噴出量650立方キロメートル)で約7万年以上、イエローストーン火山の64万年前の噴火によるラバクリーク・タフ(マグマ噴出量1000立方キロメートル)で1万5000年以上、同じく208万年前の噴火によるハックルベリーリッジ・タフ(マグマ噴出量2500立方キロメートル)で3万5000年以上、タウポ火山の2万7000年前の噴火によるオルアヌイ・タフ(マグマ噴出量530立方キロメートル)で約7万年以上、トバ火山の7万4000年前の噴火による新期トバ・タフ(マグマ噴出量2800立方キロメートル)で約8万年以上、とかなり長い。この事実は、巨大マグマ溜りが長期間をかけて形成されたとする説と調和的である。

もうひとつの方法として、以下で述べる拡散時計もよく使われる。マグマ溜りへ新たな高温マグマが注入されると、マグマ溜りに含まれていた斑晶の縁に高温で安定な成分が結晶化し、斑晶内部との間に化学組成の段差ができる。その後も斑晶がマグマ溜り内に滞留していると、斑晶内部で固体拡散が進行して組成差が徐々にならされ均質化していく。こうして形成された拡散パターンを解析すると、高温マグマの注入を受けてから噴火までの斑晶のマグマ溜り内での滞留時間(拡散時間)がわかる(*9)。こうして求められた噴火にいたるまでの斑晶の滞留時間は、ロングバレー火山のビショップ・タフで7000年以下、タウポ火山のオルアヌイ・タフで1600年以下、トバ火山の新期トバ・タフで115年以下と、ジルコン放射年代に比べてはるかに短い。

これについては、①ジルコン結晶は小さいため、結晶化が進んで粥状(マッシュ)になったマグマ溜りの結晶

*8 Bachmann, O. (2011) Time scales associated with large silicic magma bodies. In *Timescales of Magmatic Processes from Core to Atmosphere*. Wiley-Blackwell, 212-230.

*9 Costa, F. and D. Morgan (2011) Time constraints from chemical equilibration in magmatic crystals. In *Timescales of Magmatic Processes from Core to Atmosphere*, Wiley-Blackwell, 125-159.

粒間をマグマとともに移動してこられるが、その他の斑晶は移動ができず、地下浅所でマグマが集まってできたマグマ溜り内で初めて結晶化したものが噴出するため、ジルコンとその他の斑晶とで滞留時間に違いが生じたとする説と、②拡散は温度が高くないと有効に働かないので、拡散が起こるのは高温マグマがマグマ溜りに注入されてマグマ溜りの温度が上昇したときのみで、冷却が進んだ状態では拡散は進行しないため、全体としては短期間に拡散が生じたように見えるとする説がある(*10)。

もし、拡散時計が示すように巨大なマグマ溜りがきわめて短期間に形成されたとすると、それは火山地域の急速な地殻変動として現れる可能性があり、その場合には破局噴火を予知できる可能性もあることになる。

マグマ溜りはひとつか

1000立方キロメートルを超えるようなマグマを短期間に噴出するということは、噴火直前に1000立方キロメートルを超えるような巨大なマグマ溜りが存在していたことを示している。現在のイエローストーンカルデラの地下には、長径90キロメートル、深さ5キロから17キロまで厚さ12キロメートルにもおよぶ巨大な地震波の低速度域が観測され(*11)、その5〜15%は液体(メルト)からなると推定されている(図10-3)。体積にすると液体マグマの量は全体として400〜1300

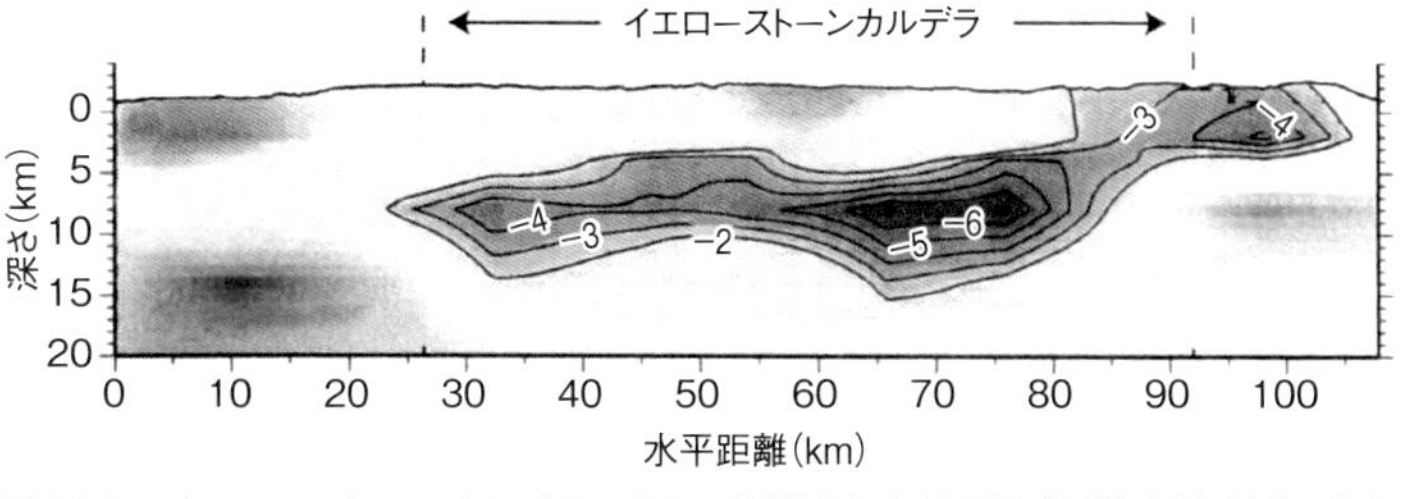

図10-3　イエローストーンカルデラの地下で観測された地震波(P波)低速度域の分布(*11に基づく).

赤色が低速度，青色が高速度の領域．図に示されたP波速度の低下量(周囲の標準的速度構造との比較)の等値線の間隔は1%．周囲に比べてP波速度は最大で5%以上低下している．こうした地震波低速度域は，マグマの分布領域，すなわちマグマ溜りの広がりを表すと考えられている．

立方キロメートルにも達する。この量の液体マグマがすべて噴出すれば、それは破局噴火となる。こうした広大なマグマ分布領域は果たして単一のマグマ溜りからなるのだろうか。

イエローストーン火山のハックルベリーリッジ・タフ噴出物の化学組成からは、ハックルベリーリッジ・タフを噴出した2500立方キロメートルにおよぶマグマは、少なくとも4つ以上の異なるマグマ溜りから相次いで噴出したと考えられている(＊12)(図10-4)。破局噴火の多くは、単一ではなく複数のマグマ溜りに由来するらしい。

人類社会に突きつけられた課題

噴出量が1000立方キロメートルを超えるようなスーパー噴火が今後100万年間に地球上で起こる確率は、約75%といわれている。一方、同様の噴火が今後7000年間程度に地球上で起こる確率は約1%である。超低頻度自然災害ではあるが、今後

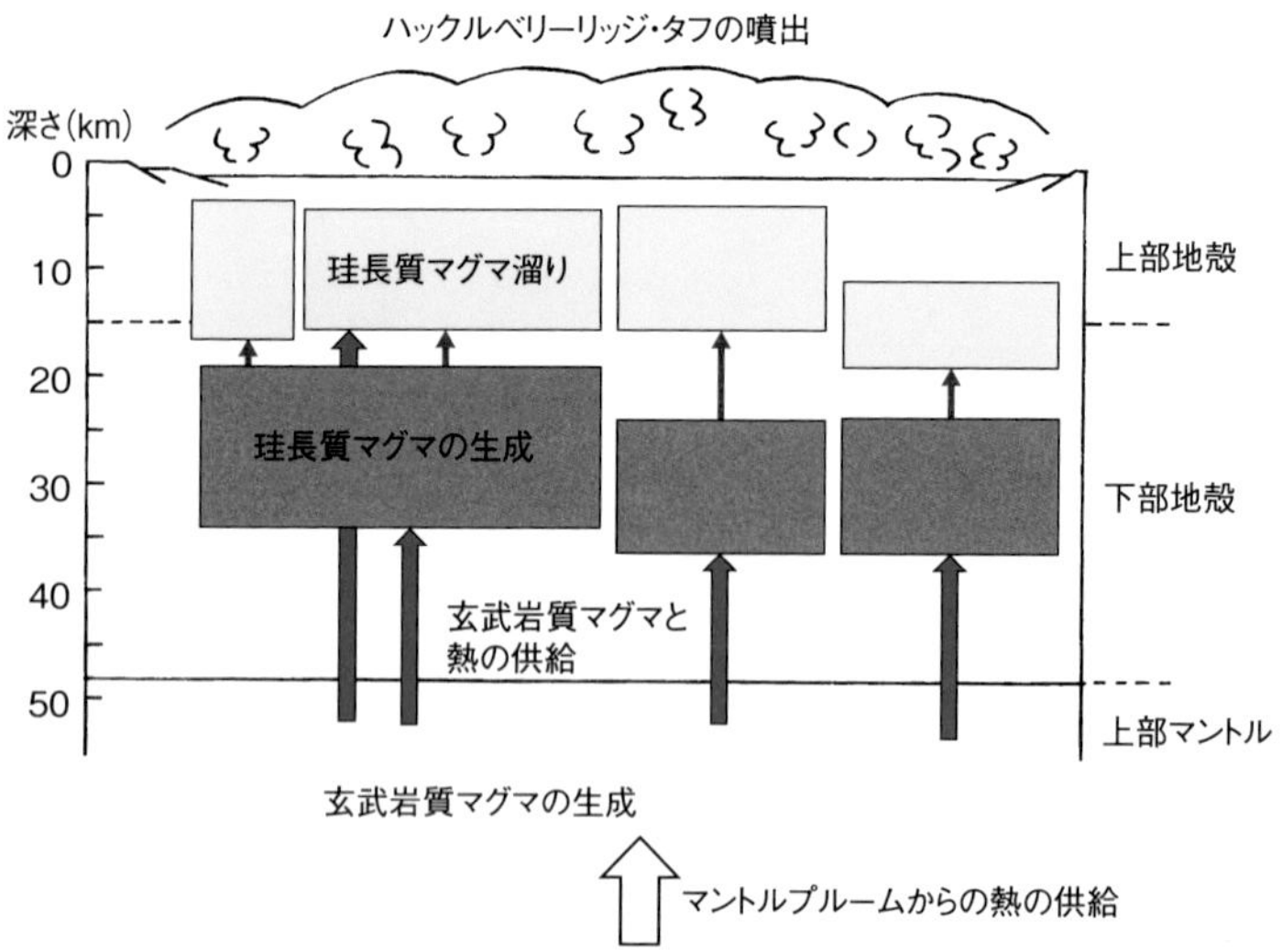

図10-4　イエローストーン火山ハックルベリーリッジ・タフを噴出したマグマ供給システム（＊12に基づく）.

噴火は, 浅所にある4つの異なる巨大マグマ溜りから起きた. マントルから供給された異なる組成の玄武岩質マグマが下部地殻物質と混合固化し, それが玄武岩質マグマからの熱の供給で融解し、異なる組成の珪長質マグマが形成される. 形成された珪長質マグマは上昇し, 上部地殻内に複数の巨大マグマ溜りを形成する.

必ず発生することが約束されている破局噴火は、将来の人類社会に対して、きわめて多くの深刻な課題を突きつけているといえよう。超広域火山災害である破局噴火や、それがもたらす急速な地球寒冷化への対策は、ひとつの国が単独で成し得るものではなく、人類が生き残っていくためには、国際的な相互協力がなによりも不可欠であることを、私たちは肝に銘じておく必要があろう。ただ、地球温暖化対策すら満足に協調して行えない人類が、将来破局噴火が起きたとき、助けあって地球上に生き残っていくことは果たして可能なのだろうか。

🌍一般向けの関連書籍――高橋正樹（2008）破局噴火、祥伝社新書。

*10 Cooper, K. M. and A. J. R. Kent (2014) Rapid remobilization of magmatic crystals kept in cold storage. *Nature*, **506**, 480-554.

*11 Farrel, J. *et al.* (2014) Tomography from 26 years of seismicity revealing the spatial extent of the Yellowstone crustal magma reservoir extends well beyond the Yellowstone caldera. *Geophys. Res. Lett.*, **41**, 3068-3073.

*12 Swallow, E. J. *et al.* (2019) The Huckleberry Ridge Tuff, Yellowstone: evacuation of multiple magmatic systems in a complex episodic eruption. *J. Petrol.*, **60**, 1371-1426.

11 まだ謎だらけのプレートテクトニクス

是永 淳

日本では大きな地震が起きるたびに、テレビのニュースなどで、太平洋プレートの沈み込みなどと合わせて解説されたりするので、地球科学になじみのない人でも、「プレート運動」や「プレートテクトニクス」という言葉を聞く機会は多いだろう。

しかし、プレートテクトニクスは、よく理解されているようで、実は肝心なことはほとんど何もわかっていないという、大変不思議な現象でもある。なぜ地球ではプレートテクトニクスが起こっているのか、昔はどのような様子だったのか、そもそも地球史のいつからプレートテクトニクスは始まったのか、という根本的な問題が未だに解決されていない。しかし、こうした問題はここ十数年ほどの間に数多くの研究者の関心を集めることになり、今では地球科学の最重要課題のひとつとして認識されるようになった。ここでは、これまでの研究の流れを紹介し、今後の展望について述べてみたい。

プレートテクトニクスの「歴史」

地球の表面は十数枚のプレートに分かれており、海の真ん中にある中央海嶺では新しいプレートが作られ、大陸の近くで水深が急に深くなっている海溝では古くなったプレートが地球深部に沈み込んでいる(図11-1)。このようなプレートの運動のことをプレートテクトニクスと呼び、地震を引き起こすだけでなく、実は地球システムのほとんどすべての要素に影響を及ぼしている。

私が学部生のころに、ふと「昔のプレートテクトニクスはどのような具合だったのだろうか」と思いたったことがある。教科書の類にはそういうことは書いてなかったので、学科の図書室で文献を調べようとしたのだが、それらしい本や論文が見つからず断念したのを覚えている。これは1991年ごろの話で、当時はまだそういうことを研究している人がほとんどいなかったのだ。なので、たとえ今のようにGoogle Scholarなどで簡単に論文検索ができていたとしても、たいしたことはわからなかっただろう。

地球科学をかじったことのある人なら知っていると思うが、1960年代から1970年代にかけて作られた「プレートテクトニクス」という概念は、地球科学に一大革命をもたらし

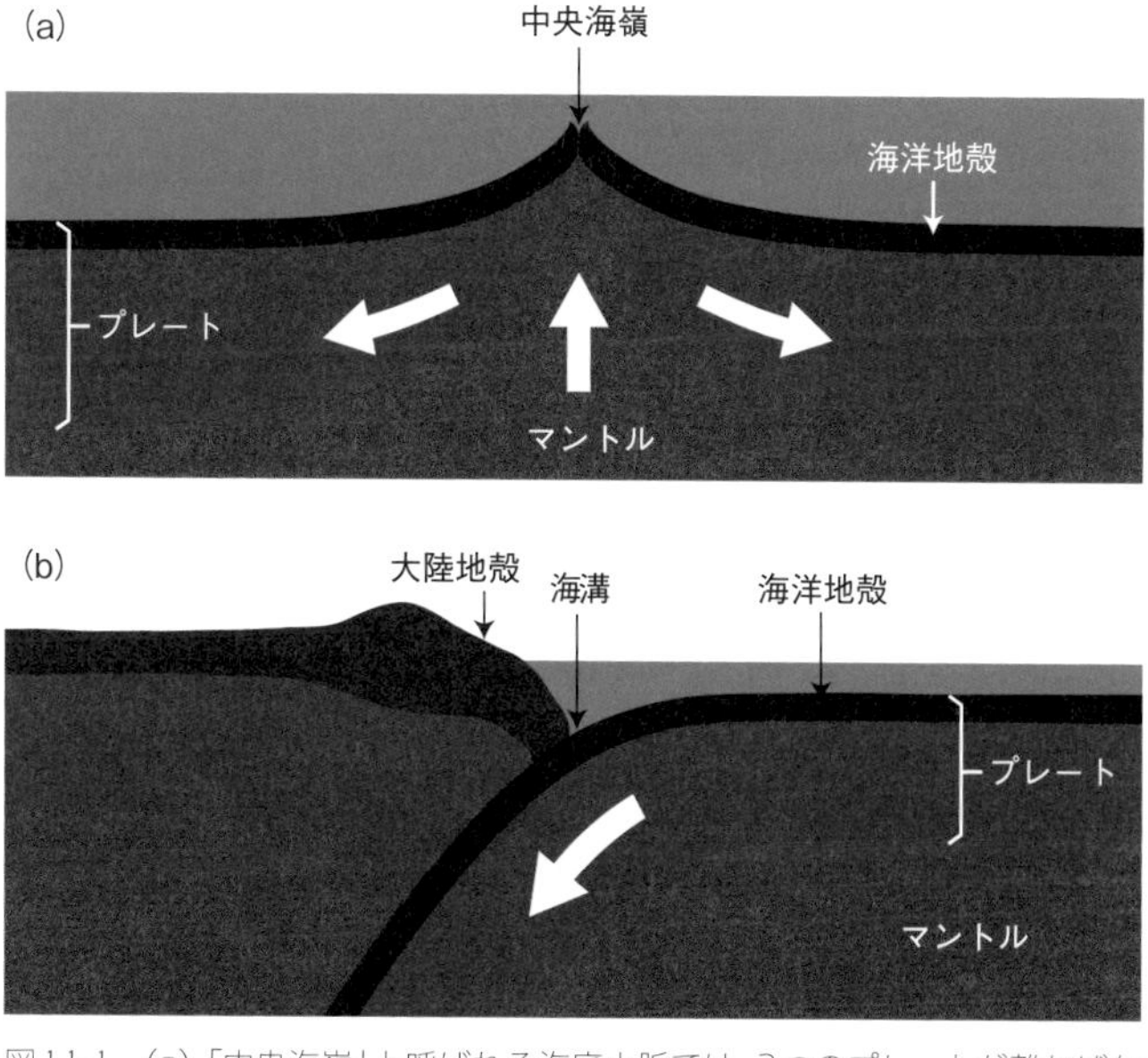

図11-1 (a)「中央海嶺」と呼ばれる海底山脈では，2つのプレートが離ればなれになり，その隙間を埋めるように，下から熱いマントルが湧き上がっている．熱いマントルが冷えて硬くなってしまったもの（薄茶色の部分）と地殻（濃い茶色の部分）が「プレート」を形成している．(b)「海溝」と呼ばれる水深が深いところでは，プレートがもうひとつのプレートの下に沈み込んでいる．（＊1の図を一部改変）

た。20世紀初頭にドイツのウェゲナーが提唱した「大陸移動説」の現代版のようなものだが、プレートテクトニクス理論は、大陸がどうやって動くのかを明らかにしただけでなく、地球という惑星がどのように活動しているのかについての、数多くの発見を導いた。どうして地震が起きるのか（第9章参照）、なぜ火山ができるのか（第10章参照）、山脈はどうやって造られるのか、大陸はどうやって

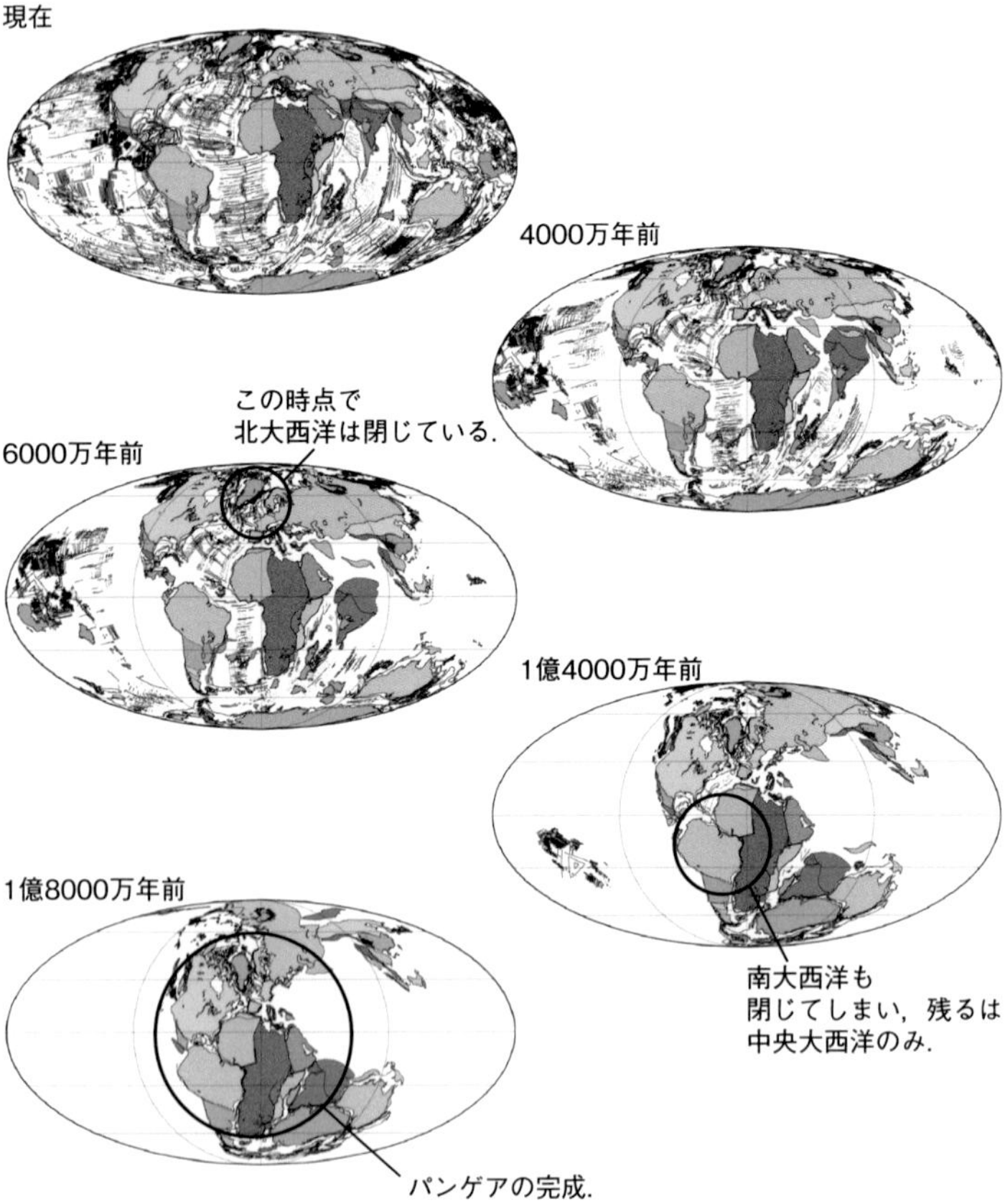

現在
4000万年前
この時点で
北大西洋は閉じている.
6000万年前
1億4000万年前
1億8000万年前
南大西洋も
閉じてしまい，残るは
中央大西洋のみ.
パンゲアの完成.

図11-2　海底の地磁気縞模様を利用した超大陸パンゲアの復元（＊2に基づく）.
　パンゲアが分裂して，中央大西洋，南大西洋，北大西洋の順に作られていったことがわかる．現存する最も古い海底が約2億年前のものなので，それより昔のことはこのような手法ではわからない．（＊1より）

できるのか、どうして地球には磁場があるのか、などなど、プレートテクトニクスは、ありとあらゆる地球上の現象に影響を及ぼしていることが明らかになっている。

さて、1970年代に完成したプレートテクトニクス理論は、「今の地球の表面がどのように動いているか」を解明したが、大昔のプレートテクトニクスがどうだったのかについては何も答えてくれなかった。過去のプレート運動の痕跡が最も明瞭に残っているのが海洋底なのだが、2億年より古い海洋底はすでに沈み込んでしまっている（図11-2）。それより過去にさかのぼろうとすると、頼りになる観測事実が大陸の古地磁気データと化石の分布くらいしかなく、6億年より昔になると、利用できる化石のデータも乏しくなる。研究しようにもデータがほとんどないので、大昔のプレートテクトニクスはどうだったのか、そもそもプレートテクトニクス自体起こっていたのだろうか、というような問題は、まともな研究テーマとして成立しにくかったのである。

いまだに謎だらけ

しかし、まったくの手つかずというわけでもなかった。データはなくても理論的な推測くらいはできる。地表でプレートテクトニクスとして観測されているものは、実はマントル内で起こっている対流運動の現れにほかならない（序章参照）。対流は、気体や液体を下から温めたり、上から冷やしたりすると起きる現象で（図11-3）、鍋でお湯を沸かすときには、下から温めることによって起こる対流を観察することができる。地球のマントルは基本的には固体なのだが、実は非常にゆっくりと「流れる」こともできて、百万年単位といった地質学的な時間スケールで考えると、対流運動をすることがわかっている。

そこで対流の理論を使うと、昔のマントル対流の様子を想像することができる。「地球は冷えている」すなわち

＊1　是永 淳（2014）絵でわかるプレートテクトニクス，講談社.

＊2　Lawver, L. A. *et al.* (2003) The Plates 2003 atlas of plate reconstructions (750 Ma to present day), University of Texas Institute for Geophysics Technical Report 190.

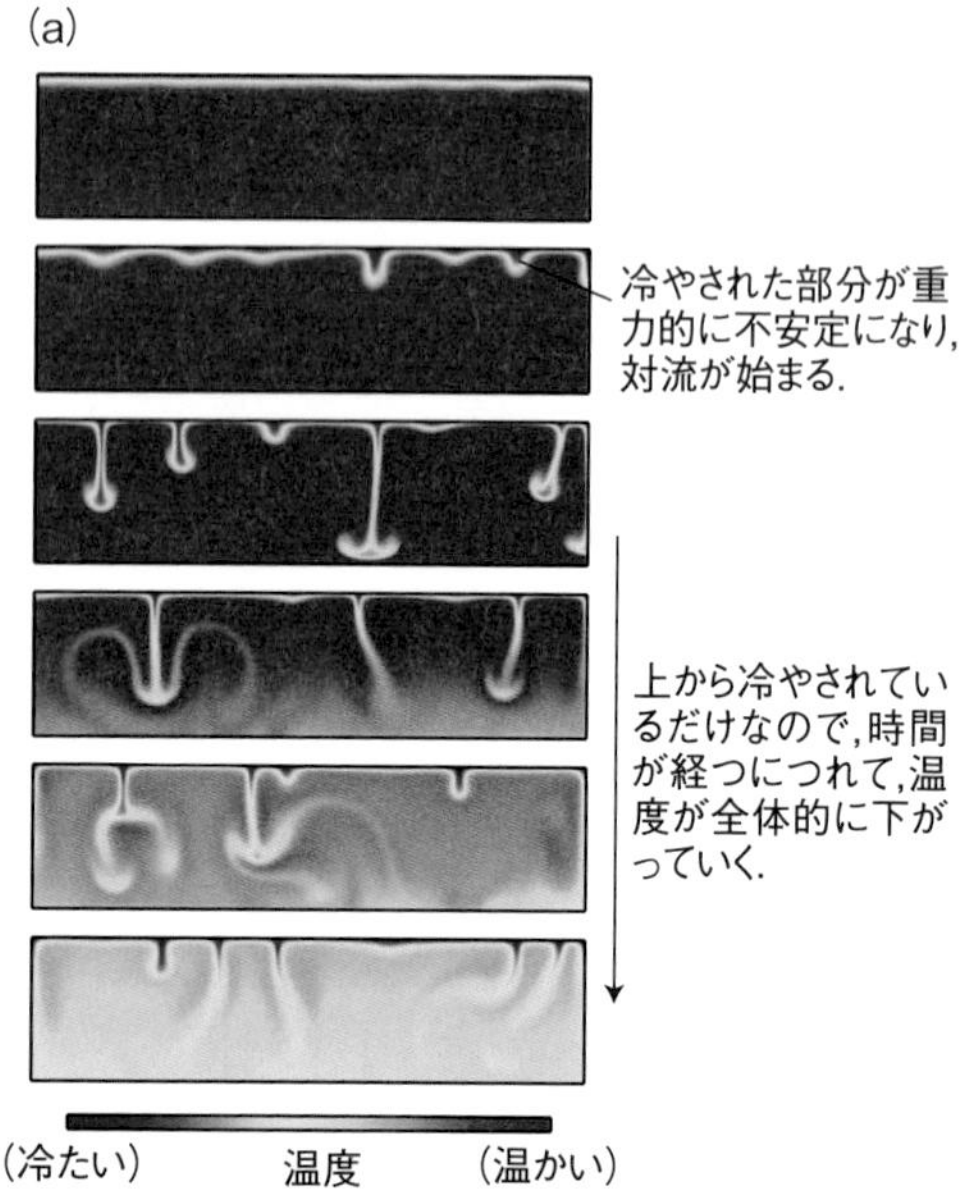

冷やされた部分が重力的に不安定になり，対流が始まる.
上から冷やされているだけなので，時間が経つにつれて，温度が全体的に下がっていく.

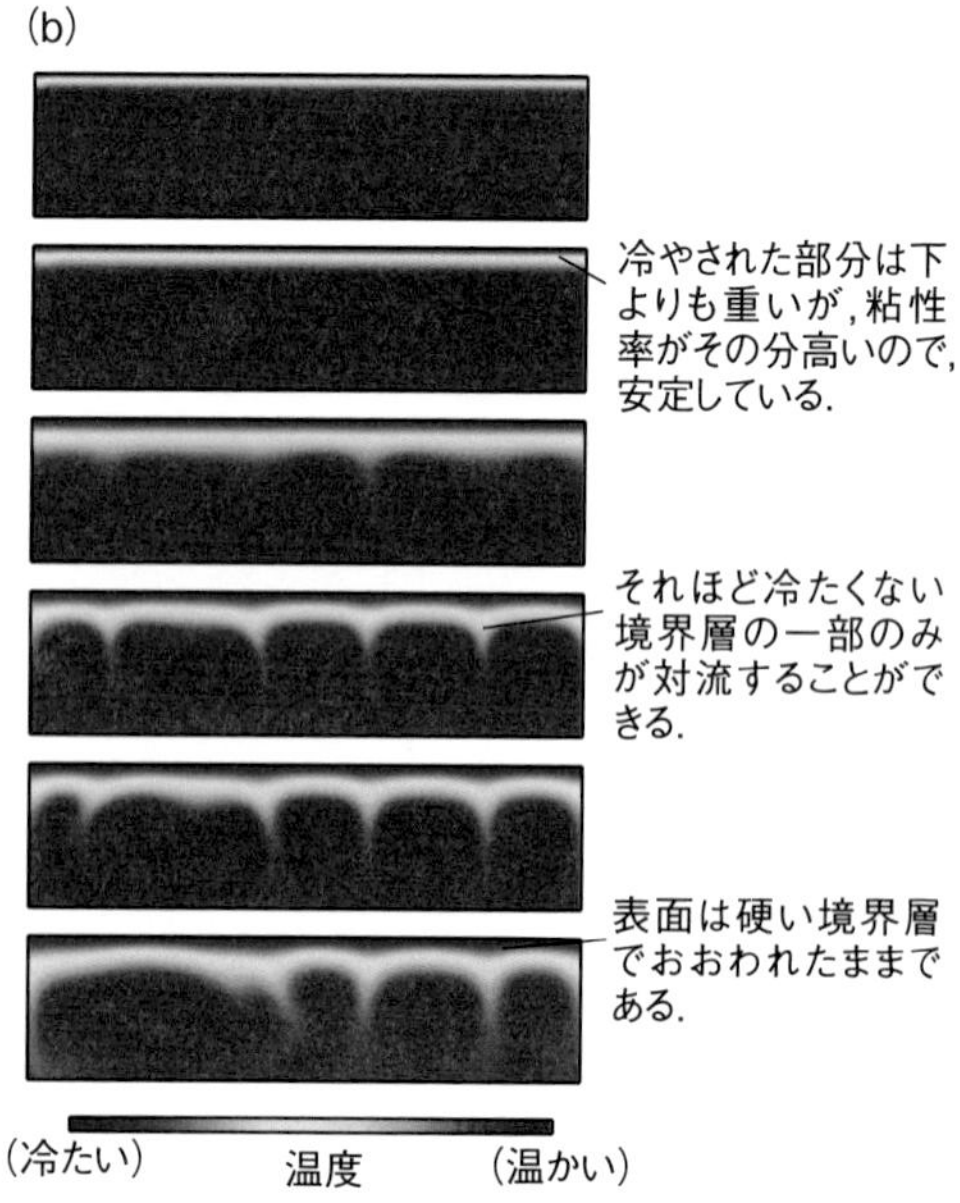

冷やされた部分は下よりも重いが，粘性率がその分高いので，安定している.
それほど冷たくない境界層の一部のみが対流することができる.
表面は硬い境界層でおおわれたままである.

図11-3 (a) 温かい流体を上から冷やして対流を起こした例．粘性率一定を仮定．マントル対流は基本的に温かいマントルが上から冷やされて起こる現象である．上からの冷却だけでも対流が起こりうることを示すため，ここでは内部熱源も下からの加熱も考えていない．(b) 温度依存性を持つ粘性率を仮定して，(a) と同様の対流計算を行った例．冷たい境界層はほとんど動かず，プレートテクトニクスにはほど遠い「硬殻対流」となる．(＊1より)

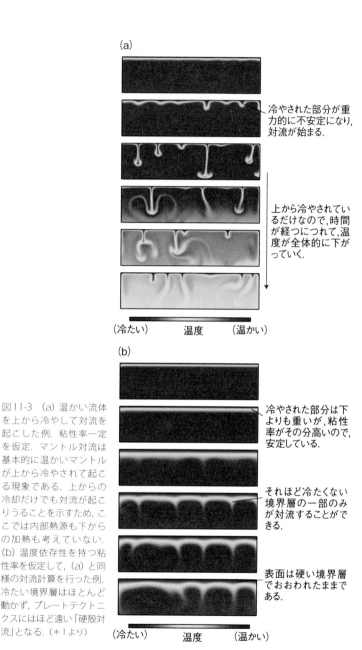

「昔の地球は今よりは熱かった」という事実と、「熱いとより激しい対流が起こる」という対流理論からの予測を合わせて考えてみると、昔のプレート運動は今よりも活発だった、ということになる。こういう理論的考察から、たとえば、20億年前のプレートは今よりも数倍以上速く動いていただろう、というようなことが、1980年代の時点ですでに示唆されていた(*3)。もちろん、これは、そんな大昔にプレートテクトニクスが起こっていたとすると、という大前提のもとでの考察である。

1990年代に入ると、数値計算によるマントル対流の計算が盛んになり、同時に、プレートテクトニクスは非常に奇妙なマントル対流であることも明らかになった(*4)。プレートテクトニクス理論の基本は、各々のプレートがほとんど「剛体」として振る舞うことにあり、プレートが変形するのはプレート境界の近傍のみである。プレートが頑丈なものであることは、岩石の強度を示す「粘性率」と呼ばれるものの温度依存性から簡単に理解できる。高温では柔らかくなって、液体のように流れることのできる岩石も、地表付近の低温下ではガチガチに硬くなる。だからプレートは剛体として振る舞うのだ。では、なぜ、そのように硬いプレートが海溝で折れ曲がってマントルに沈み込むことができるのだろうか?

実際、粘性率の温度依存性を考慮した対流計算では、プレートテクトニクスは起こらない(図11-3b)。地表付近では岩石は硬すぎて変形できず1枚の殻となり、その下の十分に熱いところでのみ流動する。このような対流を「硬殻対流」(stagnant lid convection)と呼び、金星や火星でのマントルでは、このタイプの対流が起こっていると考えられている。太陽系の地球型惑星の中で、プレートテクトニクスが起こっている惑星は実は地球だけである(*5)。岩石の強度を考えると、硬殻対流が最も自然な対流様式なのだが、地球ではなぜかその当然なことが起こっていないのである。プレートテクトニクスが起きるには、なんらかの理由で表面のプレートが部分的に非

*3 Davies, G. F. (1980) Thermal Histories of Convective Earth Models and Constraints on Radiogenic Heat Production in the Earth. *J. Geophys. Res.*, **85**, 2517-2530.

*4 Solomatov, V. S. (1995) Scaling of temperature- and stress-dependent viscosity convection. *Phys. Fluids*, **7**, 266-274.

*5 Schubert, G. *et al.* (2001) *Mantle Convection in the Earth and Planets*, Cambridge University Press.

常に弱くなる必要があり、なぜそうなるかについて仮説はいくつか出されているが、現段階では検証がまだ難しい。

2000年代に入ると「昔のプレート運動は速かった」という既成概念がいろいろと問題を起こすこともわかってきた。地球内部にはウランやトリウムなどの放射壊変元素が微量ながら存在しており、それらによる発熱のおかげで地球が冷えにくくなっている。しかし、昔ほどマントル対流が盛んだったとすると、地球は大量の熱を宇宙空間に放出していたことになり、今よりずっと冷たい地球になってしまうのだ。また、大陸に残された痕跡を見る限りでは、過去に高速のプレート運動が起こっていたという証拠もなかなか出てこない。実は、岩石学と流体力学を組み合わせて、マントル対流について解くと、「マントルが熱いほど、プレート運動が遅くなる」という、意外な関係が出てくるのだが、最近では、それを支持する証拠も出てきている(＊6)。プレートテクトニクスは起こるのも不思議だが、その振る舞いも不思議というわけだ。

表層環境とのつながり

プレートテクトニクスとして地表に現れているマントル対流は、地球の表層環境にいろいろな面で影響を及ぼしている(図11-4)。昔のプレート運動は今より速かったのか、それとも遅かったのか、プレートテクトニクスはいつから始まったのか、という問題は、地球の歴史で生命環境がどのような変遷をたどったかを考える際にとても大切になってくる。

プレートテクトニクスと硬殻対流の一番の違いは、前者では地表の物質が惑星内部に沈み込めることである。硬殻対流では惑星内部のものが火山活動などによって、惑星表層に放出されることはあるが、その逆は起こらな

＊6 Korenaga, J. (2013) Initiation and Evolution of Plate Tectonics on Earth: Theories and Observations. *Annu. Rev. Earth Planet. Sci.*, **41**, 117-151.

い。地球の表面温度を温暖に保っている炭素循環も、プレートテクトニクスなしではありえないのだ。大気中の二酸化炭素による温室効果がないと、地表温度は氷点下になってしまうのだが、二酸化炭素の量が多すぎると、今度は暑すぎて困ってしまう。地球ではプレートテクトニクスに伴う火山活動によって、地球内部から炭素が大気に供給されている。そして、大気中の二酸化炭素が地表の岩石と反応し、海底の堆積物となり、プレートの沈み込みとともに、マントルに戻っていく。このように、地球大気の組成はプレートテクトニクスによって常に動的に調

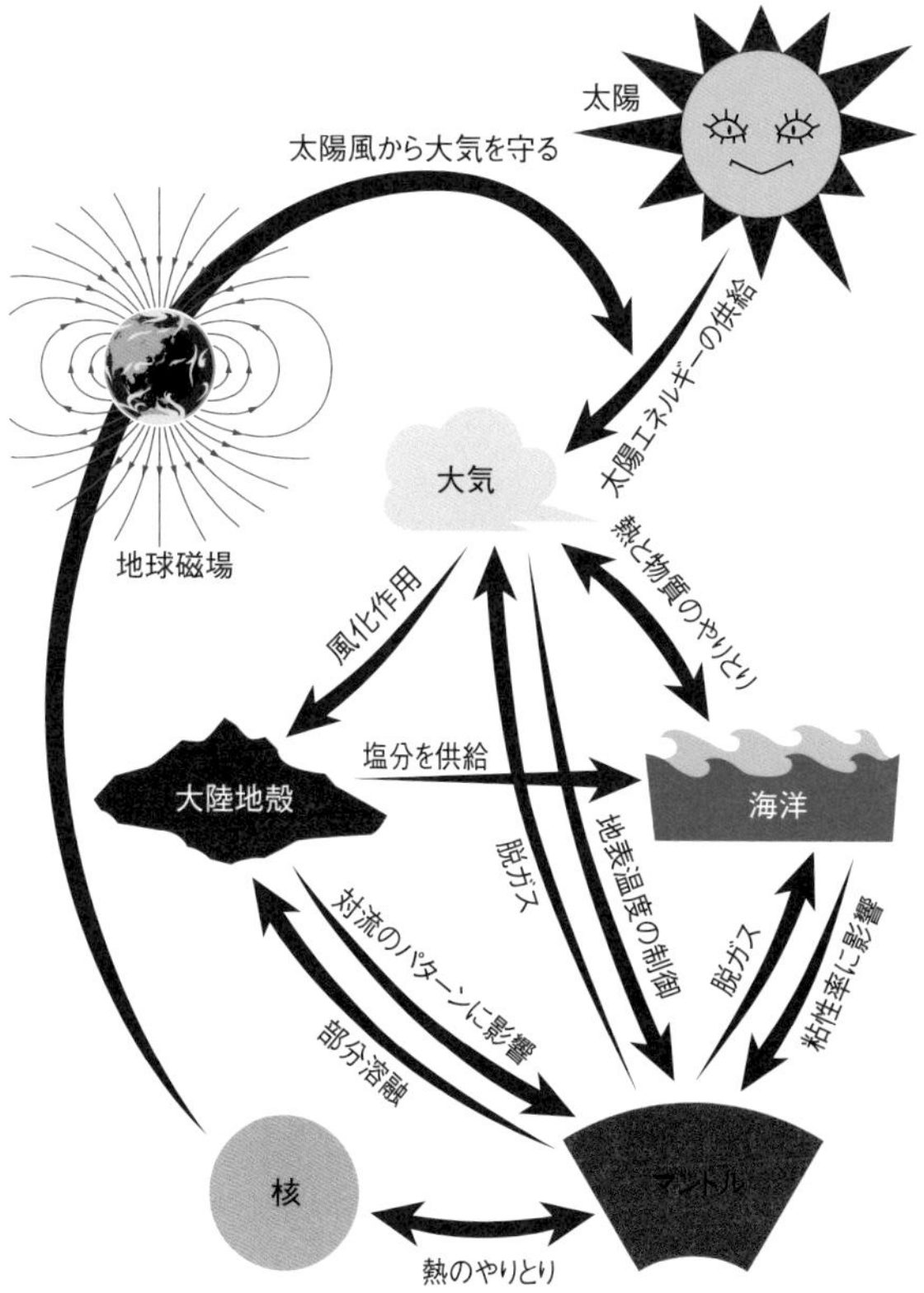

図11-4　地球システムの主な要素間の関係．
　実はほとんどの関係が定量的には理解されていない．（＊1より，イラスト：カモシタハヤト氏）

整されているのである（第17章参照）。（ちなみに、地球温暖化（第14章参照）という現象は、人類が石油や石炭などの化石燃料を使うスピードがあまりに速すぎて、大気中の二酸化炭素の量が増えすぎたために起こっている。百年単位の大気組成の変化にはプレートテクトニクスは何も対処してくれないので、われわれの力でなんとかするしかない。）

さて、プレートテクトニクスは、他にどのような影響を表層環境にもたらすだろうか？　仮にプレート運動が今より速くなった場合に何が起こるかを考えてみよう。まず、中央海嶺や日本のような島弧での火山活動がより活発になるだろう。また、プレート運動が今より速くなると、海底がまだ若いうちに沈み込むようになるので、海底の平均年齢が若くなる。これは実はわれわれにとってはありがたいことではない。なぜなら、若い海底は水深が浅い性質があるため、海底が全体的に浅くなり、保持できる水の量が今より少なくなってしまう。余った海水は陸地に逃げ場を求めることしかできず、つまり、現在陸地のところが水面下になってしまうのだ。このようなプレート運動の変動による大洪水は、地球の歴史を通して何度も起こってきたことがわかっている（＊7、＊8）。

また、マントルの上をおおう地殻には海洋地殻と大陸地殻の2種類があるが（図11-1）、大陸地殻の存在はプレートテクトニクスのおかげだと考えられている。海洋地殻の方は、マントルが融ければ簡単にできることがわかっていて、別にプレートテクトニクスや海の存在は必要ないのだが、大陸地殻を作るには、プレートテクトニクスに伴う水の沈み込みが大切だと考えられている（＊9）。大陸地殻をどのように作るかには諸説あるが、いずれも地球深部にかなりの量の水がないとうまくいかないのだ。海洋地殻という名前は、単に地球ではこのタイプの地殻が海におおわれているから、そう呼ばれているだけで、海がないとできないわけではない。実際、金星や火星には海は存在しないが、これらの惑星は海洋地殻によっておおわれている。

＊7　Hallam, A. (1984) Pre-Quaternary Sea-level Changes. *Annu. Rev. Earth Planet. Sci.*, **12**, 205-243.

＊8　Korenaga, J. *et al.* (2017) Global water cycle and the coevolution of the Earth's interior and surface environment. *Phil. Trans. A*, **375**, 20150393.

現在の地球の表面の4割ほどは大陸地殻が占めている。この大陸地殻の1／4が今は海面下にあるので（大陸棚と呼ばれている）、地表の3割が「陸地」となっているわけだ。当然のことながら、われわれ人類を含む陸上生物にとって、陸地は必要不可欠な存在だが、実はこれにもプレートテクトニクスが絡んでいる。前述のように、プレートテクトニクスによって大陸地殻が作られるのだが、大陸地殻が作れたからといって、即「陸地」となるわけではない。たとえば海水が今の倍量あれば、ほとんどの大陸地殻は水没してしまう。地球はよく「水の惑星」といわれたりするが、地表の水が多すぎると、陸地がなくなってしまって、陸上生物は困ってしまうのである。水の量が適度でないと、海と陸が両方あるというバランスのとれた地表環境にならない。

実際、約30億年前の地球では、ほとんどの大陸が海面下にあったようで、今とかなり違う表層環境だったことが推測されている（＊10）。しかし、プレートテクトニクスに伴う水の沈み込みによって、海水の量が少しずつ減っていき、大陸が陸地として海面上に出現してきたというわけである（＊8）。つまり、プレートテクトニクスは、大陸地殻を作るだけでなく、余分な海水を沈み込ませて、陸地を作るのにも一役買っていることになる。

今後の課題

現在の地球ではプレートテクトニクスが起こっているので、それが当たり前のように思う人も多いだろうし、なぜ起こっているのか、という問題意識を持つのも難しいかもしれない。しかし近年、数多くの系外惑星が発見されるようになり（第1章参照）、「生命が住める惑星の条件」という、ひと昔前ならSF扱いされていたような問題を、多くの科学者が真面目に議論するようになった。それに伴い、プレートテクトニクスの発生条件を理解することがいかに大切かということも浮き彫りになってきた。太陽系の惑星の中で、生命が存在するのは地球だけ

＊9 Campbell, I. H. and S. R. Taylor (1983) No water, no granites - No oceans, no continents. *Geophys. Res. Lett.*, **10**, 1061-1064.

＊10 Bindeman, I. N. *et al.* (2018) Rapid emergence of subaerial landmasses and onset of a modern hydrologic cycle 2.5 billion years ago. *Nature*, **557**, 545-548.

で、生命環境の維持にプレートテクトニクスが大きく関わってきたことがわかっている。どうすれば地球のような惑星になるのかを理解するには、どういう条件ならプレートテクトニクスが起こるのかを解明しなくてはならない。今の地球惑星科学には、このような問題にきちんと答えることのできる理論がまだ存在していない。そして、そのような理論ができない限り、生命が住める惑星には何が必要なのかがわからないのである。

幸いにして、最近ではこのような難問に取り組む研究者が増えてきた。これは岩石や鉱物の年代がかなり正確に測定できるようになったことが大きい。一番古い岩石は今のところ40億年前のものが見つかっているし（最新の研究については第7章参照）、一番古い鉱物だとなんと44億年前までさかのぼることができる。地球は約45億年前に形成されたので、かなり初期の地球の姿に迫ることができるのだ。このようにデータが増えてくると、研究に取り組む人間の数も自然に増え、同時に理論的な研究も刺激することになる。プレートテクトニクスの物理にさまざまな観点からアプローチできるのは素晴らしい。

筆者個人がとくに大切だと考えているのは、現在の海洋プレートの進化を丹念に追究し、プレートの大局的な物性を理解することである。プレートテクトニクスの真髄は硬いはずのプレートが折れ曲がって沈み込むことにあるのだから、それを解く鍵は海洋プレートに隠されているのではないだろうか。しかし、マントル対流は地球システムのすべての要素と関わりを持っているので（図11-4）、思いもかけないところから大発見がなされる可能性も十分にある。今後の発展に大いに期待したいところである。

一般向けの関連書籍――是永 淳（2014）絵でわかるプレートテクトニクス、講談社。

12

地球の中心はどこまでわかったか

廣瀬 敬

地球の深部は高圧高温の世界である。そこにはどのような化学組成や結晶構造を持つ物質があるのだろうか？ 実験室における超高圧高温の発生技術と、放射光X線などを用いた微小試料測定技術のめざましい進歩によって、マントル深部や金属コアの物質の理解が進みつつある。また第一原理に基づく理論計算による物性予測も盛んに行われている。ここでは、超高圧実験の成果を中心として、マントル最下部や、高圧科学のフロンティアであるコアに関する最近の研究について紹介する。

地球の深部を再現する

地球の半径は6400キロメートルある。地表から深さ2900キロメートルまでが岩石でできた地殻とマントル、その内側に金属のコアがある。近年の地震波観測技術の進歩により、地球内部の地震波速度分布や密度構造が詳細に明らかにされつつある。しかしながら地震波速度と密度のみから、物質の結晶構造や化学組成を特定することは不可能である。もちろん地球深部の岩石を直接観察することも難しい。ごくまれにダイヤモンド中の包有物として見つかる場合を除き、深さ200キロメートルよりさらに深部の岩石や鉱物を手に入れることはできない。

そこで、地球深部の物質を実験室で人工的に作り出し、その結晶構造や状態図、物性を決める研究が重要である。これにより、現在の地球深部の構造のみならず、そのダイナミクスや進化をも明らかにすることができる。

地球の内部は深くなるにつれ、圧力と温度が上がっていく高圧高温の世界である。マントルの底は135万気圧、3500〜4000K程度の超高圧高温状態にあるとされる。さらに地球の中心は364万気圧、〜5000Kにも達していると考えられている（地球深部の温度の推定値には1000Kを超える幅がある）。

高圧高温実験に用いられる装置にはいくつか種類がある。私たちは、レーザー加熱式ダイヤモンドアンビルセルと呼ばれる装置を用いて、超高圧高温の発生に関する技術開発を行ってきた。この装置は、ダイヤモンドアンビルセル（ダイヤモンドセル）と呼ばれるブリリアントカットされたダイヤモンドの下端頂点を平坦に研磨したものを2つ用意し、その平坦部分に試料をはさみ込んで圧力をかけるもので、狭い平坦部分に大きな力が集中して数百万気圧の圧力を発生させることができる（図12-1）。さらに高出力のレーザーによって加熱することにより、〜5000Kもの超高温状態も同時に実現できる。このダイヤモンドセルは最も高い圧力と温度を静的に発生できる装置である（衝撃圧縮法ではより高圧と高温を試料に一瞬だけ発生できる）。しかしながら、そのような超高圧高

図12-1　超高圧発生用ダイヤモンドアンビルの先端部．
ブリリアントカットの下端頂点を平坦に研磨したダイヤモンド結晶2つを上下に対向させ，その平坦部分に試料を挟み込んで高圧力を発生させる．平坦部分の直径は30–300μm.

温状態の発生はたかだか数十マイクロメートル径、厚み10マイクロメートル以下の極微小領域に限られる。そのため、放射光施設で得られる高輝度X線を用いた極微小領域の解析手法の活用が大きな武器となる。現在、世界中の放射光施設、日本でもSPring-8などにおいて、超高圧高温下その場X線観察実験が盛んに行われている。また、減圧後にダイヤモンドセルから回収した試料の断面を正確に切り出し、高解像度の電子顕微鏡を用いて、その組織や化学組成のナノスケールでの観察も広く行われている。

私たちは、2002年にはマントルの最下部条件でのX線観察実験に成功し、マントル最下部の主要鉱物「ポストペロフスカイト」を発見した。続いて2010年には、世界で初めて、地球中心の超高圧高温状態を超える377万気圧、5700Kにおける実験に成功した(＊1)。そして、地球の最深部、内核(固体コア)中には六方最密充填構造の鉄が存在することを示した。最近ではこうした結晶構造や相転移の研究に加え、高圧高温下での物性測定も行っている。

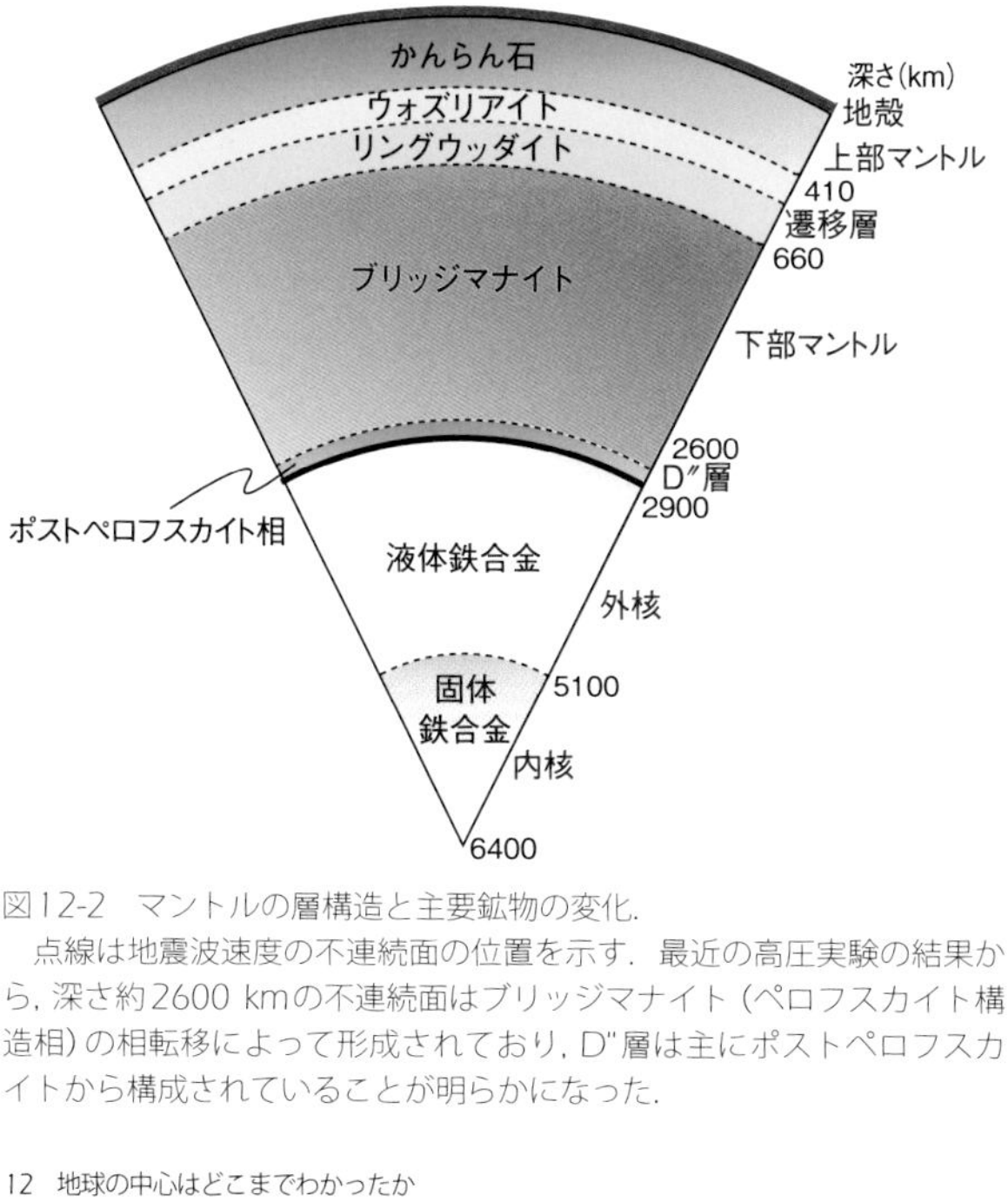

図12-2　マントルの層構造と主要鉱物の変化.
点線は地震波速度の不連続面の位置を示す. 最近の高圧実験の結果から, 深さ約2600 kmの不連続面はブリッジマナイト (ペロフスカイト構造相) の相転移によって形成されており, D″層は主にポストペロフスカイトから構成されていることが明らかになった.

ポストペロフスカイトの発見と最下部マントル

マントル中には、地震波速度が不連続に増加する面がいくつか存在する（図12-2）。上部マントルと遷移層を分ける410キロメートル不連続面、遷移層と下部マントルの境界をなす660キロメートル不連続面がその代表例である。これら不連続面の成因は、高圧高温実験技術の進歩とともにひとつひとつ明らかにされてきた。現在では前者は、上部マントルの主要鉱物かんらん石（主成分Mg_2SiO_4、少量のFe_2SiO_4を含む）が、ウォズリアイトと呼ばれるより高密度の鉱物へ相転移することによって、地震波速度が不連続に速くなっていると考えられている。また後者は、さらなる高圧下で、リングウッダイト（成分はかんらん石、ウォズリアイトと同じ、結晶構造が異なる）がブリッジマナイト（主成分$MgSiO_3$、少量の鉄やアルミニウムを含む）＋フェロペリクレース（主成分MgO、少量のFeOを含む）へ分解することによって形成されていると広く考えられている。ちなみに、ウォズリアイトは深さ約520キロメートルにおいてリングウッダイトに相転移しているはずだが、地震波ではこの深さに不連続面が観測されない。下部マントルの主要鉱物ブリッジマナイトは、地球の全体積の約半分を占める、地球内部に最も多く存在する鉱物である。

加えて、マントル最下部にあたる深さ2600キロメートル（圧力120万気圧）付近にも、不連続面が観測されることが知られている。ところが、この深さで起きる相転移が知られていなかったために、熱境界もしくは化学組成境界と考えるのが以前の常識であった。この不連続面は、ブリッジマナイトからさらに高密度の結晶への相転移によるものであることを突き止めたのは、私たちのグループである（＊2）（図12-3）。そして、私たちはこれをポストペロフスカイトと呼ぶことにした（ペロフスカイトとはブリッジマナイトの結晶構造の名前）。ポストペロフスカイトは結晶方位による異方性がかなり強い（見る向きによって原子の配列の仕方が大きく異なる）

＊1 Tateno, S. *et al.* (2010) The structure of iron in Earth's inner core. *Science*, **330**, 359-361.

＊2 Murakami, M. *et al.* (2004) Post-Perovskite Phase Transition in $MgSiO_3$. *Science*, **304**, 855-858.

結晶であることがわかる。下部マントル鉱物はSiO_6八面体の配列の仕方で結晶構造が特徴づけられる（上部マントルや遷移層ではSiO_4四面体）。ポストペロフスカイトは、SiO_6八面体層が積み重なった層状の構造をしているのが大きな特徴である（コラム4参照）。ちなみに、ブリッジマナイトが実験室で初めて合成されたのは1974年のことであった。それ以来、ポストペロフスカイトが発見されるまで、ちょうど30年かかったことになる。

ポストペロフスカイトの発見は、深部地球科学の研究にきわめて大きなインパクトを与えた。D"層と呼ばれるマントルの底の厚さ数百キロメートルの領域（図12-2）では、大きな地震学的異常が観測されることが以前から知られていた。いま考えれば当然であるが、それらの異常をブリッジマナイトの物性では説明できなかったため、D"層は地球内部の最も謎めいた領域

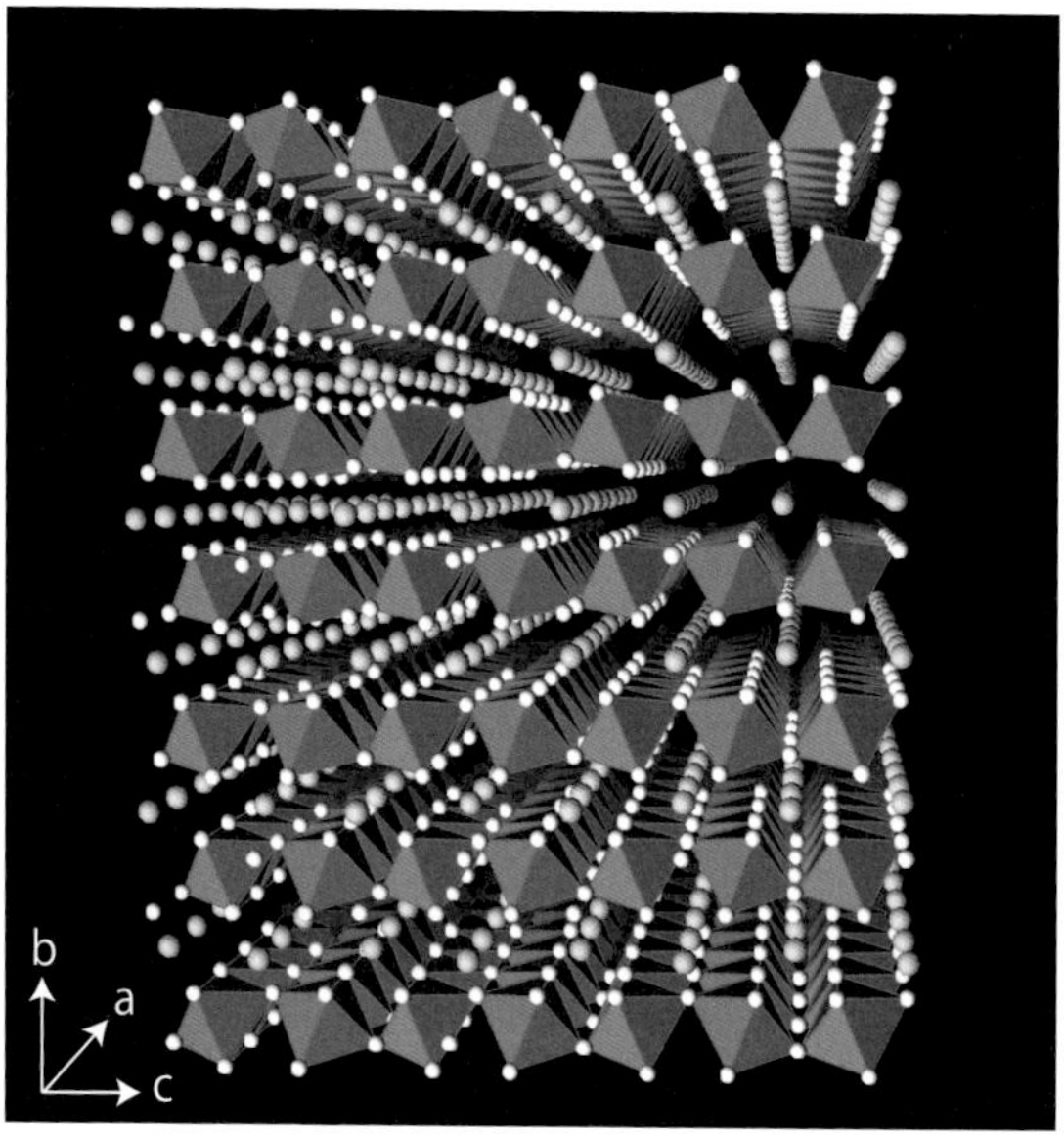

図12-3　ポストペロフスカイトの結晶構造.
SiO_6八面体が互いの稜を共有して*a*軸方向に列をなして並んでいる．さらに稜共有に関わっていない他の頂点は，隣の列と頂点を互いに共有し，*c*軸方向に帯が連結している．この*ac*面方向に広がる層（八面体層）が*b*軸方向に積み重なった層状の構造となっている．黄色と白の球はそれぞれMgとOの原子を示す．

とされていた。ポストペロフスカイトの地震波伝播特性を考慮して、マントル最下部の地震波速度構造の解釈が大きく見直されるとともに、マントルの対流パターンに関する相転移の影響などが盛んに研究された。

ポストペロフスカイトは、マントル最下部の比較的低温の領域のみに存在するという議論もある。これは、深さ約2600キロメートルの不連続面が主に沈み込み帯の下で観測されるという事実による。しかし最近の観測によれば、ポストペロフスカイトはマントル最下部の比較的高温の領域にも存在する、すなわちグローバルに存在することがわかってきた(*3)。

不連続面が沈み込み帯の下の沈み込んだ海洋プレートが存在する領域で主に観測される理由は、海洋プレートの大半をなす融け残りマントル物質は、鉄(FeO)やアルミニウム(Al_2O_3)などの不純物の量が少なく、ブリッジマナイトからポストペロフスカイトへの相転移が起こる圧力幅が狭いため、すなわち2つの相の共存する深さの幅が狭いゆえに、地震波速度の不連続な変化が観測しやすいために違いない。つまり、マントル最下部の不連続面の存在は、沈み込んだ海洋プレートの存在を示している可能性が高い。

また近年、マントル最下部の地震波速度構造推定の解像度が大きく改善されつつあり、その複雑な構造が明らかになってきた(*4)。マントルの最下部は対流の境界層でもあり、地表近くと同様、大きな化学的不均質が存在するだろう。その成因や規模を明らかにすることは、マントルの化学的進化を理解する上できわめて重要である。化学的不均質も考慮した、細かいスケールの地震波速度構造の解釈が待たれる。

コアから地球の起源を語る

コアがマントルから化学的にほぼ分離したのは、地球形成時である。ゆえに、コアの化学組成は地球の起源を

*3 Koelemeijer, P. *et al.* (2018) Constraints on the presence of post-perovskite in Earth's lowermost mantle from tomographic-geodynamic model comparisons. *Earth Planet. Sci. Lett.*, **494**, 226-238.

*4 Borgeaud, A. F. E. *et al.* (2017) Imaging paleoslabs in the D″ layer beneath Central America and the Caribbean using seismic waveform inversion. *Science Advances*, **3**, e1602700.

教えてくれる。コアは純鉄ではない。5%程度のニッケルに加え、原子比にしておよそ20%以上の「軽元素」を含んでいるとされる。地震波観測によって、液体コア(外核)の密度が純鉄の値よりもずっと小さく、軽い元素が含まれていることが明らかになったのは、1952年のことである。以来、これはコアの密度欠損と呼ばれ、固体地球科学の第一級の問題として、盛んに議論されてきた。しかしながら、コア中の軽元素の正体については現在でも未解明である(*5)。

コアの主要な軽元素は、①太陽系に豊富に存在する、②希ガスではない、③強親石元素(マグネシウムやアルミニウムなど酸化物を還元しにくい元素)でもない、はずである。そうすると、候補は水素・炭素・窒素・酸素・ケイ素・硫黄の6つしか残らない。コアの軽元素が未だに特定されていない理由のひとつが、これらのうち、親鉄性が比較的弱い窒素を除き、どの元素もコアに十分入っているはずと考えられることにある。

最近大きなヒントになったのが、コア物質とされる鉄や

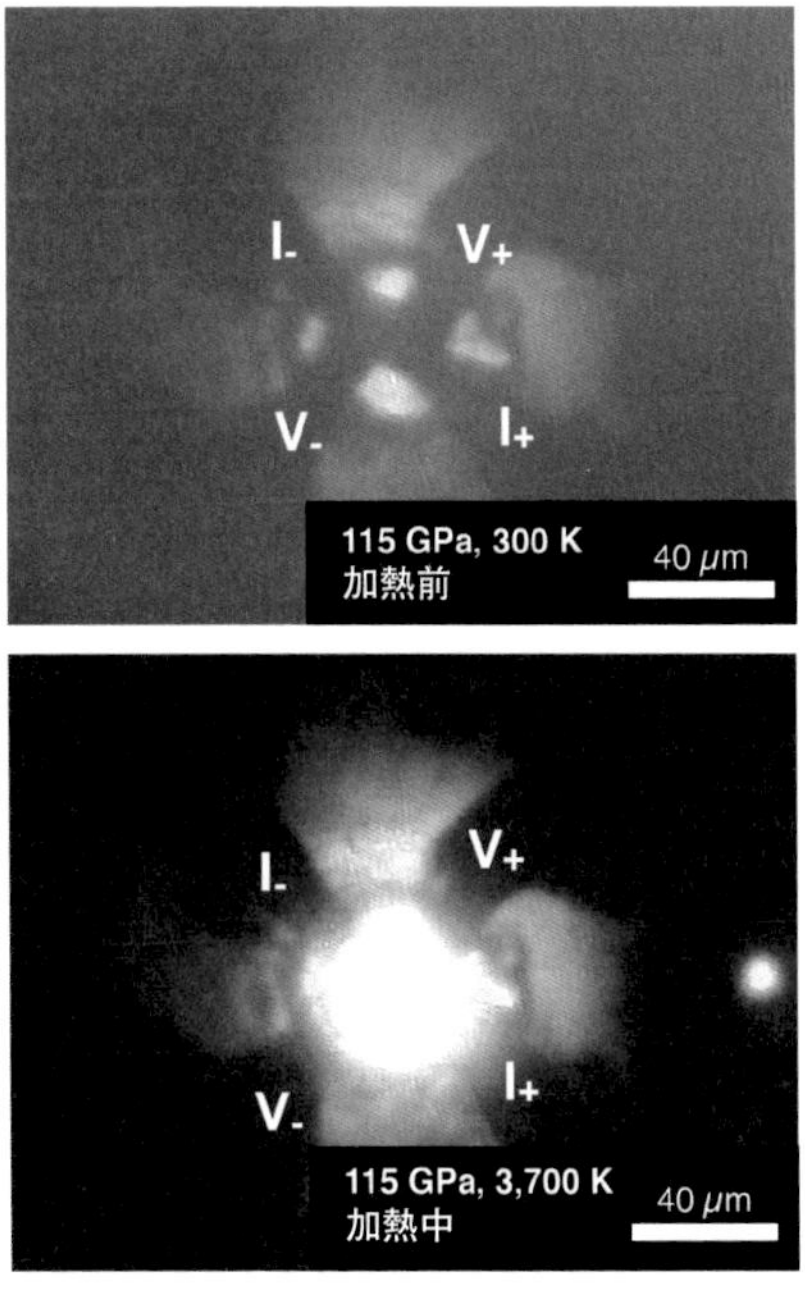

図12-4　ダイヤモンドセル中で行われた高圧高温下の鉄の熱伝導率の決定(*6).

実験では鉄の電気伝導率を測定し，ヴィーデマン-フランツの法則(熱伝導率＝ローレンツ数×温度×電気伝導率)から熱伝導率が求められた.

鉄合金の熱伝導率測定であった(図12-4)。地球磁場は、金属鉄のような高い電気伝導性を示す物質の流れによって生ずる電磁誘導磁場である。地球磁場の記録は少なくとも35億年前の岩石には残されていることから、液体コアの対流はずっと続いてきたはずである。現在は内核(固体コア)の結晶化が起こっているため、内核を成長させた残りの液体には軽元素が濃くなる。これは、食塩水の一部が凍ると、残りの食塩水は濃くなるのと同じ現象である。この結果、残りの液体は軽くなって上昇する。コアの対流を駆動するにはこの「組成対流」と呼ばれるメカニズムで十分である。

一方、内核の誕生についてはよくわかっていないが、5~15億年前ごろだと考えられている。それ以前は、別のメカニズムでコアが対流していたはずである。有力な考えとされてきたのが、冷たいプレートがコア直上まで沈み込み、コアの表面を冷却させて、冷たくなった液体が沈んでいくことによって対流が生ずる熱対流である。しかしながら、私たちの最近の測定によれば、コアの熱伝導率は従来の推定値の3倍以上も高く、熱対流は困難であることがわかってきた(*6、*7)。これは、熱伝導率が高いと、熱伝導だけで熱を運べるようになるため、対流が生じる必要がなくなるということである。

そこで最近私たちは、対流を駆動してきた別のメカニズムとして、コア中での二酸化ケイ素の結晶化を提案している(*8)。二酸化ケイ素は、私たちの身の回りでは石英がよく知られている。コア形成時、液体鉄はコアへと落下していく過程で、周囲の溶融したマントル(つまりマグマ)と50万気圧、3500K程度の高圧高温下で化学平衡にいたったとされる。このような高温下では、マグマの主成分であるケイ素と酸素が液体鉄へ取り込まれる。つまり、地球初期のコアはケイ素と酸素に富んでいたはずである。その後、コアの温度が下がるに従い、それらが二酸化ケイ素として少しずつ結晶化する。結晶化させた後の液体鉄はケイ素と酸素という軽元素に乏しく

*5 Hirose, K. *et al.* (2013) Composition and State of the Core. *Annu. Rev. Earth Planet. Sci.*, **41**, 657-691.

*6 Ohta, K. *et al.* (2016) Experimental determination of the electrical resistivity of iron at Earth's core conditions. *Nature*, **534**, 95-98.

*7 Gomi, H. *et al.* (2013) The high conductivity of iron and thermal evolution of the Earth's core. *Phys. Earth Planet. Inter.*, **224**, 88-103.

なるので重たくなり、沈む＝対流するというわけである。

さらに大事なことは、現在の液体コアはケイ素と酸素をだいぶ失っているので、その密度を説明するには他の軽元素が必要ということである。軽元素の残る候補のうち、硫黄は同程度の揮発性を示す亜鉛の存在量などから、コアにおよそ重量にして2％（コアの密度欠損の2割を説明する量）が含まれているとされる。そうなると残る候補は水素と炭素である。理論計算によれば、液体Fe-Cは硬すぎて（固体Fe-Cはハガネ！）、外核中の密度変化が説明できない。一方、液体Fe-Hは外核の密度・速度をよく説明する（＊9）。そうなると有力な候補は水素に絞られる。

コアに水素が大量に含まれているということは、コア形成時に地球に水が大量に存在していたことを示唆している。私たちの見積もりによれば、その量は海水の数十倍にも達する。実際、最近の惑星形成理論によれば、海水の数十倍から百倍の水が、地球集積時に運ばれてきた可能性が高い。

最後に残る問題は、地球の炭素／水素比である。コアに大量に水素が存在する一方、炭素がほとんどないとすると、地球全体の炭素／水素比が始原的な隕石（コンドライト）の値から大きくずれてしまう。地球を作った原材料物質の炭素／水素比の再評価が必要かもしれない。それには、日本とアメリカの探査機がもたらす、小惑星リュウグウや小惑星ベンヌからのサンプルリターンが重要になるだろう。

🌏一般向けの関連書籍――廣瀬 敬（2015）できたての地球――生命誕生の条件、岩波科学ライブラリー。

＊8 Hirose, K. *et al.* (2017) Crystallization of silicon dioxide and compositional evolution of the Earth's core. *Nature*, **543**, 99-102.

＊9 Umemoto, K. and K. Hirose (2015) Liquid iron-hydrogen alloys at outer core conditions by first-principles calculations. *Geophys. Res. Lett.*, **42**, 7513-7520.

13 「ちきゅう」で地球を掘る——南海トラフ地震発生帯掘削

木下正高

いったい、地震はどのように起きるのだろう。駿河湾〜宮崎沖の南海トラフ地震は、今後30年以内の発生確率が70〜80％である（政府発表）。それは過去の地震発生履歴から統計的に推定された値だ。地震とはつまるところ「岩石の破壊」であり、物理化学過程として記載できるはずである。それができないのは、ひとえに震源での観測データが不足しているためである。そこで、海底下5キロメートルの震源断層まで地球深部探査船「ちきゅう」で掘削する、震源断層サンプルリターン計画が、21世紀とともにスタートした。未だ震源までの道は遠いものの、巨大津波につながるような地震が、地下わずか400メートルで起きていたことなど、新たな発見があった。これまでに得られた成果と、掘削に留まらない統合観測研究としての今後の地震研究を概観しよう。

南海トラフ地震発生帯——なぜ掘るのか？

駿河湾〜宮崎の沖合には、水深4000メートルを超える巨大な溝、「南海トラフ」が東西に延びている。その北側では、マグニチュード（M）8クラスの巨大地震が100〜200年間隔で発生し、さらにM9クラスの超巨大地震・津波発生も懸念されている（第9、18章参照）。

坂本龍馬が桂浜から眺めたのは太平洋ではあるが、その下の海底は太平洋プレートではなく、やや小さなフィリピン海プレートである。これが100万年に約60キロメートル（年間6センチメートル）で西南日本弧の下へ北北西方向に沈み込んでいる。

フィリピン海プレートは、「するすると」沈み込んでいるのではない。その上盤《うわばん》にあたる西南日本の地殻との境界（断層）のうち、深度10～20キロメートルの部分は普段は「固着」している（図13-1）。つまり、沈み込むフィリピン海プレートに引きずられて上盤も北北西に移動している。断層固着域と周囲にはとくに歪《ひずみ》が集中し、その歪が固着の強度を超えたとき、破壊（すべり）が起こり、逆断層型の巨大地震が発生する。上盤の西南日本は、一気に南南東にリバウンドする。

1944年の東南海地震・1946年の南海地震ではどこがどれだけすべったの

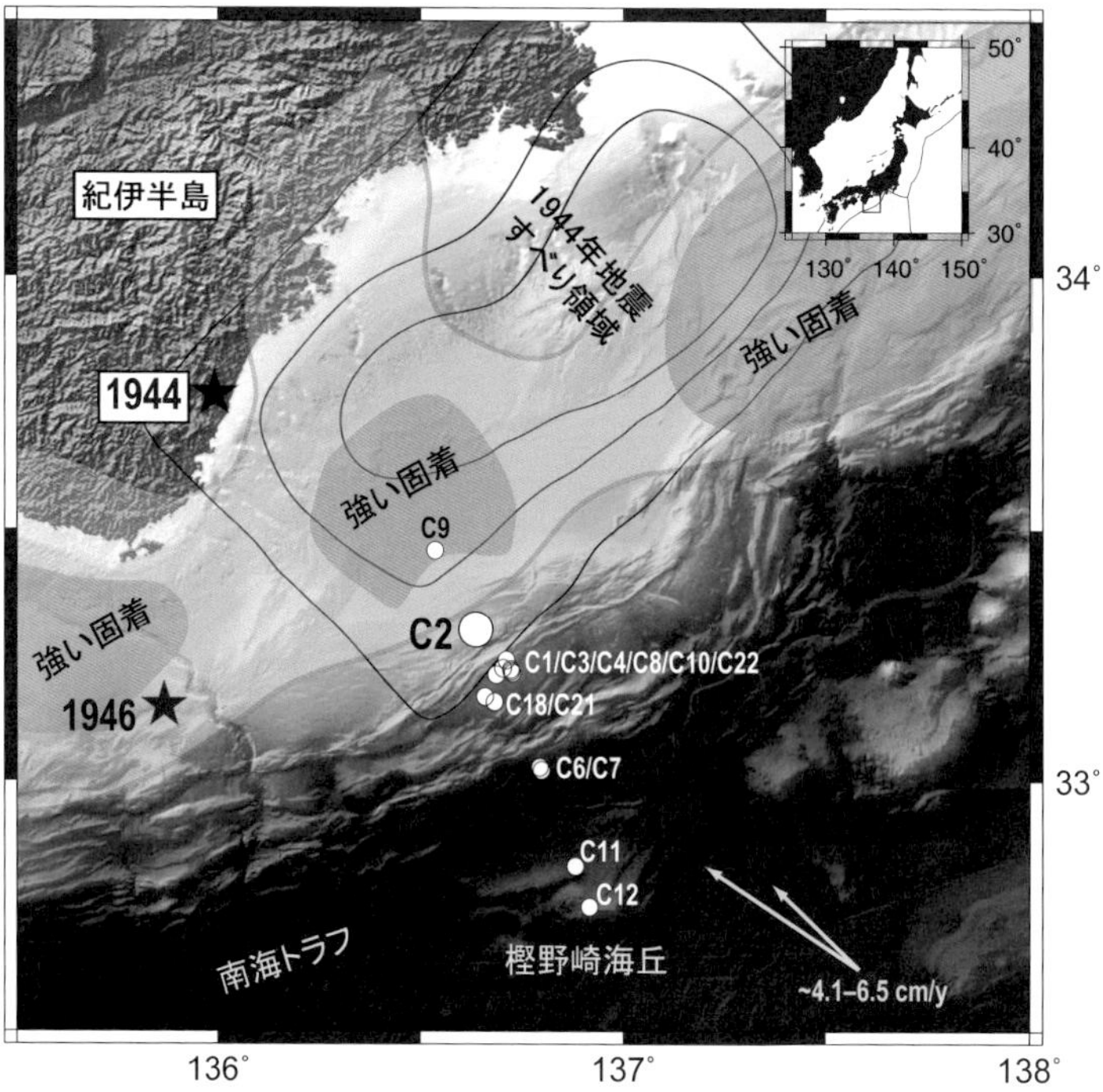

図13-1　紀伊半島沖南海トラフ地震発生帯周辺の地形図.
　等値線は1944年東南海地震の破壊域, 現在の固着域（ピンクの領域）は＊1による.
○は「ちきゅう」による掘削地点.

か（図13-1）。それは21世紀初頭に、当時の地震計記録から読み取った揺れの大きさ分布から計算され、境界断層が100キロメートル四方にわたって最大4メートル程度すべったと推定された。地震が100年に1回発生すると仮定すれば、100年間にたまった4メートルの歪が解放されたということになり、プレート運動の速度（年間6センチメートル）と調和的である。

その後、フィリピン海プレートと上盤（西南日本）の境界は再び固着し、上盤も境界とともに北北西に移動する。現在もそのような状態のはずだが、固着域が陸でなく海の下にあるため、これまでは移動の様子が正確にわからなかった。最近、気象庁や大学で、海底でのGPS観測が行われるようになってきた。その結果、地震発生時のすべり域の場所が現在、北北西に移動していることが実測された（*1など）。プレート境界が固着しているのは、どうやら間違いなさそうだ。

そもそも「巨大地震」の固着域は、どうして固着しているのだろうか。どのような条件下でそこが破壊してすべりを生じ、伝搬し、揺れや津波を生じたりするのだろうか。

地殻の歪が限界を超えたとき、固着していた断層面に沿って急激にすべりが生じるのが地震である。固着とすべりを決めるのは、そこに働く力（応力場）とその場所の強度（摩擦強度）である。両者の関係は「摩擦の力学」を流用して、考えることができる。高校の物理で出てくる、床の上に置いた質量 m の物体を力 F で引っ張ったときのすべり始めの条件 $F=\mu mg$（μ は床と物体との間の摩擦係数（すべりやすさの尺度）、g は重力加速度）を、地震を起こす断層のすべりに適用するのだ。過去の地震断層の露頭観察から、実際に地震すべりを生じる断層面の厚さはわずか数ミリメートルとも推定されており、断層面に働く「せん断応力（面に沿ってずらす力）」が、その場所の「摩擦強度」を超えたとき、その面に沿った破壊（すべり）が生じると考えることで、地震を「ざっくり」と

*1 Yokota, Y. *et al.* (2016) Seafloor geodetic constraints on interplate coupling of the Nankai Trough megathrust zone. *Nature*, **534**, 374-377.

とらえることができる。つまり、断層面がどのような物質でできているか、その摩擦係数や断層面に働いている力の向きや大きさを知ることで、その場で起こる地震をある程度、推定できるということだ。

1995年兵庫県南部地震や2016年熊本地震では、地表に巨大な断層が出現した。地表に断層が出現してくれれば、地震時にそこがどのように破砕されたかを手に取って調べることができる。南海トラフ地震断層でも同じことだ。問題は、南海トラフの断層が海底下5〜20キロメートルにあり（図13-2）、手に取って調べるわけにはいかないことである。地震が起きれば、地震観測データからせん断応力がある程度推定できるが、地震が起きていない場所では地表でのGPS観測などから間接的に推定するしかない。また地層中の間隙水圧異常は摩擦係数に大きな影響を与え、強度を下げる働きをするけれども、地震探査から間接的に推定するしかない。

震源断層を「手に取る」ためには、そこまで孔《あな》を掘るのがよいだろう。そんなに大きな孔でなくとも、たとえば直径7センチメートルくらいの円筒状サンプル（コアと呼ぶ）が手に入り、断層面までセンサーをおろして、応力や水圧の大きさを実測できればよいだろう。

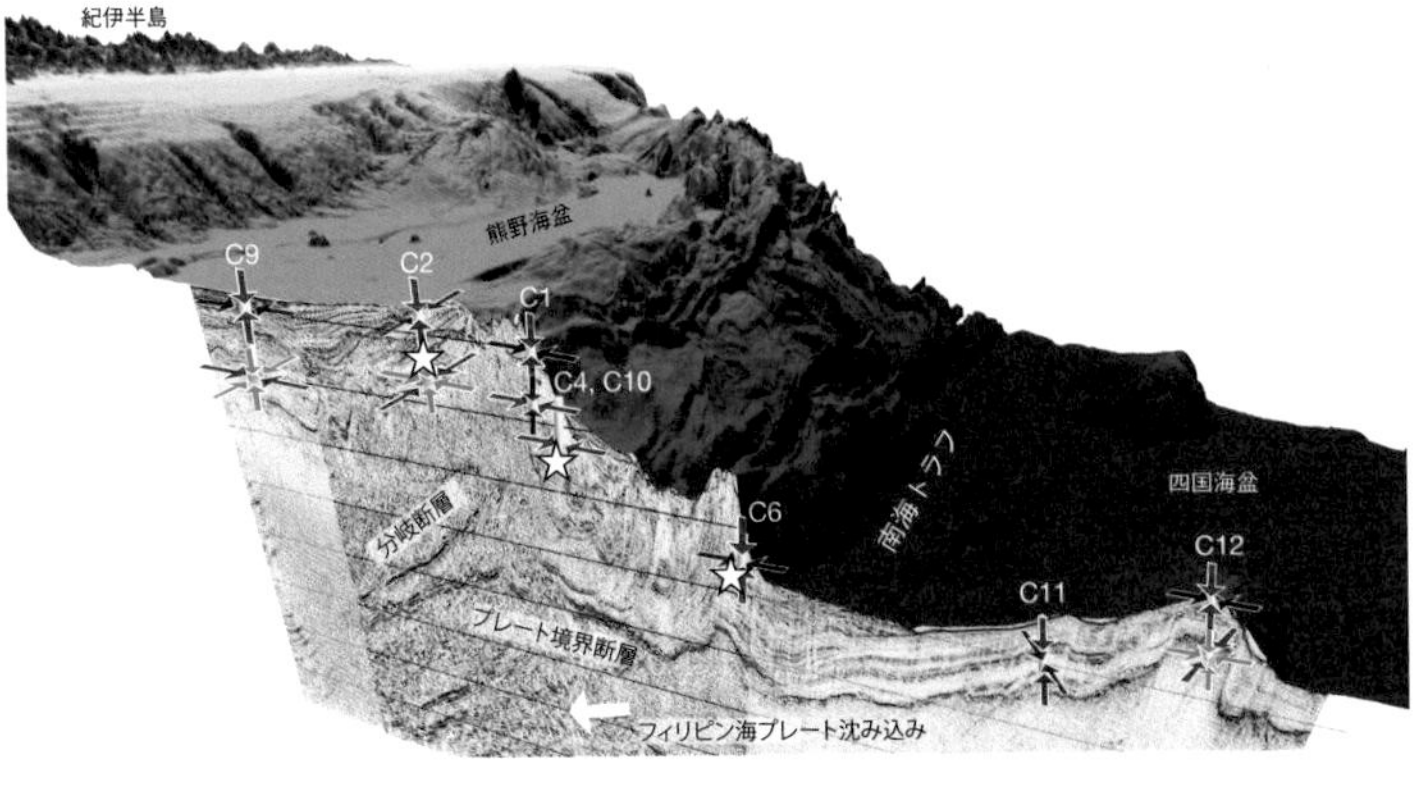

図13-2　南海トラフ地震発生帯掘削地点を横断する地層断面．
C2などは掘削地点の番号，☆は孔内観測点．矢印：掘削地点の主応力分布（＊2を改変）．赤・黒・青の矢印は，それぞれ最大圧縮応力，中間応力，最小圧縮応力の方向を示す．

＊2　Lin, W. *et al.* (2016) Distribution of stress state in the Nankai subduction zone, southwest Japan and a comparison with Japan Trench. *Tectonophysics*, **692**, 120-130.

地上ではロシアのコラ半島で深さ12キロメートル、ドイツのバイエルンでは9キロメートルの科学掘削が達成されている。

たかが5キロメートルではないか。やぐらを立て、ドリルパイプに切羽(ビット)をつけてモーターで回して掘ればよい。固着域は海の下にあるけれども、掘削船だってあるし。

そういうわけで、南海トラフ巨大地震発生帯掘削計画が立案された。

「ちきゅう」による南海トラフ地震発生帯掘削

科学掘削により、地震の発生にいたる過程を解明するというテーマは、1996年に発行された「深海掘削長期計画」に掲げられている。とはいえ、当時の唯一の科学掘削船「ジョイデス・レゾリューション」では、これまでに最大2キロメートル程度しか掘削できていない。それより深くなると、周囲の地層圧力が大きすぎて孔が崩落し、それ以上進めなくなってしまうのだ。「たかが5キロメートル」ではなく、実は「はるかなる5キロメートル」なのだった。

大深度での掘削を可能にする船「ちきゅう」の建造は、海洋研究開発機構が文部科学省とタッグを組んで立ち上げた巨大プロジェクトである。その目的のひとつが、この「南海トラフ地震発生帯掘削(NanTroSEIZE:ナントロシーズ)」であり、もうひとつがマントルをめざす「モホ面掘削」であった。

当時の最先端の掘削船技術では、水深2・5キロメートルまで、最大ドリルパイプ長10キロメートルが限界であった。プレート沈み込みは斜めに起きるので、水深が浅い陸側ほどプレート境界が深い。この技術で掘削が可能な地震断層が存在するかどうかが、成功への第一歩であった。幸い、紀伊半島沖の固着域浅部(海側)境界(図

13-1のC2地点付近）に、「ちきゅう」で到達できるゾーン、水深2キロメートル、海底下5キロメートル（ドリルパイプ長＝7キロメートル）のプレート境界断層固着域が存在することが判明した（図13-2）。南海トラフ地震発生帯への掘削提案群がIODP（統合国際深海掘削計画＝当初の名称）に提出され、2004年までに採択された。私は掘削提案者の一人として立案・掘削調査に参加した。

ナントロシーズは、南海トラフ地震発生帯上の固着域に到達し、震源物質の回収と原位置での破壊条件（応力・摩擦強度）の測定を実施すること、地震・地殻変動等の観測所を設置することを目的とする。他の研究プロジェクトと同様、ナントロシーズでも、掘削によって検証できるような「作業仮説」を提案することが必要であった。私たちは、南海トラフ巨大地震の断層面が現在も固着し、摩擦破壊モデルにしたがって現在も歪を蓄積しているという仮説を立て、断層面を採取して分析し、また、孔内にセンサーを設置して、どのような応力が発生しているかを調べることで、仮説を検証することにした。

南海掘削の成果と達成

2007年から「ちきゅう」によるIODP（国際深海科学掘削計画＝新しい名称）航海が実施され、これまでに15地点68孔で掘削を行った（図13-1、13-2）。掘削孔総延長は38キロメートル超、回収したコアの総延長は4キロメートルを超える。参加研究者はのべ約230名、航海総日数は700日を超えた。

掘削すべき地層は、沈み込むフィリピン海プレートにより水平に圧縮されて大変形・破砕された堆積層（付加体の砂泥互層）であり、石油採取のために変形の少ない盆地で行う掘削とはまったく状況が異なる。「ちきゅう」は、地層圧に対抗できるだけの高密度の「泥水《でいすい》」を孔内に注入し、循環させるために、直径1メートル超の「ライザー

＊3　木村 学ほか（2018）南海トラフ地震発生帯掘削がもたらした沈み込み帯の新しい描像．地質学雑誌，**124**, 47-65.

＊4　Kinoshita, M. *et al.* (2014) Seismogenic Processes revealed through The Nankai Trough Seismogenic Zone Experiments: Core, log, geophysics and observatory measurements, In Stein *et al.* (eds) *Developments in Marine Geology 7*, Elsevier, 641-670.

パイプ」で「ちきゅう」と海底をつなぐ。これにより不安定な地層でも掘削ができるはずであり、また「地層のかけら」(掘屑=カッティングス)も回収できて、分析もできるという目論見であった。

ほかにも、時速7キロメートルを超える黒潮の潮流下とか、2011年の東北地方太平洋沖地震による「ちきゅう」損傷による計画の遅延など、さまざまな厳しい環境下での掘削であった(*3〜6)。以下では浅部掘削および孔内長期計測の結果と、超深度ライザー掘削の状況を紹介しよう。

地層に働く応力

摩擦破壊モデルにより、震源断層の固着の度合いや、断層すべり(地震発生)の切迫度を推定するためには、その場に働く力(応力)の大きさと向きを測定することが必須である。ある方向にある大きさの力がかかっている地層を掘削していくと、その力によって、孔の断面が変形する。断面の変形を利用することで応力の大きさと向きを推定することができる。その結果、固着域の南縁(図13-2のC2地点、水深2キロメートルの海底から3キロメートル下、断層の上2キロメートルの地点)では、巨大地震を起こすだけの応力が蓄積していないことが示された。巨大地震は「逆断層型」と呼ばれる、地面に水平な方向の応力(水平応力)が地面に垂直な方向の応力(垂直応力)よりもかなり大きい条件で発生するが、そこまで水平応力は大きくなかったのである。

一方、その他の掘削孔(図13-2)では、水平圧縮の方向は掘削地点ごとにばらつく。南海トラフと固着域の間にあるくさび状の部分(前弧斜面)の断層付近(C1・C4・C6)では、水平圧縮の方向がフィリピン海プレートの沈み込む方向にほぼ一致しているが、トラフ軸より海側(沈み込む前)の2地点(C11・C12)では一致していない。おそらくくさび状の部分では現在の沈み込みの影響を直接反映しているのだろう。ただ両地点の応力の

*5 Tobin, H. *et al.* (2019a) Expedition 358 Preliminary Report: NanTroSEIZE Plate Boundary Deep Riser 4: Nankai Seismogenic/Slow Slip Megathrust. International Ocean Discovery Program. https://doi.org/10.14379/iodp.pr.358.2019

*6 Tobin, H. *et al.* (2019b) Processes governing giant subduction earthquakes: IODP Drilling to sample and instrument subduction zone megathrusts. *Oceanography*, **32**(1), 80-93.

違いは小さい(数メガパスカル以内)ので、プレート運動による応力以外に、地震サイクルにおける応力変動や、地すべりなどにも影響されて変わる可能性がある。

浅部断層の特性

固着域となるメインの断層(プレート境界)ではないが、そこから分岐して海底に達している浅部断層への掘削に成功した。C4孔では海底下256〜310メートルから、C7孔では海底下398・5〜446メートルから、断層サンプルが採取された。前者には厚さ2センチメートル、後者には厚さ2ミリメートルの断層面が確認され、その場所でかつての断層運動に伴う発熱の痕跡が発見された(＊7)。

断層および周辺の摩擦特性は、採取されたコア試料から実験により計測されている。地震などの際には断層面がさまざまな速度ですべるが、その際の摩擦係数がこのすべり速度により変動することがわかってきた(＊8など)。すべり速度が秒速1センチメートル以下では摩擦係数は比較的大きくすべりにくいが、地震時のすべり速度(約秒速1メートル)では0・1以下とかなり低下し、すべりやすくなる。つまり、いったん地震すべりが起き始めると、すべりがどんどん進行してしまうということだ。また、断層付近の地層中に水があるとすべりやすさが増すことも実験で示された。

浅部スロースリップの発見

南海トラフや世界の沈み込み帯では、固着域の縁で、「スロー地震」と総称される地震・地殻変動が頻繁に発生していることが判明した(＊9)。通常の地震よりもゆっくり(たとえば10秒周期で)揺れたり(超低周波地震)、数

＊7　Sakaguchi, A. *et al.* (2011) Seismic slip propagation to the updip end of plate boundary subduction interface faults: vitrinite reflectance geothermometry on Integrated Ocean Drilling Program NanTro SEIZE cores. *Geology*, **39**, 395-398.

＊8　Ikari, M. J. and D. M. Saffer (2011) Comparison of frictional strength and velocity dependence between fault zones in the Nankai accretionary complex. *Geochem. Geophys. Geosyst.*, **12**, Q0AD11.

日から1年かけてゆっくりと断層がすべる(スロースリップ)ような現象である(第9章参照)。

ナントロシーズでは、これまで3地点に掘削孔内観測所が設置され、海底下400メートル、900メートルの地点で、地層中の水圧や地震活動・地殻変動をモニターしている(図13-2の☆印)。これまでの観測で、2016年4月1日、紀伊半島南東沖約50キロメートルの海底下約10キロメートルで発生した、モーメントマグニチュード6・0の地震に続く2日間、その周辺でスロースリップが起きた。また、同様のスロースリップが固着域の浅い側で頻繁に発生していることが判明した(*10)。さらに、紀伊半島沖に設置された海底ケーブル観測網により、スロースリップの周辺で低周波微動や超低周波地震が発生することも解明された。地震の空白域だと思われていた固着域も、その周辺では活動していることが見えてきた。

ライザー掘削

固着域への超深度掘削(C2)は2010年に開始され、2012・2013年に段階的に海底下3058・5メートルまで掘削を進めた。2018年の第358次研究航海では、海底下5200メートル付近のプレート境界断層に向かって、同じ掘削孔を掘り進め、断層の物性データ取得とコア試料採取を行う予定であった。

図13-2のC2地点は、褶曲・断層等が発達する複雑な地質構造場にあり、掘削にはかなりの困難が予想された。国内外の研究者や技術者と議論を重ね、最善と考える掘削アプローチを採用したが、残念ながらプレート境界断層よりもかなり浅い深度(海底下3262・5メートル)で掘削を終了せざるを得なかった。しかし、地層物性連続データおよび連続カッティングス(回収された掘屑)が採取できたことは大きな成果だ。

得られたデータの一例を図13-3に示す(*5)。900メートルより下の地層で粘土含有率が増加していること

*9 Obara, K. and A. Kato (2016) Connecting slow earthquakes to huge earthquakes. *Science*, **353**, 253-257.
*10 Araki, E. *et al.* (2017) Recurring and triggered slow-slip events near the trench at the Nankai Trough subduction megathrust. *Science*, **356**, 1157-1160.

や、地層の間隙率が単調に減少(圧縮度が単調に増加)していることがわかる。特筆すべきなのは、これらのデータが、わずかな量のコア試料だけでなく、連続的に回収されたカッティングスからも得られたことだ。これは、乗船研究者・テクニシャンの共同作業により、掘削泥水が混じったり粉砕されたカッティングスを丁寧に洗い、ふるいにかける作業を繰り返すことで得られた成果である。

南海掘削と「ちきゅう」の今後

掘削開始から足かけ9年にわたり、「ちきゅう」で巨大地震固着域への到達を目指したが、長年の圧縮変形による地層は手ごわく、未だ断層固着域からのサンプルリターンは実現していない。それでも、科学掘削としては世界最深の掘削深度記

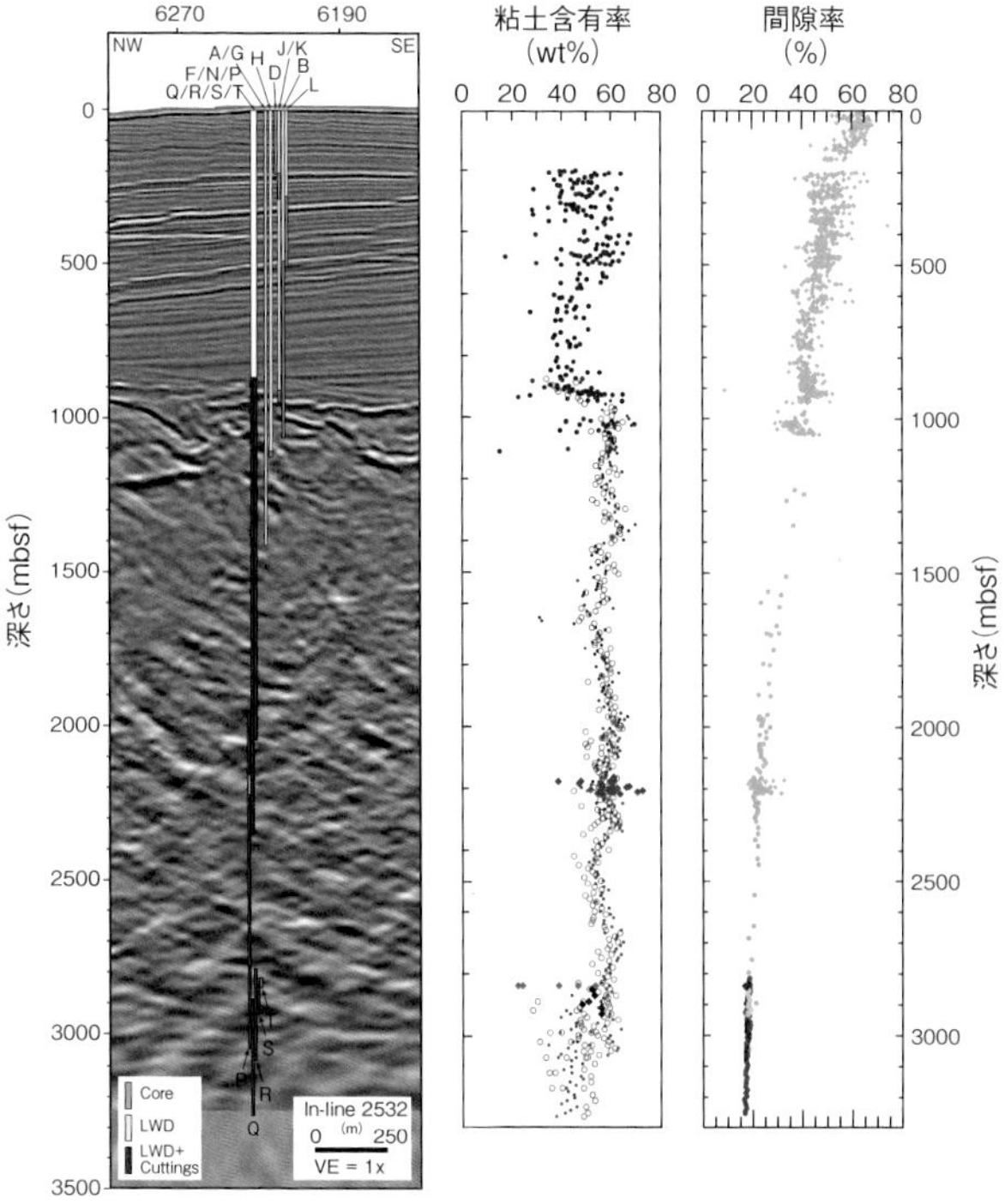

図13-3　C2地点付近の地質構造(地震探査で得られた反射断面)と掘削孔．コア・カッティングスから得られた粘土含有率および間隙率(＊5を改変)．

録を更新し、海底下3262・5メートルまで到達した。また、海洋科学掘削としては世界最深の海底下深度である2836・5メートルから2848・5メートルの区間で計約2・5メートルのコア試料を採取した。孔内長期観測所が3台稼働中で、海底ケーブル観測網（DONETなど）に接続され、リアルタイムで地震・地殻変動・水圧・温度等のデータが蓄積されている。長期観測データにより、固着域の縁の挙動から固着域本体の性質の理解が格段に進むと期待している。

「ちきゅう」で再び震源断層到達をめざす私たちの志と熱意は変わっていない。一方で、提案作成から20年近く経過したことを受けて、仮説の再構築など戦略練り直しが必要だとも感じている。掘削をひとつの手段として、海底ネットワークによる三次元広域地殻変動観測と、破壊の素過程に迫る微視的破壊実験観察という、大きくスケールの異なる研究どうしを統合した枠組を再構築する（図13-4）。2019年には、日本学術会議が公募した大型研究計画マスタープラン2020に、「広域観測・微視的実験の拠点連携による沈み込み帯プレート地震メカニズム研究の新展開」として応募、学術大型研究計画として採択された。また、日本地球惑星科学連合の固体地球科学・地球人間圏科学セクションが作成した「夢ロードマップ」にも、このマスタープランは合致する。

次の南海トラフ地震が起きる前に、断層固着域の岩石を手にしたい。

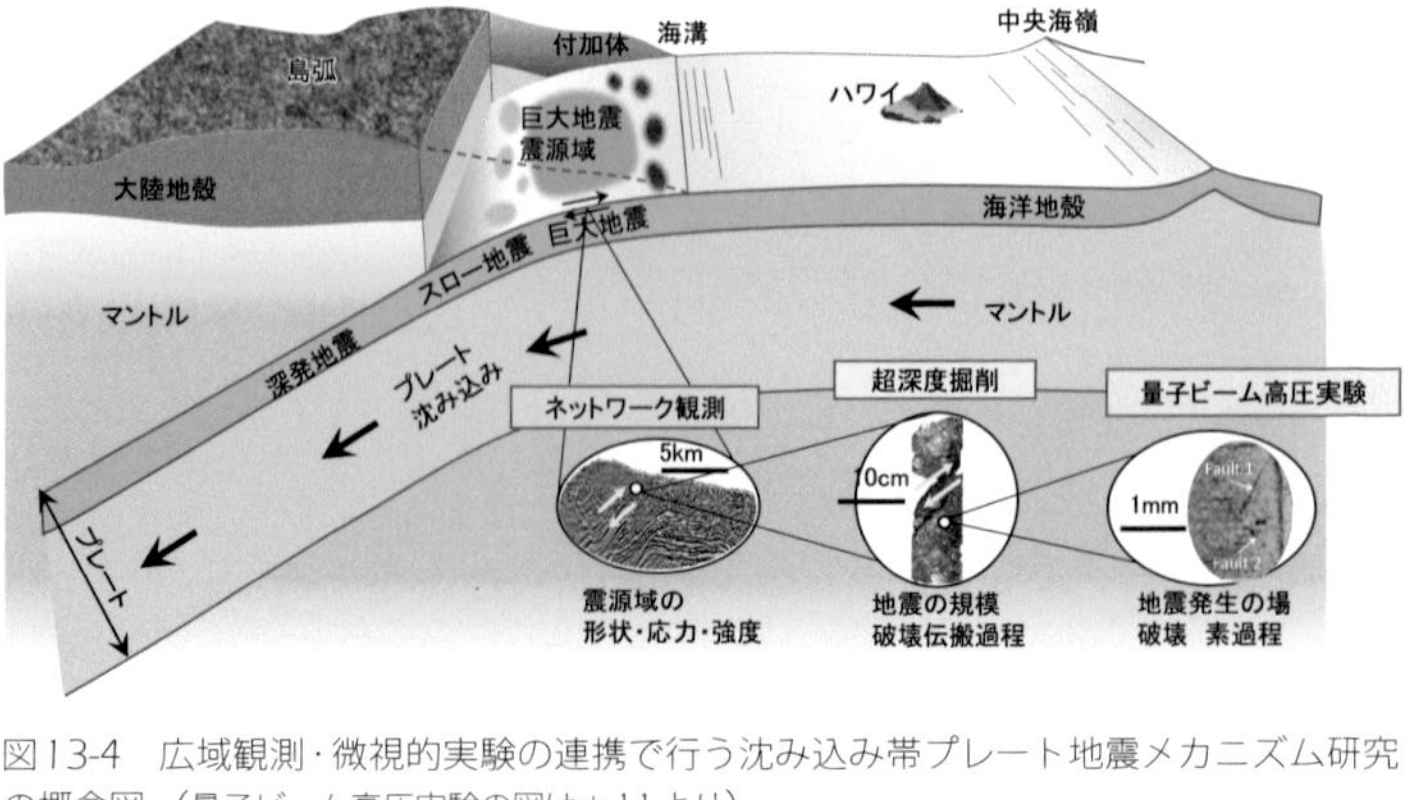

図13-4　広域観測・微視的実験の連携で行う沈み込み帯プレート地震メカニズム研究の概念図.（量子ビーム高圧実験の図は＊11より）

◉一般向けの関連書籍——日本地震学会地震予知検討委員会編（2007）地震予知の科学、東京大学出版会。

*11 Wang, Y. *et al.* (2017) A laboratory nanoseismological study on deep-focus earthquake micromechanics, *Science advances*, **3**, e1601896. http://advances.sciencemag.org/content/3/7/e1601896

とが報告されています(＊2)．また超高圧下で安定となる結晶構造の探索も効率的に実行できるようになり，地球中心部を超える温度圧力条件における巨大惑星内部のケイ酸塩鉱物の新規の相転移や，地球下部マントル全域で安定な新たな含水鉱物相(＊3)など，従来の常識を覆す発見が相次いで報告されています．

これらの他にも，マグマを構成するケイ酸塩メルトや外核を構成する液体鉄合金などの固体物質以外への応用や，熱伝導率，電気伝導率，元素分配といった，より複雑な物性への拡張も進んでいます．これにより，地球深部のエネルギー輸送や微量元素挙動のより定量的な研究が進展しています．もうひとつ今後の重要な方向性として，塑性変形や破壊のシミュレーション手法の開発，それらに基づく鉱物の粘性率の予測が挙げられます．熱伝導率や粘性率が求められることにより，地球深部の運動をより定量的に再現することが可能となれば，地球深部の形成や進化の理解が大きく進むでしょう．そのためには，超大規模系を高速で計算する新たな理論，計算プログラム，アルゴリズムの開発が重要となってきます．

一般向けの関連書籍——計算物質科学イニシアティブ(CMSI)(2016)ケイサン ブッシツ カガク，学研プラス．

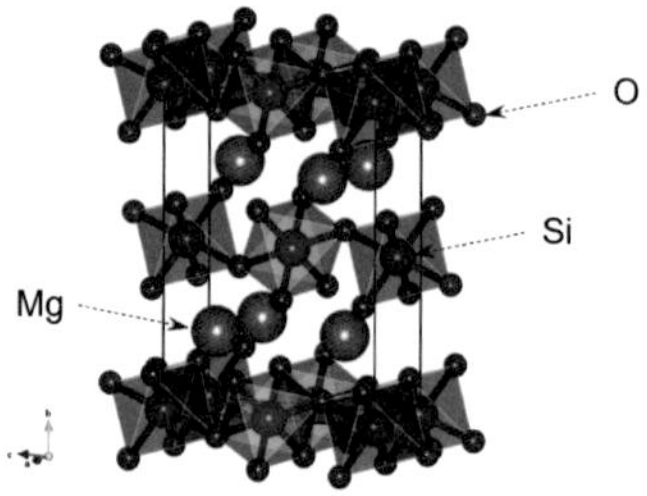

$MgSiO_3$ポストペロフスカイト

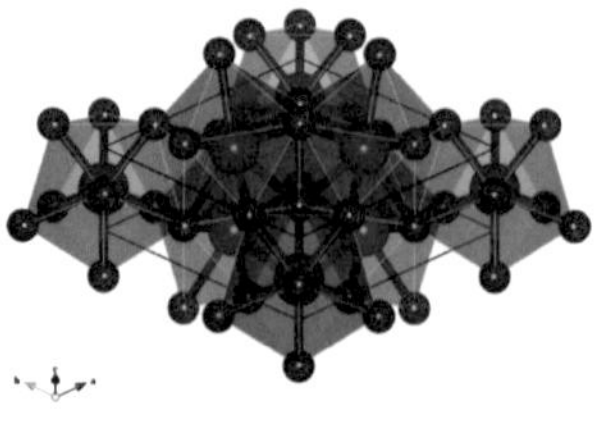

Fe_2P型SiO_2

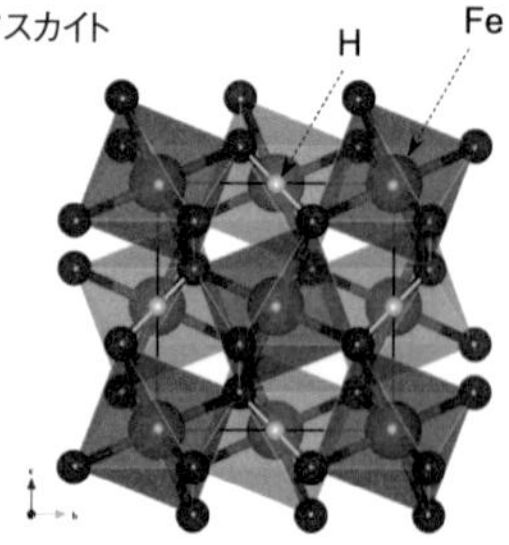

パイライト型FeOOH

第一原理鉱物物性シミュレーションにより発見・検証された新高圧鉱物．

column-04　計算機で地球や惑星の内部を探る

土屋卓久

地球や惑星の内部がどのような物質でできていて，どのような構造を持つのかといった性質は，内部の運動，表層のテクトニクスなどを知る上で重要な鍵となります．また最近では，太陽系外に多くの惑星も発見されていますが（第1章），これら地球や惑星の深部は，直接観測が不可能な超高温超高圧の極限環境です（第12章）．たとえば地球中心の温度圧力条件は約5500 K，364万気圧，地球質量の10倍のスーパーアース惑星のマントル最深部は5000 K，1500万気圧，木星の大気最深部は20000 K，4000万気圧にも達します．

このような温度や圧力の範囲での実験はきわめて困難であるため，数値シミュレーションが物質の性質を研究する有力な方法となります．とくに，原子や電子の世界の基本法則である量子力学に基づいて物質中の化学結合を再現する「第一原理電子状態計算法」は，さまざまな性質を高精度で予測できるため，絶大な威力を発揮します．第一原理計算法はもともとは物性物理学の手法で，非常に複雑な方程式（シュレーディンガー波動方程式）を解く必要がありますが，昨今のスーパーコンピュータの処理能力の向上とも相まって，鉱物のように複雑な結晶構造や化学組成を持つ物質についても取り扱いが可能となりました．

とくに2000年代初頭，地球下部マントルと外核の境界の領域（D″層）を構成するポストペロフスカイト相の結晶構造が，実験（第12章）と独立して計算されたことにより，この研究手法の重要性が世界的に急速に認識されるようになりました（*1）．その後，マントルや核の主要物質を初めとして，さまざまな地球惑星物質の計算がなされるようになるとともに，結晶構造の予測だけでなく，高温高圧下での相境界や弾性特性などの重要物性への応用方法の開発が急速に進んでいます．これにより，2000年代中ごろには鉱物物性シミュレーションという新たな分野が確立されたといってよいでしょう．

2010年代に入ると，鉄を含む固溶体など，より現実的な化学組成を持つケイ酸塩鉱物の地震波速度も計算できるようになり，観測データと比較することで，マントル深部の化学組成の定量的な推定が可能となりました．その結果，地球下部マントルの地震波速度は，上部マントルと同じ化学組成を持つ岩石モデルで再現できるこ

*1　Tsuchiya, T. *et al.* (2004) Phase transition in $MgSiO_3$ perovskite in the Earth's lower mantle. *Earth Planet. Sci. Lett.*, **224**, 241-248.

*2　Wang, X. *et al.* (2015) Computational support for a pyrolitic lower mantle containing ferric iron. *Nature Geosci.*, **8**, 556-559.

*3　Nishi, M. *et al.* (2017) The pyrite-type high-pressure form of FeOOH. *Nature*, **547**, 205-208.

第III部　執筆者紹介

第9章　**井出 哲**（いで・さとし）

東京大学大学院理学系研究科教授。1969年生。地震学・地震発生物理学。さまざまな地震現象の総合的理解と予測可能性評価に関する研究を行っている。

第10章　**高橋正樹**（たかはし・まさき）

日本大学文理学部特任教授。1950年生。地質学・岩石学。第四紀火山の火山地質学・岩石学および新第三紀火山深成複合岩体の研究を行っている。

第11章　**是永 淳**（これなが・じゅん）

イェール大学地球惑星科学科教授。1970年生。地球ダイナミクス。生命の起源と進化を支える惑星環境の観点から、地球型惑星の進化についてさまざまな研究を行っている。

第12章　**廣瀬 敬**（ひろせ・けい）

東京工業大学地球生命研究所所長・教授、東京大学大学院理学系研究科教授。1968年生。高圧地球科学。地球深部の物質や地球の起源・進化について研究している。

第13章　**木下正高**（きのした・まさたか）

東京大学地震研究所教授。1961年生。観測固体地球科学。沈み込み帯の熱構造や応力場など、巨大地震発生の場を海底観測・掘削から解明する。

コラム4　**土屋卓久**（つちや・たく）

愛媛大学地球深部ダイナミクス研究センター教授。1972年生。高圧地球惑星科学・鉱物物性理論・地球深部ダイナミクス。地球惑星内部の物質・進化の研究を行っている。

IV

地球環境の現在、過去、そして未来

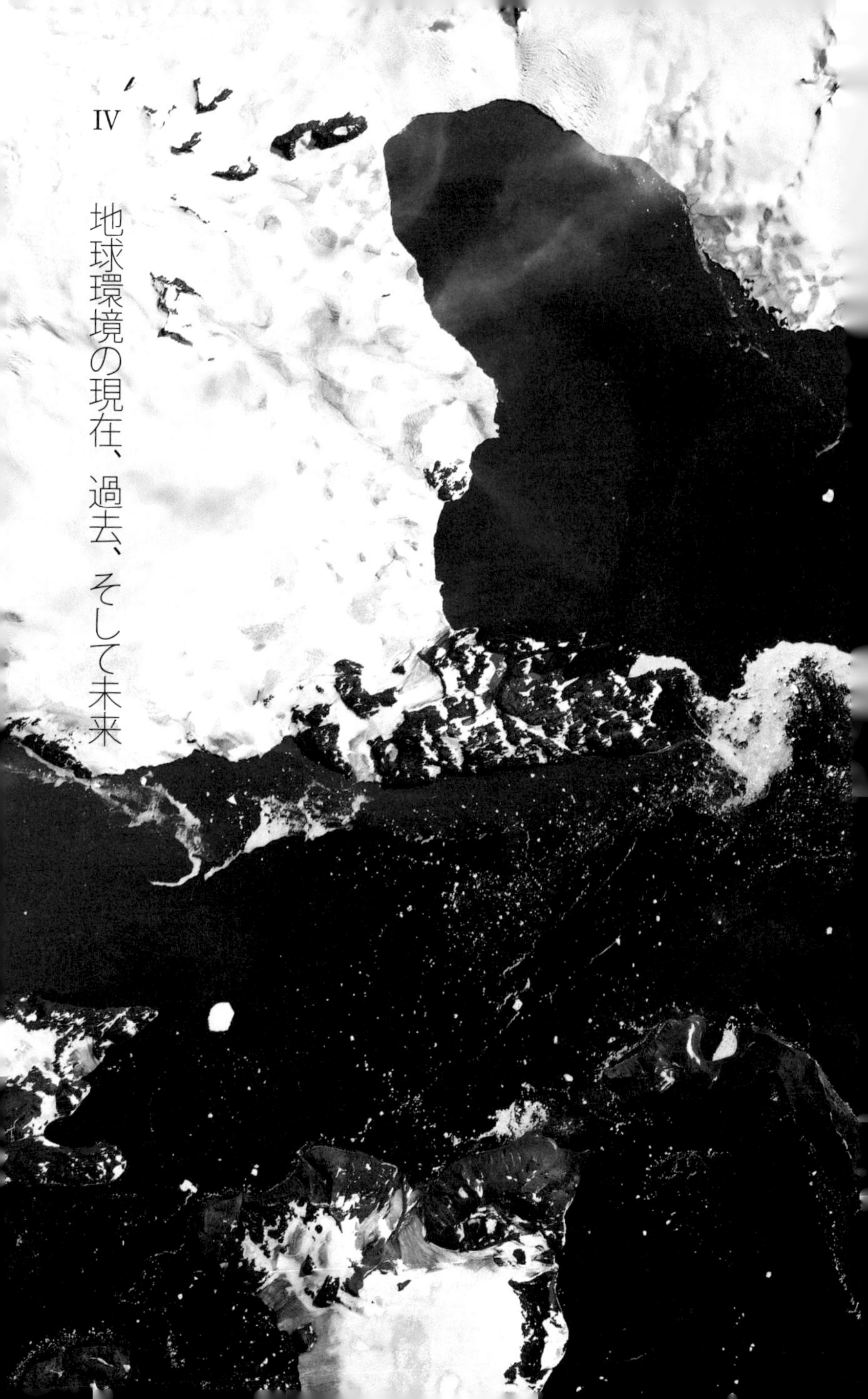

14 地球温暖化を正しく理解するには

江守正多

地球の気温は産業革命以降、変動を繰り返しつつも長期的に上昇しており、その主な原因は人間活動による大気中温室効果ガスの増加であることの理解が進んできた。いわゆる「地球温暖化」あるいは「気候変動」と呼ばれる問題である。近年増加する異常気象と地球温暖化の関係についても、科学的な評価が進んでいる。地球温暖化がこのまま進むと人間社会への悪影響が深刻化することが予測されており、「気候危機」という認識が強まってきている。この危機を回避するために、国際社会は「パリ協定」において、2050年にも世界の二酸化炭素排出量を実質ゼロにすることを目指し始めた。その実現のためには、エネルギー技術の変化を始め、人々の世界観の変化までを含む、人間社会の大転換が必要である。

地球温暖化とは

地球の気温(世界平均気温)は年々不規則に変動するが、産業革命以降、長期的には上昇傾向が顕著であり、現在までに約1℃上昇した。その主な原因は、人間活動に伴って大気中の温室効果ガスが増加していることにより、地球から宇宙に赤外線が放出されにくくなり、地球システムが全体として持つエネルギーが増加していることと考えられる。

ここで、気温上昇の現象自体を「地球温暖化」と呼びうるが、社会において「地球温暖化問題」のようにいう場合、人間活動を主な原因として生じている温暖化のことを指している。同様に、さまざまな原因、さまざまな時間スケールで気候が変動することを「気候変動」と呼びうるが（第16章参照）、「気候変動問題」という場合は、人間活動が主な原因である産業革命以降の温暖化傾向のことを指す。つまり、社会問題としての「地球温暖化」と「気候変動」はほぼ同じものを指している（気候変動の方が、温度以外も変化すること――すなわち降水の変化、海面上昇、雪氷減少等――が強調されるというニュアンスの違いはある）（気候変動が海洋の生態系に与える影響については第15章参照）。

本当に人間活動が主な原因か

では、地球温暖化の原因はどのようにして調べられるだろうか。一般に、地球の気温が変化する要因は、①内部変動（気候システム内部のメカニズムにより自然に生じる変動）、②外部強制（外部条件の変化）に対する気候システムの応答、に分けて考えることができる。②はさらに、②a自然の外部強制によるものと、②b人間活動による外部強制によるものに分けられる。①にはたとえばエルニーニョ・ラニーニャ（序章参照）などの変動が含まれる。②aの外部強制は太陽活動の変動と火山噴火が主なものである。②bの外部強制は大気中の温室効果ガスの増加のほか、大気汚染物質などのエアロゾル（大気中の微粒子）の変化、土地利用変化などである。

20世紀後半以降の世界平均気温の変化を、物理法則に基づく気候モデルによってシミュレーションすると（コラム5参照）、この各要因の大きさを見積もることができる。その結果は、①内部変動がマイナス0・1～＋0・1℃、②a自然の外部強制への応答がマイナス0・1～＋0・1℃、②b人間活動による外部強制への応答が＋0・6～0・8℃となった（＊1）（図14-1）。これらを合わせると、観測された気温上昇とほぼ整合する。また、

＊1 IPCC (2013) *Climate Change 2013: The Physical Science Basis*, Cambridge University Press.

②ⓑのうち、温室効果ガスのみによる効果は0・9℃前後と見積もられ、これをマイナス0・2℃前後のエアロゾル等による効果が打ち消している。これらは、世界の多数の研究グループが独立に行ったシミュレーションの結果をまとめたものである。このように、近年の地球温暖化の主な原因が人間活動、とりわけ温室効果ガスの増加であることは、科学的によく理解されている。

二酸化炭素の収支と濃度増加

人間活動により増加している温室効果ガスのうち、最も全体の効果が大きいのは二酸化炭素（CO_2）である（そのほかにメタン、一酸化二窒素などがある）。二酸化炭素は、化石燃料（石炭、石油、天然ガス）の燃焼によるエネルギー生成や工業過程で約85%が、残りが森林伐採などの土地利用変化によって、排出されている。こうして人間活動により排出される二酸化炭素のうち、約半分は陸上の生態系と海洋により吸収され、残りが大気中の濃度を増加させる。

大気中の二酸化炭素濃度は年間2〜3ppm（百万分率）のペースで増え続けており、現在は約410ppmまで達した。南極氷床コア（氷に閉じ込められた過去の空気）のデータによれば、過去数十万年の間

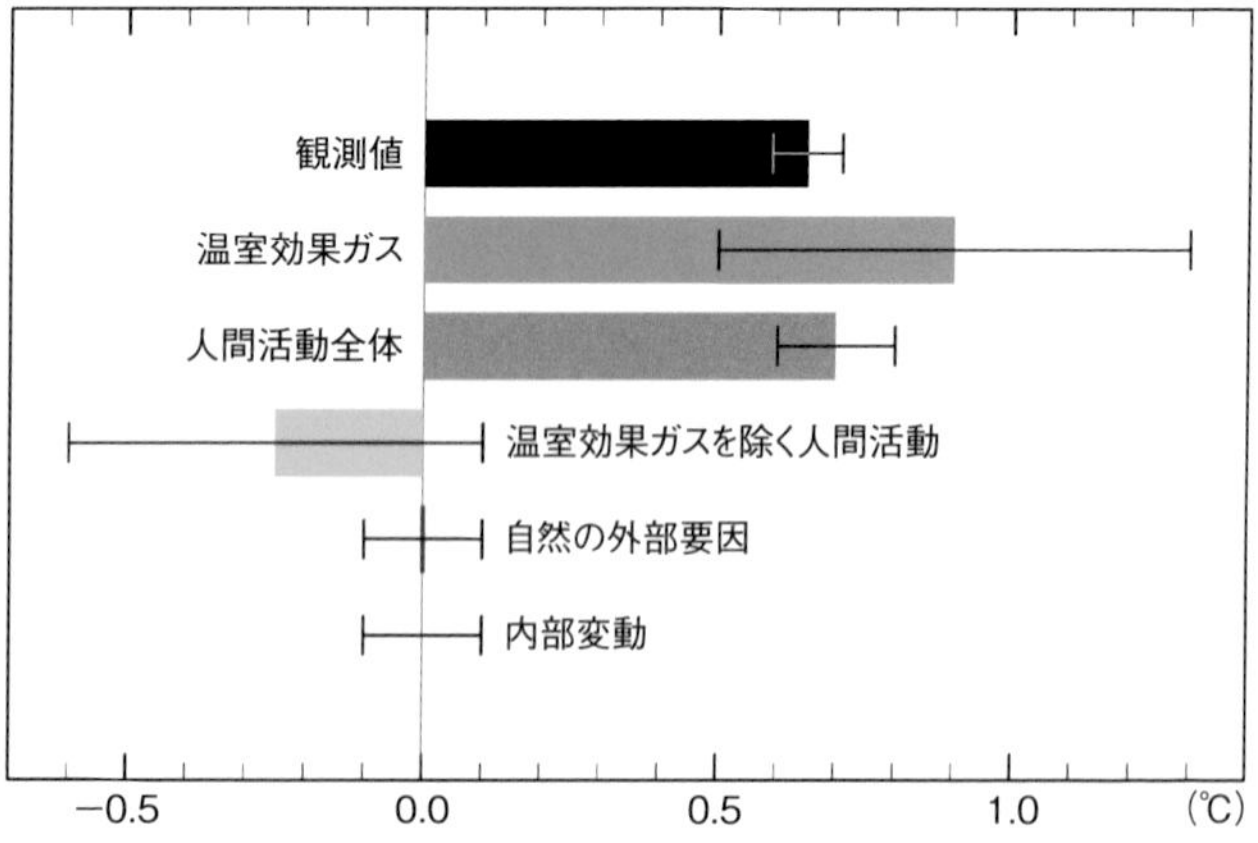

図14-1　世界平均気温上昇量（1951-2010年）の要因分解.
不確実性幅は観測値については90%信頼区間（5-95%），その他は66%信頼区間（＊1のFigure 10.5より）.

に、約10万年の周期で生じていた地球の氷期と間氷期の変動（第16章参照）において、氷期の二酸化炭素濃度は約180ppm、間氷期（産業革命前）は約280ppmであった。近現代の人間活動により、わずか200年程度の間に生じた二酸化炭素濃度の増加（130ppm）が、氷期と間氷期の間の変動幅（100ppm）をすでに優に超えていることは、地球史の観点から見ても大きな事件といえる。

異常気象の増加は地球温暖化のせいか

日本では、2018年に西日本豪雨、災害級と呼ばれた猛暑、関西国際空港が高潮で浸水した台風21号、2019年には千葉県の大停電を引き起こした台風15号、引き続き東日本各地で浸水をもたらした台風19号と、記録的な気象災害が相次いでいる（コラム7参照）。同様の被害は世界各地で見られる。これらははたして地球温暖化と関係があるのだろうか。

一般に、（ある地域、季節において）30年に一度よりもまれに生じるような極端な気象を異常気象と呼ぶ。日々の気象も年々の天候も常に不規則に内部変動しているので、異常気象はいわば自然現象であり、昔からまれに生じてきた。しかし、地球温暖化の平均的な気温上昇により、より極端な高温が生じやすくなり、また、気温上昇に伴う大気中の水蒸気量の増加により、より極端な降水が生じやすくなっていると考えられる。さらに、内部変動の特徴（たとえばジェット気流の蛇行の起きやすさ）自体も、地球温暖化により変調していくと考えられる。

近年、イベント・アトリビューションと呼ばれる手法により、このことを調べる研究が進んでいる。この手法では、地球温暖化（人間活動による外部強制）が仮になかったとした場合の仮想的な地球のシミュレーションと、地球温暖化が生じている現実的なシミュレーションを、それぞれ多数回繰り返す。注目する異常気象が発生する

*2 Imada, Y. *et al.* (2019) The July 2018 high temperature event in Japan could not have happened without human-induced global warming. *SOLA*, **15A**, 8-12.

*3 IPCC (2014) *Climate Change 2014: Impacts, Adaptation and Vulnerability*, Cambridge University Press.

*4 Lenton, T. M. *et al.* (2019) Climate tipping points — too risky to bet against. *Nature*, **575**, 592-595.

頻度を両者の間で比較すると、その異常気象が、地球温暖化によって何倍起きやすくなっているかを評価することができる。この手法により、たとえば2018年の日本の猛暑は、地球温暖化がなければほぼ起き得なかったと評価されている(＊2)。

将来の気候の変化とリスクの見通し

今後、もしも世界が化石燃料に依存したまま発展を続け、温室効果ガスの排出量が今後も増え続けるとすると、世界平均気温は今世紀末までに4℃程度上昇すると予測されている(＊1)(図14-2)。気温上昇の大きさは地域によって異なり、北半球の陸上、とくに高緯度域では6〜8℃まで増幅される(図14-3)。降水量が多い地域では水蒸気の増加によりさらに降水量が増え、乾燥地域では逆にさらに乾燥化が進むところが生じる。グリーンランドと南極の氷床、山岳の氷河が減少し、海水の熱膨張の効果と合わせて、海面が今世紀末までに最大1メートル程度上昇する。極端な熱波、大雨、強い台風やハリケーン、高潮、地域によっては干ばつが今後も増加すると予測される。これらによって、人間の健康、食料、水、社会基盤、そして生態系への悪影響が深刻化することが心配されている。

このような悪影響は、大きな気温上昇と環境変化が生じる北極域、干ばつが増える乾燥域、海面上昇により高潮や浸水が増える沿岸の低平地や小さい島国で、とくに大きいと考えられる(＊3)。これらの地域に住む開発途上国の人々や先住民族は、

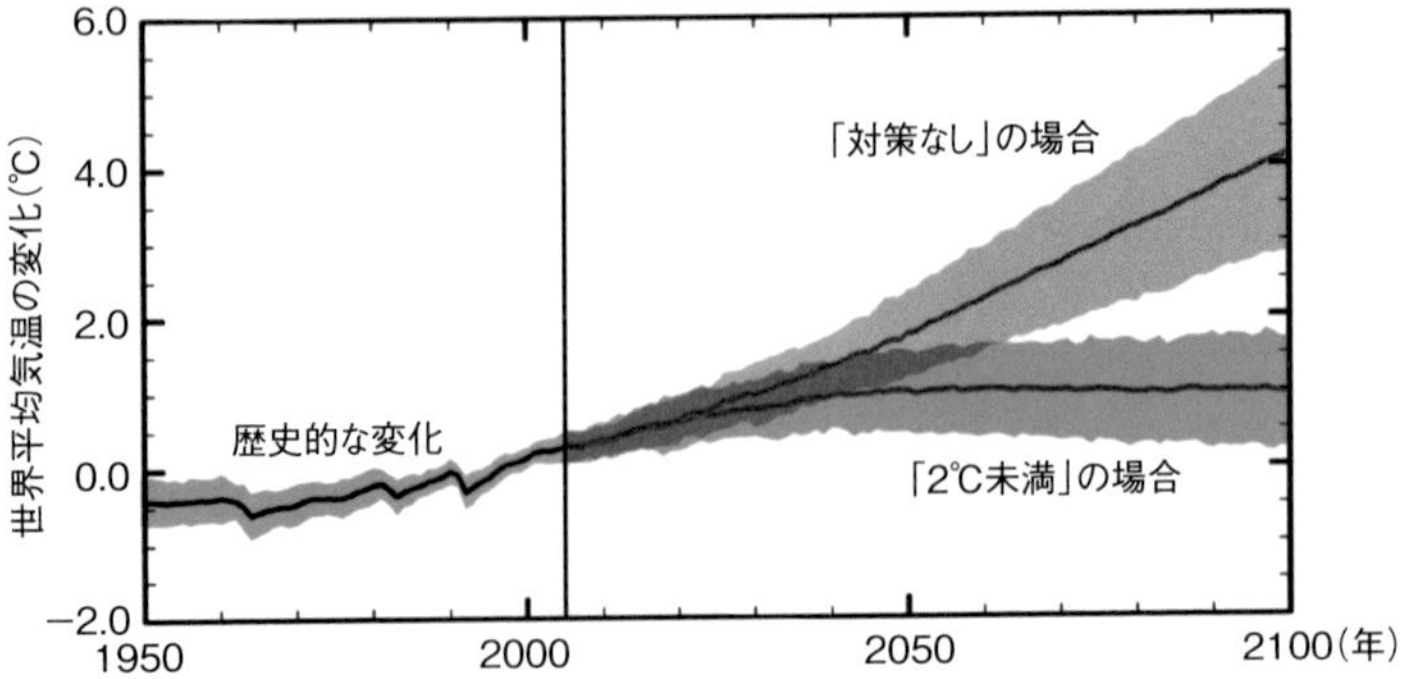

図14-2　世界平均気温の変化のシミュレーション結果(1986-2005年の平均を基準とした)(＊1の Figure SPM.7 (a)より).

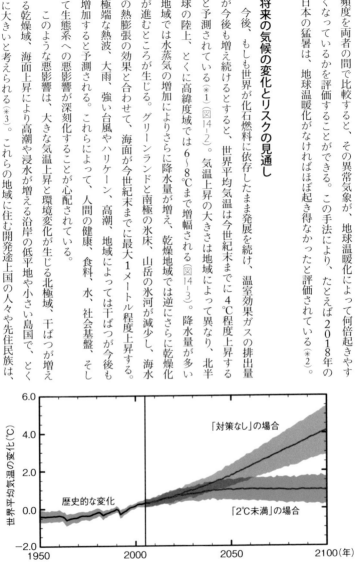

対応力も限られるために深刻な被害を受けるが、彼らは先進国の人々と比較して地球温暖化の原因となる温室効果ガスをほとんど排出していない。つまり、原因に最も責任がない人々が最も深刻な被害を受けるという不公平な構造がある。同様に、過去の世代の排出の結果として生じる地球温暖化の悪影響を将来世代が被るという世代間の不公平も存在する。

また、気温上昇がある臨界点を超えると、不可逆で不連続な変化が生じる「ティッピング」とよばれる現象の存在が予測されている（*4）。たとえば、グリーンランドの氷床はすでに融け始めているが、気温上昇がさらに進んで臨界点を超えると、気温がそれ以上上昇しなくても、氷が自動的に融け続ける状態に入ると考えられる。他にも、南極の氷床の流出、アマゾンの熱帯雨林の枯死などが、このようなティッピングの性質を持つと考えられている。これらが生じる臨界点の温度が何度であるかは正確にはわかっていないが、気温が上昇するほど臨界点を超える可能性が高まるといえる。さらに、これらのティッピング現象が連鎖することにより、最初の臨界点を超えると、数百年以上かけて気温が4℃程度上昇することが止められなくなる可能性も指摘されている（*5）。

このような理解に基づき、気候変動のリスクは人間社会にとっての深

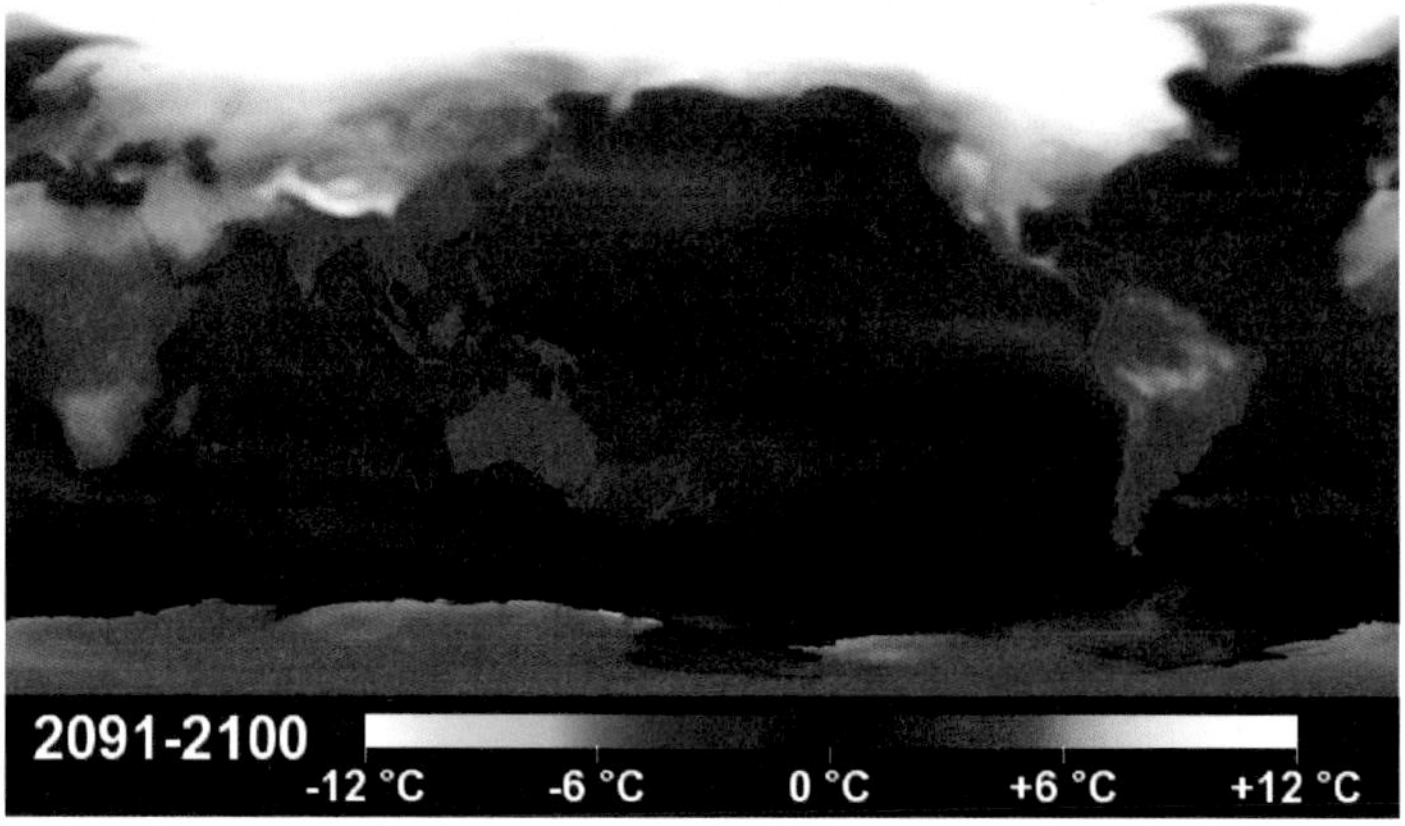

図14-3 「対策なし」の場合における，21世紀末（2091-2100年平均）の気温上昇量分布の予測例（1900年ごろの平均を基準にした）（東京大学/国立環境研究所/海洋研究開発機構/文部科学省より）．

刻な脅威であるという認識が高まり、「気候危機」といわれるようになってきている。

地球温暖化に適応する

地球温暖化の悪影響はすでに出始めており、どんなに急いで地球温暖化を止めても、ある程度は進行すると考えられるため、変化していく気候に「適応」することの重要性が増してきている。たとえば、異常気象災害の増加に備えて防災を強化する、変化する気候に合わせて農業のやり方を変えたり作物の品種改良をする、熱中症の増加に対してエアコンの適切な使用や水分補給などの対策をとる、といったことが挙げられる。

日本においても2018年12月に気候変動適応法が施行され、行政や事業者が計画的に適応に取り組むことが推進されている。気候変動のリスクは地域によって異なるため、各地方自治体が自分の地域の気候変動影響を理解し、地域の事情に即した適応計画を立てることが重要であると同時に、地域的に詳細な気候変動予測情報が求められる。

しかし、適応はいわば対症療法であり、地球温暖化そのものが止まらなければ、やがて適応のコストが膨大になったり、適応に何らかの限界が生じるおそれがある。したがって、適応を進めると同時に、地球温暖化を止めるための対策を進める必要がある。

地球温暖化を止める

国際社会は1992年に国連気候変動枠組条約を採択し、1997年には京都議定書で先進国の排出削減義務を取り決めるなど、世界で協力して温室効果ガスの増加を抑制すること(地球温暖化の「緩和」)に取り組んできた。

＊5 Steffen, W. *et al.* (2018) Trajectories of the Earth System in the Anthropocene. *Proc. Natl. Acad. Sci.*, **115**, 8252-8259.

2015年にはパリ協定が採択され、すべての国が温室効果ガスの増加抑制に参加するルールができた。

パリ協定では長期目標として、世界平均気温の上昇を、産業革命前を基準に2℃より十分低く保ち、さらに1・5℃未満に抑えることを目指して努力を追求することが合意されている。このために、21世紀後半に人間活動による世界の温室効果ガス排出量を実質ゼロ（排出量と吸収量がバランスする）まで削減することが必要であるという認識がパリ協定に明示されている。さらに、2018年に発表されたIPCCの「1・5℃の地球温暖化に関する特別報告書」では、現在のペースでは2040年前後に1・5℃に到達してしまうこと、地球温暖化を1・5℃に抑えるには2050年前後にも人間活動による世界の二酸化炭素排出量を実質ゼロにし、他の温室効果ガス（メタン等）も大幅に削減する必要があることが示された（＊6）。

人間活動による二酸化炭素排出量が実質ゼロまで減らせたとき、自然（陸域生態系と海洋）の吸収は続いているため、差し引きで大気中の二酸化炭素濃度は減少し、気温を下げるように作用する。一方、海洋の熱容量による熱慣性と他の温室効果ガスの増加により、気温を上げる作用が続くため、両者がほぼ打ち消しあって、気温上昇が止まる。これが、パリ協定の長期目標が目指している気候システムの状態である。二酸化炭素排出が実質ゼロになるのが早ければ早いほど、低い温度で気温上昇を止めることができる。

2019年時点で、各国が約束している2030年までの削減目標をすべて達成できたとしても、世界平均気温が3℃以上上昇する削減ペースであり、長期目標と整合的なペースにはまったく足りていないことがわかっている（＊7）。パリ協定には、5年に一度、世界全体で進捗を確認して各国目標の再設定を行う「グローバル・ストックテイク」という仕組みが組み込まれており、これによって各国目標の合計と長期目標との間のギャップを埋めていくことが意図されている。しかし、現時点では埋めるべきギャップはきわめて大きい。

＊6 IPCC（2018）*An IPCC special report on the impacts of global warming of 1.5℃ above pre-industrial levels and related global greenhouse gas emission pathways, in the context of strengthening the global response to the threat of climate change, sustainable development, and efforts to eradicate poverty*, Cambridge University Press.

＊7 UNEP（2019）*Emission Gap report 2019*, UNEP.

社会の大転換が必要とされている

では、人間社会はこの気候危機にどう向き合っていくべきだろうか。主に開発途上国の人口増加や工業化によって、世界のエネルギー需要は増加し続けている。これを賄うため、化石燃料の消費は未だ増加しているのが現状である。太陽光発電、風力発電、電気自動車、蓄電池等のクリーンエネルギー技術は急速にコストが低下しており、大量導入が図られているが、残念ながらエネルギー需要の増加に追い付いていない。今後はさらにクリーンエネルギー技術の導入を加速し、増加するエネルギー需要を賄いつつ、既存のエネルギー設備を置き換えていかねばならない。これは単に技術的な課題であるのみならず、そのための制度の変化、産業の変化等を伴う社会の大転換を意味する。同様の大転換が食料生産や都市などのシステムにおいても必要となる。

私見として付け加えるならば、この大転換には人々の世界観の変化が伴うだろう。つまり、これまではエネルギーを作る際に二酸化炭素が出るのは仕方がないというのが常識であったが、将来はエネルギーを作る際に二酸化炭素を出すのは当然許されないという常識に変わる。また、現在は気候変動により開発途上国や将来世代の人々が不公平な被害にあうことを深刻な問題だと考える人は少ないが、将来はこれが人権問題として当然のように問題視されるだろう。ちょうど、過去の社会において常識であった植民地主義や奴隷制が現在から見ると深刻な人権問題であるのと同様である。

このような大転換が起ころうとすれば、それまでの世界観との間で当然ながら摩擦が生じる。それがさまざまな形で表れてきているのが、現代社会における地球温暖化をめぐる論争であり、その中にはここで述べたような地球温暖化の科学的な理解に対する否認や反発も散見される。そのような摩擦をうまく解消しつつ、多様な価値観を持った多様な立場の人々の合意を得ながら、速やかにこの大転換を進めることが、現在の人間社会に課せられた大きな課題である。

🌎一般向けの関連書籍――江守正多（2014）異常気象と人類の選択、角川SSC新書。

15 気候変化が海洋生態系にもたらすもの

原田尚美

1997年、海色センサーを搭載した衛星オーブビュー2号機は、ベーリング海東部陸棚域上空から1枚のショッキングな衛星画像をとらえた。そこに写っていたのは、円石藻（種名：*Emiliania huxleyi*）の大増殖（ブルーム）によってターコイズブルーに染まったベーリング海であった。ベーリング海は世界で最も生物による二酸化炭素吸収能力の高い海域のひとつであり、それを支えていたのが植物プランクトンの珪藻であった。今、ベーリング海を含めた高緯度域、さらには激変している北極海の海洋生態系に何が起きているのか、海洋地球研究船「みらい」による観測結果を中心に報告する。また、国連を中心とした海洋学を取り巻く世界の動向や、私たちに求められていることなどについても最後に触れる。

円石藻と珪藻——その大きな違い

大気中二酸化炭素の増加に起因する気候変動（第14章参照）、人為起源大気エアロゾルの増加、窒素循環の変質など、現在、地球の動的平衡状態を壊しかねない複数の環境ストレス（マルチストレッサー）が同時並行で発生しており、現在の地球環境を維持することはきわめて難しい状況にあると警告が鳴らされている（＊1）。なかでも最も深刻な状態にあるとされているのが生物多様性の消失である。海洋はとくに2つの二酸化炭素問題（昇温と海洋酸性化）を抱え、貧酸素化などマルチストレッサーにさらされている。埋蔵されている化石燃料をすべて

＊1　Steffen, W. *et al.* (2015) Planetary boundaries: Guiding human development on a changing planet. *Science*, **347**, doi:10.1126/science.1259855.

使い尽くした場合、大気中二酸化炭素濃度は1200ppmに達すると見積もられており、同程度の大気中二酸化炭素濃度の時代に遡ると、5500万年前の暁新世〜始新世温暖極大期となる。当時も昇温、海洋酸性化、貧酸素化のマルチストレッサーにより、多くの海洋生物に負の影響を及ぼしたことが海底堆積物などの記録からわかっている(＊2)。

ところが、現在の地球は45億年の歴史の中で最も速い速度で二酸化炭素が増加していることから、過去に経験したことのない規模での生物多様性の消失やバイオマスの低下が推測される。そのような中、冒頭で紹介したベーリング海の生態系激変を思わせる円石藻ブルームが観測された。

円石藻は、赤道をはさんで南北両半球60度程度までの海洋表層に汎世界的に生息し、主に中・低緯度の亜熱帯域に多く分布している植物プランクトンである。一方、珪藻も汎世界的に生息しているが、とくに両半球の中・高緯度域(40度以上)の高栄養塩環境域を中心に分布する植物プランクトンである。この2種の植物プランクトンは殻を作るという共通点があり、この殻が「錘《おもり》」となって表層から深層へ効率よく物質を輸送する。このため、殻を持たない他の種類に比べて、海洋物質循環に重要な役割を果たしている。両者の大きな違いは、円石藻の殻は炭酸カルシウムでできており、珪藻はガラス質のケイ酸塩でできていることである。

円石藻は、光合成の過程で二酸化炭素を吸収して軟体部を合成すると同時に、カルシウムイオンと炭酸水素イオンを用いて炭酸カルシウムの殻を合成し、この反応の過程で二酸化炭素を放出する。円石藻が合成する軟体部と炭酸カルシウムの殻の炭素の量比は1：0・8のモル比である。つまり、光合成によって二酸化炭素を吸収しても、殻の合成の際に吸収とほぼ同じ量に匹敵する二酸化炭素を放出していることになり、円石藻が大増殖している海域は二酸化炭素を吸収しない海ということになる。

＊2　Doney, S. C. and D. S. Schimel (2007) Carbon and climate system coupling on timescales from the Precambrian to the Anthropocene. *Annu. Rev. Environ. Resour.*, **32**, 31-66.

実際、2000年9月のベーリング海で円石藻が大増殖していた海域では、大気中の二酸化炭素分圧370ppmに対し、表層水中二酸化炭素分圧が450ppm(＊3)と大気の1.2倍もあり、二酸化炭素を放出する状況であった。一方、珪藻のガラス質殻の合成には二酸化炭素は関与しないため、光合成によって二酸化炭素を吸収するのみであり、珪藻が大増殖している海域は二酸化炭素を吸収する海ということになる。したがって、どちらの種類が卓越するかによって現場の炭素環境にまったく異なる影響を及ぼす。

海洋地球研究船「みらい」による観測

2006年8〜9月に「みらい」によるベーリング海東部陸棚域の観測航海を実施した。この観測時、円石藻ブルームに遭遇した(図15-1a)。その数、1Lの海水中に約500万個体(図15-1b)。おびただしい数の円石藻が存在していた。ベーリング海では、円石藻ブルームはいつから発生するようになったのか？　この疑問を解くために、陸棚域の複数点で過去100年ほど前までさかのぼることのできる海底堆積物を採取した(図15-2a)(＊4)。

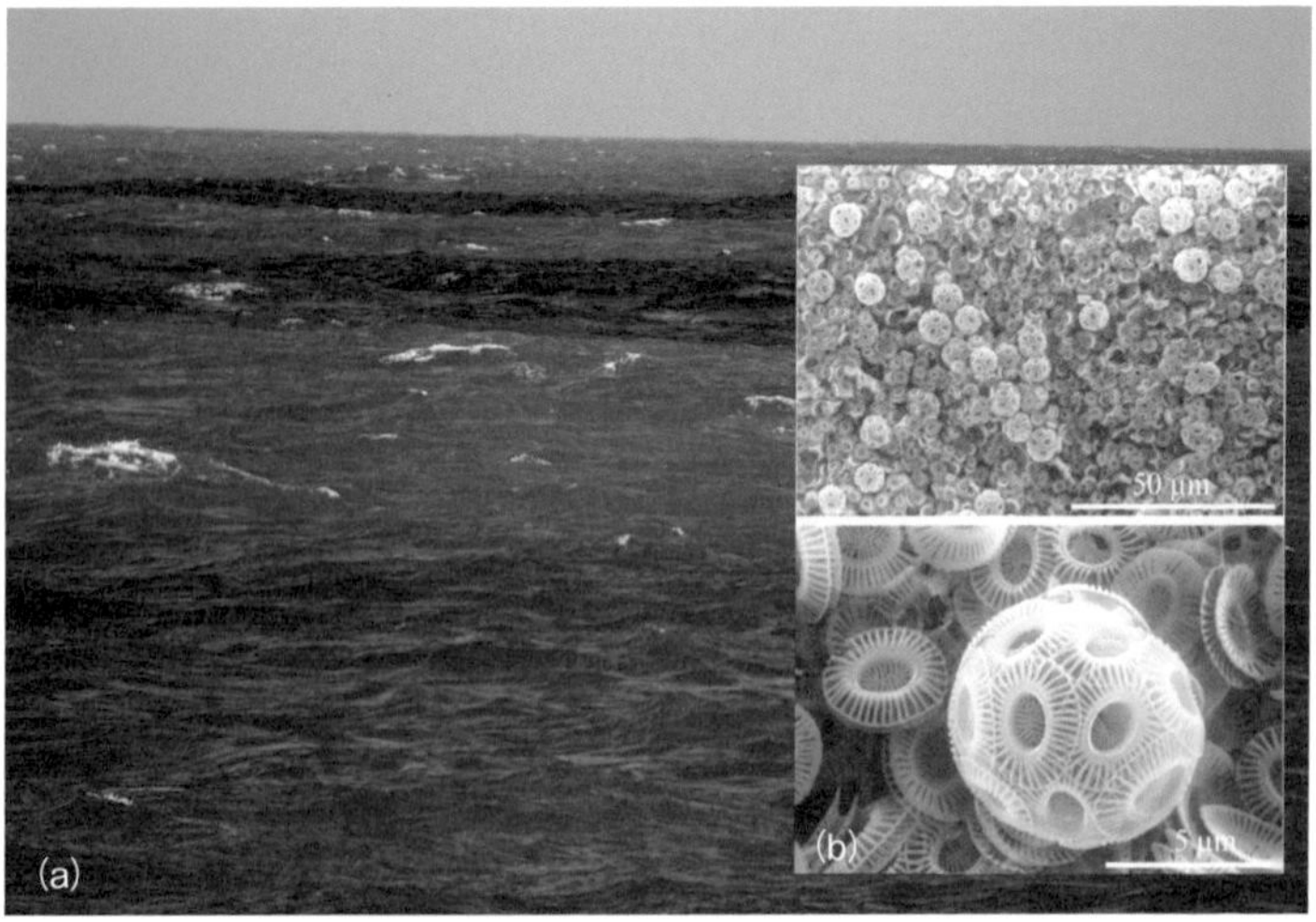

図15-1　(a)ベーリング海東部陸棚域において出現した円石藻(*E.huxleyi*)ブルーム(2006年8月)．ターコイズブルーの部分が円石藻ブルーム．(b)現場海水から採取した円石藻の電子顕微鏡写真(今野進氏撮影2006)．

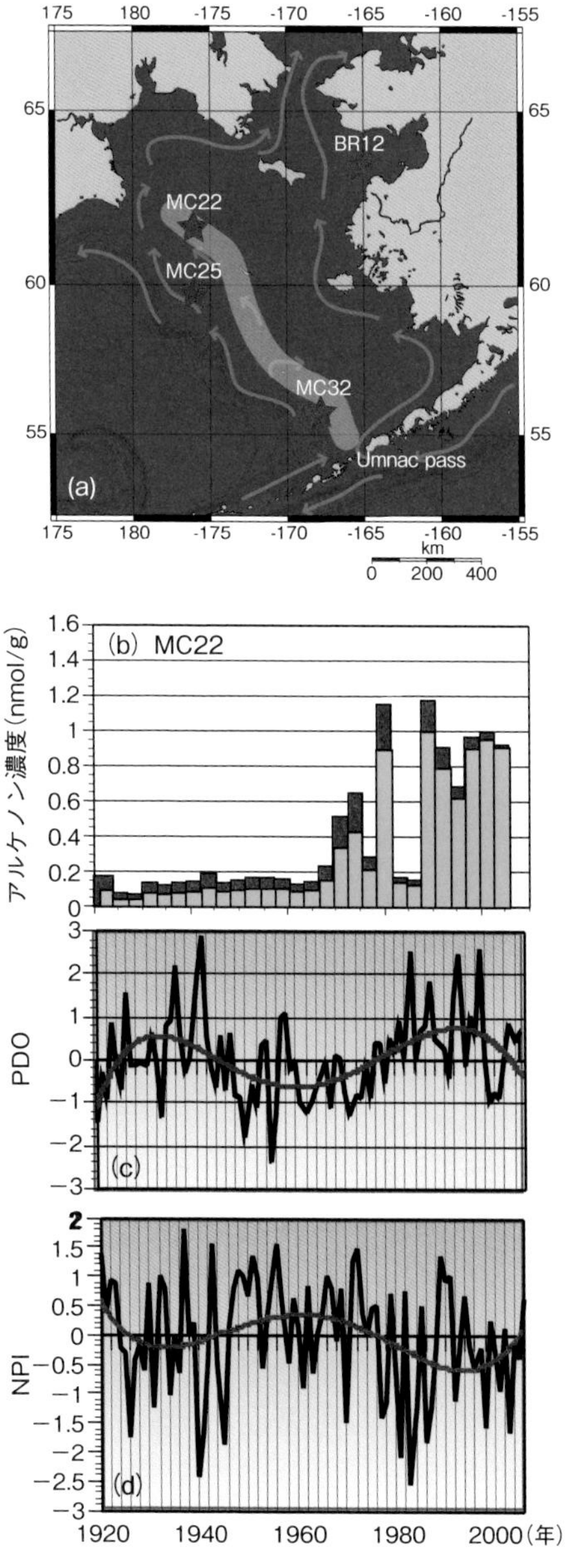

図15-2 (a)ベーリング海東部陸棚域での海底堆積物採取点(星印)と植物プランクトンブルーム発生が集中する「グリーンベルト」(太い緑の線). (b) 1920~2006年までの海底堆積物に記録された円石藻のバイオマーカー(長鎖不飽和アルキルケトン)の濃度変化. 2つに分かれたバーの下部(緑)は堆積物中濃度の実測値, 上部(赤)は堆積後に分解して失われた量を補正した値. 補正値は長鎖不飽和アルキルケトンの海底直上水温下における分解速度定数(バイオターベーション層とその下部層とで異なる)を求め, この分解速度定数を用いて推定した. (c)太平洋10年規模変動(PDO)5年移動平均値の変化. (d)北太平洋指数(NPI)5年移動平均値の変化. NPIが正のときにアリューシャン低気圧は弱くなる.

円石藻が特異的に合成する長鎖不飽和アルキルケトン（アルケノン）という有機化合物をバイオマーカーとし、堆積物中のアルケノン濃度変化から円石藻ブルームの出現状況を過去にさかのぼって調べた。東部陸棚域では、珪藻のブルームが頻発する特定域が陸棚斜面域に沿って存在し、「グリーンベルト」と呼ばれている。グリーンベルト直下の海底堆積物の記録から、アルケノン濃度は1960年代までは他の陸棚域の測点同様、0.2nmol/g以下の低い濃度で推移していたが、1970年代以降、最大で6〜7倍の濃度にまで急激に増加し、1990年以降は2006年まで高濃度で検出されることがわかった（図15-2b）。1997年は、SeaWiFs（Sea-viewing Wide Field-of-view Sensor）という植物プランクトンのクロロフィルを定量的に推定する海色センサーを搭載した衛星オーブビュー2号機の運用がスタートした年である。本研究の結果は、ベーリング海東部陸棚域における円石藻ブルームは、われわれが気づく以前の1970年代にはすでに出現していたことを示すものであった。

円石藻ブルーム出現の原因

なぜベーリング海東部陸棚域に円石藻ブルームは出現するようになったのか？　ベーリング海では、春先の荒天による活発な鉛直混合あるいは中規模渦の形成によって、ベーリング海陸棚斜面を栄養塩（硝酸塩、リン酸塩、ケイ酸塩、アンモニア）が湧昇して陸棚上へ供給され、高濃度の栄養塩環境を好む珪藻がブルームを発生させる。ところが1997年の例では、春から夏にかけて穏やかな天候や高い日射量が続き、暖かく密度の軽い海水が表層にとどまり成層構造が発達しやすい状態にあった上、表層水温も例年より2℃以上高い傾向にあった。このため、陸棚域への栄養塩供給が乏しくなり、安定した光環境と低栄養塩環境が維持され、このような環境を好む円石藻ブルームの発達に結びついたと考えられている（＊5）。つまり、ベーリング海表層における成層構造の発

＊3　Murata, A. and T. Takizawa (2002) Impact of a coccolithophorid bloom on the CO_2 system in surface waters of the eastern Bering Sea shelf. *Geophys. Res. Lett.*, **29**, 42-1-42-4.

＊4　Harada, N. *et al.* (2012) Enhancement of coccolithophorid blooms in the Bering Sea by recent environmental changes. *Global Biogeochem. Cyc.*, **26**, doi:10.1029/2011GB004177

＊5　Stockwell, D. A. *et al.* (2001) Anomalous conditions in the southeastern Bering Sea: nutrients, phytoplankton, and zooplankton. *Fish.Oceanogr.*, **10**, 99-106.

達と低栄養塩環境の持続が、陸棚域での円石藻ブルーム出現の鍵を握っていると考えられる。

春先のベーリング海陸棚域表層水に十分な栄養塩をもたらすか否かは、この海域上空に発達する冬場のアリューシャン低気圧の盛衰の影響が大きい。アリューシャン低気圧の盛衰は、北太平洋指数NPI（North Pacific Index、北緯30度から65度、東経160度から西経140度の海面気圧の領域平均を標準偏差で規格化した値）で表され、NPIが正のときはアリューシャン低気圧が平均より弱いことを示す。NPIで示されるアリューシャン低気圧の盛衰は、太平洋10年規模変動PDO（Pacific Decadal Oscillation、北緯20度から極域までの北太平洋の月別表層水温偏差で規格化した値で、20〜30年程度の周期を持つ海の温暖―寒冷気候変動）と強く関係している。アリューシャン低気圧の勢力が強いときには、太平洋からベーリング海へ相対的に暖かい海水の流入が促進され、アラスカ湾およびベーリング海東部陸棚域は暖かくなり（PDOが正と定義される）、アリューシャン低気圧の勢力が弱いときには、太平洋水の流入が弱まるとともにベーリング海東部陸棚域は寒冷となる（PDOが負と定義される）。

円石藻ブルームが出現し始める1970年代後半は、アリューシャン低気圧が活発になるタイミングにあり、PDOが負から正に移り変わり、ベーリング海東部が温暖になるときであることがわかってきた（図15-2c・2d）。このように、円石藻ブルームはベーリング海の20〜30年周期の温暖―寒冷変動に敏感に応答して出現していることが示唆された。

ところが、1920〜1940年にもベーリング海東部は温暖傾向であったはずであるが、堆積物の記録からは円石藻ブルームが出現していた様子はない。1970年代後半以降の円石藻ブルームの出現は、おそらく水温環境の自然変動だけでは説明のつかない別の因子との複合的な要因が考えられる。ベーリング海陸棚域は、ユーコン川を始めとする河川流入、アラスカからの氷河や凍土の溶解水など陸水供給源を近傍に持つことや、ベーリング海洋上での降水量変動などにより、表層塩分の変動幅、とくに低塩側への振れ幅は外洋域に比して大きいことが予想される。培養実験を行うと、円石藻は高塩分の海水（塩分34）よりも低塩分の海水（塩分31）中で活発に分裂を起こすことはよく知られている（塩分は海水1キログラム中に溶解している固形物質のグラム数。重量比としてかつては‰が単位として付記されていた。実際には重量比を実測することは困難で、標準物質との電気伝導度比で求められる。このため無単位といって単位はつけない）。したがってベーリング海東部陸棚域における表層塩分の変動も、円石藻ブルームの出現に関与しているかもしれない。

珪藻から円石藻の海へ

ベーリング海で優占種であった珪藻は変化しているのであろうか？　堆積物の記録から、1970年代後半の円石藻ブルームの発生が頻発するのとほぼ同期して、珪藻の中でも20～25%を占めるほどの優占種であった *Pararia Sulucata* の相対存在量が5～10%まで減少し、低い相対存在量が2006年まで続いていることがわかった。

今回紹介したベーリング海東部陸棚域で起きている円石藻ブルームや珪藻の優占種存在量の変化は、海洋気候の変化が、二酸化炭素を効率よく吸収する種類からそうではない種類へ、植物プランクトン相を大きく変化させた一例といえるかもしれない。

＊6　Harada, N. (2016) Review: Potential catastrophic reduction of sea ice in the western Arctic Ocean: its impact on biogeochemical cycles and marine ecosystems. *Global and Planetary Change*, **136**, 1-17.

＊7　Watanabe, E. *et al.* (2014) Enhanced role of eddies in the Arctic marine biological pump. *Nature Comm.*, **5**, 3950. doi: 10.1038/ncomms4950

変わりゆく北極圏の海と海洋生態系

北部ベーリング海の年間の単位面積（平方メートルあたり）の基礎生産量は、炭素量に換算して157〜470グラムと北極圏の中でも基礎生産量の高い海域である（＊6）。今後この状況が継続し、優占種の担い手として円石藻が増えてくるならば、現場の基礎生産量の低下や炭素循環の効率が低下するかもしれない。加えて、それらを摂餌する動物プランクトン相、さらには魚類相と食物連鎖網の変化をもたらすであろう。そして、その変化はすでに始まっているかもしれない。

たとえば、北極海では海氷の減少が著しく、そのことに起因して大気と海水面が直接触れる機会が増えた結果、直径が100キロメートルサイズの渦の発生量が増加していることがわかってきた。この渦が沿岸域から遠い海盆域に移動することによって海盆域に運ばれる有機炭素の量が、1990年代に比べて2005年以降で約2倍に増加していることがわかった（＊7）。このような渦は内部での基礎生産量を促進していることもわかった（＊8）。また、初夏にしか見られなかった植物プランクトンのブルームが、秋にも観測されるようになっている（＊9）。海氷の減少は北極海全体の光環境を改善し、このことにより表層〜亜表層における硝化反応（微生物を介してアンモニアから硝酸塩に変化する反応）が抑制されることもわかってきた。アンモニアや硝酸塩などの窒素は植物プランクトンにとって重要な栄養塩である。植物プランクトンにとっては、アンモニア態窒素の方が低エネルギーで有機物生産できるため、食物連鎖の底辺を支える低次生態系には有利に働く変化といえる（＊10）。ベーリング海を含む北極圏では、この10年で亜寒帯に生息する魚種がその生息域を北に拡大させ、北極海を主な生息域にする北極海種の生息域が狭くなってきている。この現象は、ベーリング海東部陸棚域（太平洋側）に加えてバレンツ海（大西洋側）でも顕著になってきている（＊11）。また、現在ベーリング海東部陸棚域の中南部を主な生息域

＊8　Nishino, S. *et al.* (2018) Biogeochemical anatomy of a cyclonic warm-core eddy in the Arctic Ocean. *Geophys. Res. Lett.*, **45**, 11284-11292.
＊9　Ardyna, M. *et al.* (2014) Recent Arctic Ocean sea ice loss triggers novel fall phytoplankton blooms. *Geophys. Res. Lett.*, **41**, 6207-6212.

としている亜寒帯種のカレイは、２０５０年にはベーリング海峡を超えて北極海にまで生息域が拡大する可能性がある（＊12）。このような、海洋環境の変化に応答した生息する生物相の亜寒帯化（Borealization）は、極域海洋生態系に確実に迫っている。

この実態を正確にとらえるには、沿岸域から外洋域まで連続した観測を実施することが不可欠である。加えて、海氷・海洋物理・海洋生態系モデルシミュレーションにより、二酸化炭素排出シナリオに沿って、沿岸から外洋までの空間を、シームレスに複数段階で解像度を変えながら将来予測を行うことで、得たい魚種などの情報をリーズナブルな精度・解像度で得られるよう、研究を発展させる必要がある（コラム５参照）。

私たちに求められていること

２０１９年９月に第51回ＩＰＣＣ総会で受諾された「変化する気候下での海洋・雪氷圏に関するＩＰＣＣ特別報告書」によると、昇温は全世界の海で１９７０年以降弱まることなく続いており、海洋の昇温速度は１９８３年以降２倍に加速し、海洋表層での海洋酸性化や、水深１０００メートルまでの貧酸素化も進行している。今後の気候変化の海洋生態系への打撃は大きく、二酸化炭素排出シナリオＲＣＰ８・５（排出削減の手立てを何もしない場合）の予測結果によると、21世紀末までの漁獲可能量が１９９１〜２０１０年に比べて24％減少すると見積もられている。海面水位の上昇も加速し、とくに熱帯域において極端な海面水位上昇が頻繁に発生すると予測された。そしてどの予測結果についても、二酸化炭素の排出量抑制によって将来の緩和が期待されるとも報告されている（第14章参照）。ではどのように二酸化炭素排出量を抑制していくか？

国連は二酸化炭素排出抑制という課題を組み込みながら17の「持続可能な開発目標（ＳＤＧｓ）」を具体的に提示

＊10 Shiozaki, T. *et al.* (2019) Factors regulating nitrification in the Arctic Ocean: the potential impact of sea ice reduction and ocean acidification. *Global Biogeochem. Cyc.*, **33**, 1085-1099.

＊11 Muter, F., 私信.

＊12 Alabia, I. D. *et al.* (2018) Distribution shifts of marine taxa in the Pacific Arctic under contemporary climate change. *Biodivers. Res.*, **24**, 1583-1597.

した。そして17のSDGsのなかでもとくに「14海の資源を守ろう」に投入する科学資源を増やすために、国連総会（2017年）は、2021年から2030年を「持続可能な開発のための海洋科学の10年UN Decade」と議決した。具体的には、二酸化炭素の排出抑制、プラスチックを始めとする人為的な海洋汚染の削減、水産物の乱獲防止と科学的調査に基づく資源管理、国際協力による基礎科学研究の推進と環境予測対策など、行動を起こすよう国連加盟各国に呼びかけている。

また2019年9月には10年に1度開催される海洋観測研究の国際会議OceanObs'19がハワイで開催され、現場観測の継続の重要性に加えて、それを支えるには地元住民や市民の協力が不可欠であることが確認された。課題は地域によってさまざまである。科学者、政策決定者、市民、その間を結びつけるコミュニケーションの専門家など、多様なステークホルダーが勢力を結集し、地球に住むすべての人々が海洋の知識・知恵の会得や活用性の向上を図りながら、何が課題となっているのか、その課題についてどう取り組むか、などについて一緒に議論し、解決志向型のアプローチでひとつひとつ解決していくことが求められている。

一般向けの関連書籍——日本海洋学会（2017）海の温暖化——変わりゆく海と人間活動の影響、朝倉書店。

16 過去の気候変動を解明する

横山祐典

現在の気候に関する研究は、人工衛星を含むさまざまな観測機器を駆使したデータ採取と、コンピュータを用いたモデルの計算結果との比較検討により行われている。しかし、このような観測記録は過去100年以内のものがほとんどで、それより時間をさかのぼっての情報を得ることができない。現在の気候変動がはたして自然変動の範囲内のものなのか、記録が短すぎて因果関係の検討を行うことが難しい。

過去の気候についての研究を「古気候学」と呼ぶが、この研究分野では「プロキシ」と呼ばれる古環境の代替指標を使って、計測記録の存在しない時代の温度や塩分、pHや氷床量などといった環境情報を復元する。本章では、プレートテクトニクスによる大陸配置が現在と変わりがなく、地球表層システム変動が卓越している第四紀（過去258万年間）の気候現象の最新の復元方法について簡単に紹介する。

古気候研究

過去の気候を研究することの意義のひとつは、古気候データの高精度復元と気候モデル（コラム5参照）による計算結果の比較を行うことで、気候モデルを評価し、気候システムの理解を深め、将来の気候予測の精度向上に貢献できることであろう（＊1）。

＊1 IPCC (2013) *Climate Change 2013: The Physical Science Basis. Contribution of Working Group I to the Fifth Assessment Report of the Intergovernmental Panel on Climate Change* [Stocker, T.F. et al. (eds.)], Cambridge University Press.

＊2 Yokoyama, Y. *et al.* (2019) Gauging Quaternary Sea Level Changes Through Scientific Ocean Drilling. *Oceanography*, **32**(1), 64-71.

地球の表層は大気—海洋—陸域—雪氷圏から構成され、それぞれが数時間〜10万年スケールで変化し、かつ複雑に関連して気候変動を引き起こすひとつのシステムである（図16-1）。さらに雪氷圏では、氷床の成長および消失によって、地殻の沈降や隆起を引き起こす。このような固体地球との相互作用による地形の変化は、海水準も変化させる。

こうした要因のため、地球の気候は、さまざまな変化を繰り返している。現在はおよそ10万年周期で起こる氷期・間氷期変動の間氷期にあたる。一方、氷期とは現在よりも地球の氷床量が多い（つまり海水準が低い）時期を指す。約2万年前に起こった直近の氷期の最盛期には、現在のカナダのほぼすべて、南はニューヨーク近辺まで厚さ3キロメートルの氷がおおっており、同様の光景が北欧にも広がっていた（＊2）（図16-2）。またそれに伴い、海水準も現在より120メートル以上低く、熱帯でさえも年平均表層海水温が2〜6℃も下がっていたことがわかってきた。こうした大規模な環境変化の際に、大気—海洋—雪氷圏がどのように同期し（または同期せずに）変動していたのかを定量的に

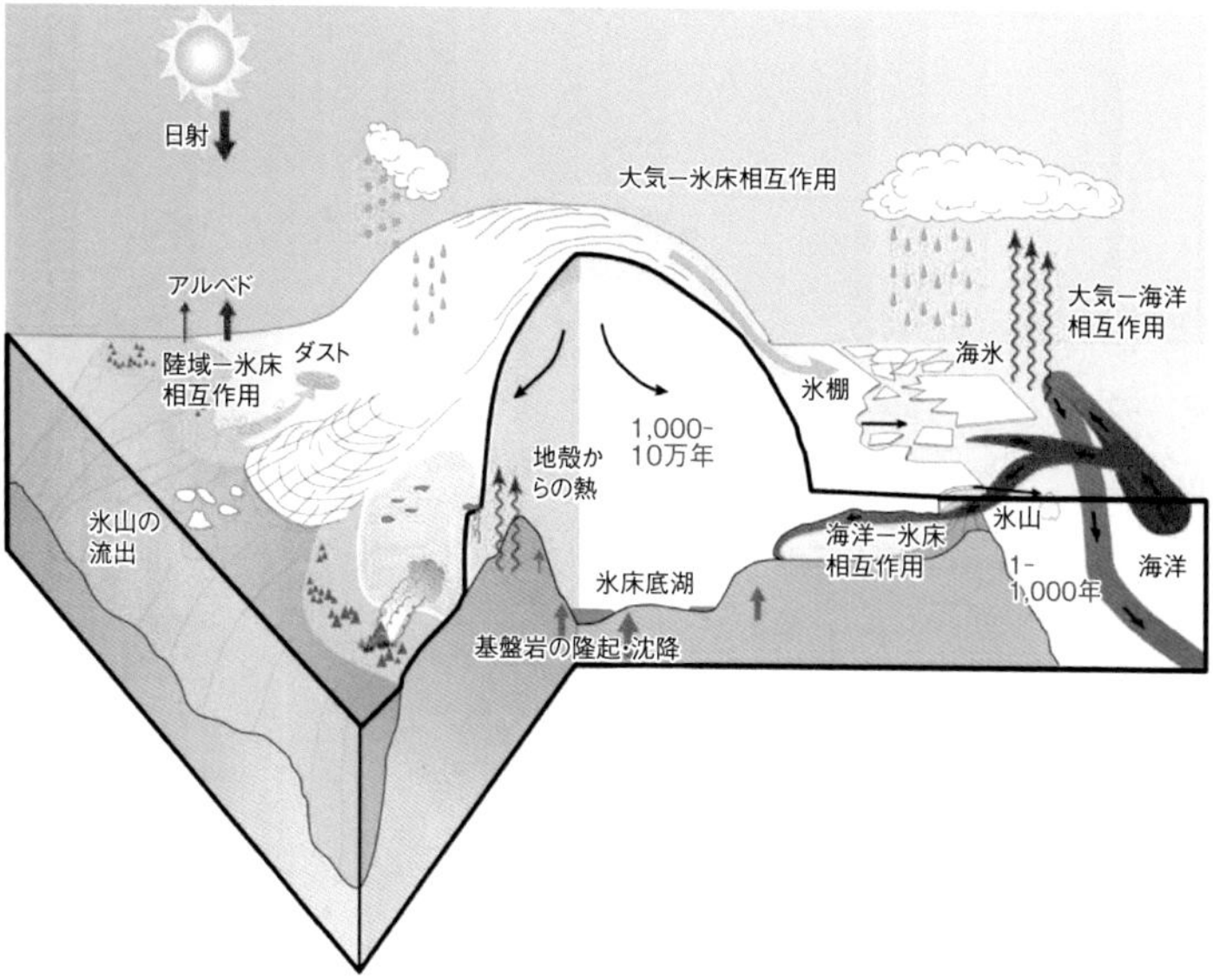

図16-1　地球表層を構成するサブシステムとその間の相互作用.
数字は変動の時間スケール（＊1を改変）.

復元し、モデルとの比較検討を行うことは、地球の気候システムのふるまいを理解する上で大変重要である。

地球表層環境を変化させる要因は、日射量のような地球外部要因（外力）と、温室効果ガスのような地球内部要因（大気と海洋など地球システム内部の相互作用）である（図16-1）（第14章参照）。地球に到達する太陽からの熱エネルギーの総量は、氷期と間氷期で顕著に変化しない。しかし、地球の軌道要素（公転軌道や自転軸の傾き、自転軸の歳差運動）の変化に伴い、季節や緯度による日射量の変動に変化が生じ、夏と冬での日射量の差や、高緯度地域と低緯度地域での日射量の差が周期的に大きくなったり、小さくなったりする。これが氷期・間氷期変動の引き金となっていることがわかっている。

古気候研究では、「時系列解析」と「時間断面解析」の2つの研究の手法が存在する。地球の気候を変化させる周期的な外力に対する地球表層システムの応答の時間変化を知りたいときなどに、地球上のある特定の地点で定点

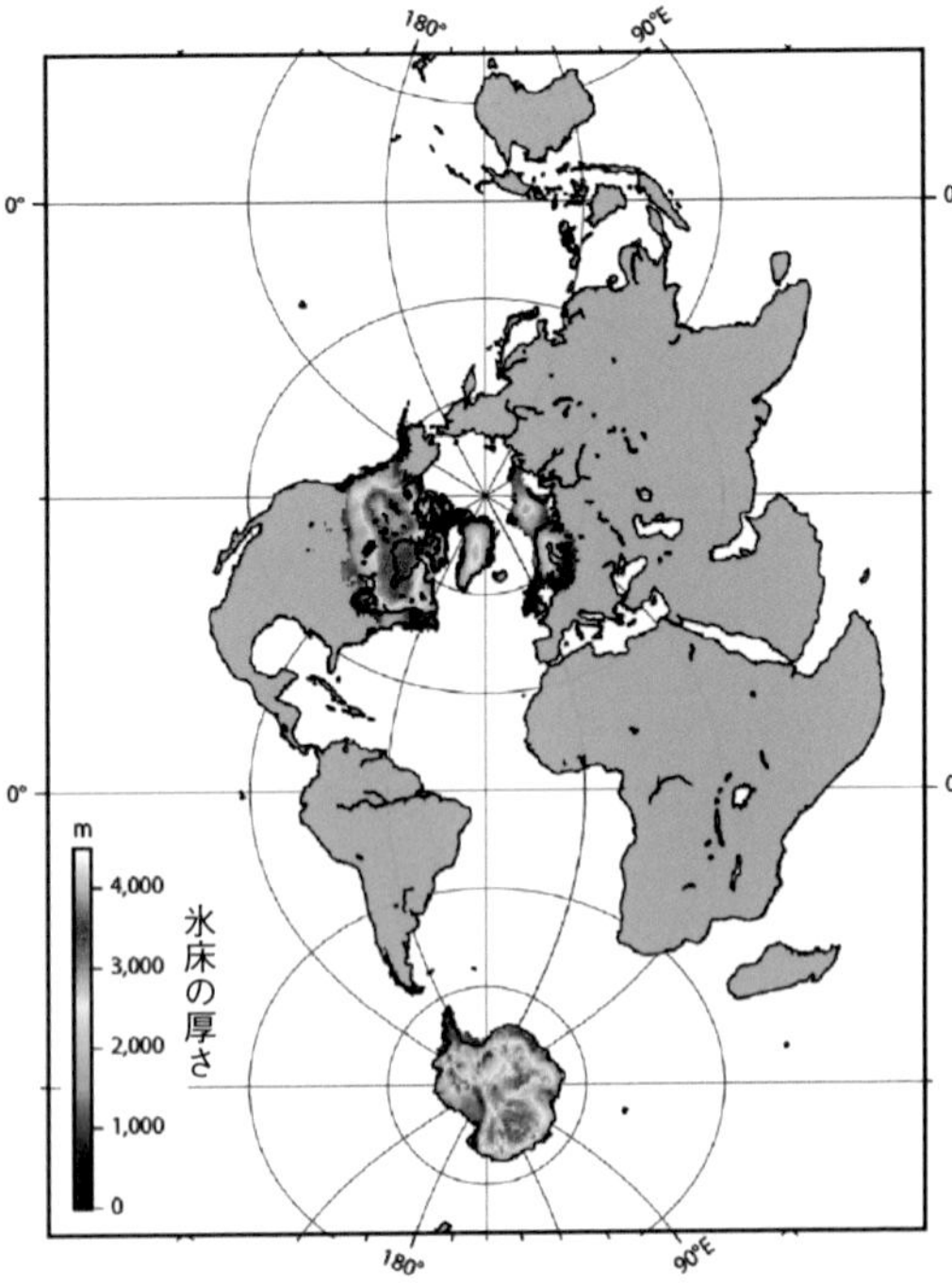

図16-2　直近の氷期に存在していた氷床の分布.
第四紀の大部分が氷期と呼ばれる時期にあたり，北米大陸と北欧には大きな氷床が存在していた.

観測を行い、温度や降水量、塩分や氷床量などの時間変化を取得し、解析するのが時系列解析である。一方で、過去のある特定の時期について、地球上の異なる地点で気候データを収集することで、当時の地球環境の全体像をつかむというのが、時間断面解析である。このようにして、地球が現在と同様の軌道要素条件であった過去の間氷期の気候を復元することで、将来の気候状態を予測する上で参考となるデータを得ることができる。具体的にどのような気候が復元されるのか、次に紹介していこう。

プロキシと古気候アーカイブ

古気候学では、堆積物や氷などといった古気候を記録した試料（古気候アーカイブ）に残された、プロキシ（代替指標）と呼ばれる生物化学的指標を活用する（図16-3、4参照）。たとえば、過去の陸上の環境記録は、湖の堆積物に残された花粉を使って復元することができる。異なる地域での現在の植生データと気象データから、温度や降水量への変換式を導き出し、湖底の層から得られた花粉の種類を分析することで、過去の気候を復元するのである。同様に、過去の海洋の環境も、海洋表層に生息する有孔虫などの死骸がマリンスノーとして堆積することを利用して、当時のプランクトンの種類と現在の海洋環境を比較して、同様に関係式を導き出し、復元することができる。

また、化学的なプロキシも広く使われる。とくに同位体比を調べることで、さまざまな地球表層の環境復元が可能となっている。物質は、液体から気体、固体から液体などに変化する際に、そのときの温度に応じて重い／軽い同位体の移動や分配の仕方に差（同位体分別）が生じ、それが温度の関数であることから、たとえば過去の水温情報を推定することもできる。この現象は、実験室でも実際の自然環境下でも確認されており、とくに酸素

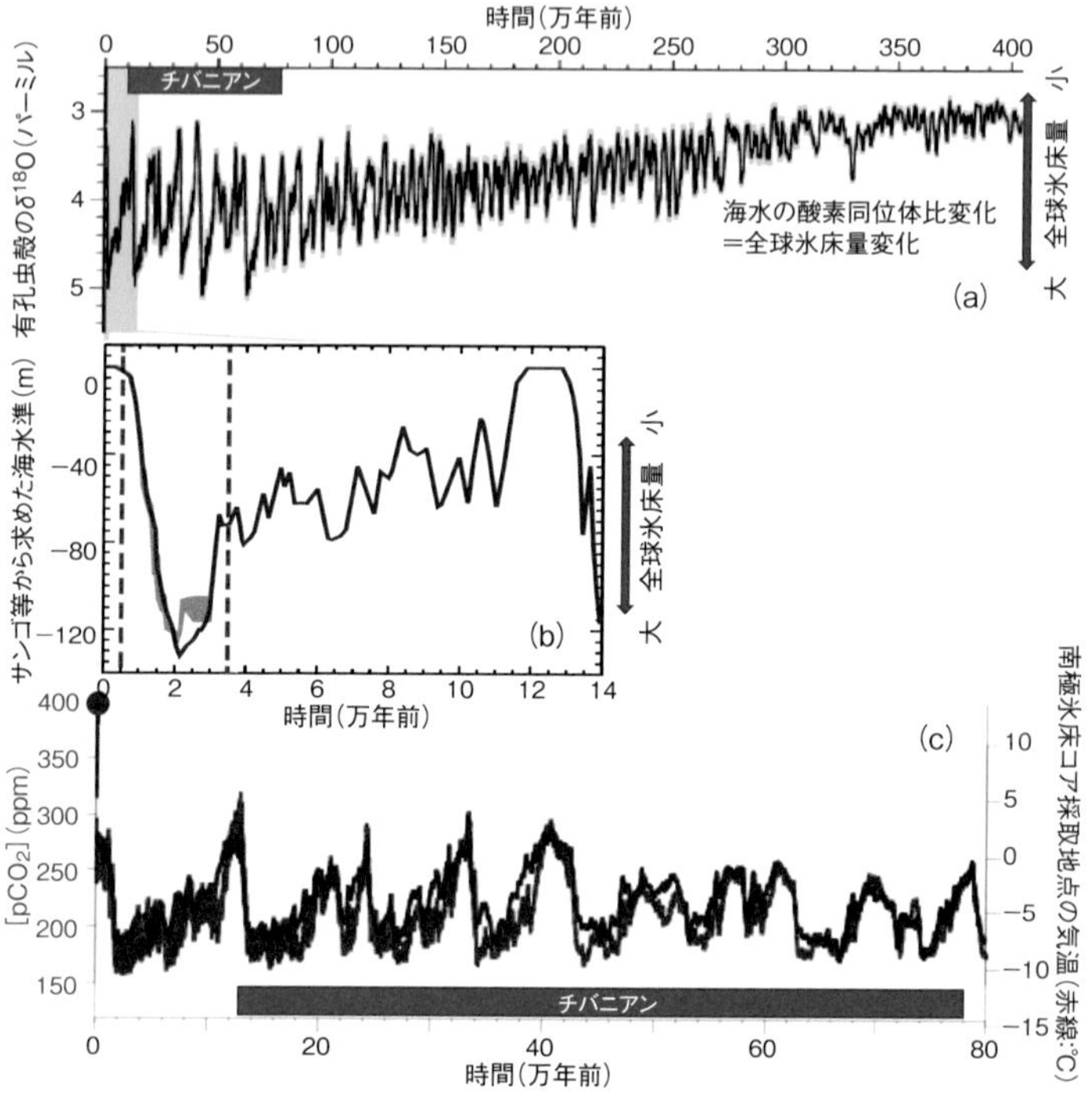

図16-3　気候アーカイブに残された過去の地球表層環境の例（詳細は＊2）．

(a) 海水の酸素同位体変化は，全球氷床量の変化を表す（＊10）．過去400万年間の全球気候変動は，氷期と間氷期を繰り返し，4万年，10万年の周期など，地球の軌道要素の周期を反映している．相対的な年代決定の手段としても用いることができる．青のバーは千葉時代（チバニアン）に相当する期間．(b) 現在のひとつ前の間氷期から現在までの海水準変動について，主にサンゴのウラン系列年代によって求めた曲線．赤線で示されているのは近年発表された海水準変化曲線で，氷床変動がきわめて急激に起こりうることが明らかになった．(c) 南極氷床コアに残された水素同位体から求めた気温変化と二酸化炭素の変化．過去80万年間の両者の相関が高いことがわかる．現在の大気二酸化炭素濃度は400ppmを超えており（赤丸で示している），80万年間で地球が経験したことのないレベルである．

の同位体を用いた温度計は、現在広く用いられている。

たとえば、海洋から蒸発した水蒸気は、全球規模で見ると蒸発の卓越する低緯度から高緯度へと輸送されているが、蒸発と降水により同位体分別が起こった結果、高緯度での降水（降雪）では、低緯度の降水より3〜4%ほど軽い同位体が多くなっている。つまり、大陸上をおおう氷床は、相対的に小さい酸素同位体比（^{16}Oに対する^{18}Oの比）を持っている。氷床が間氷期に融解して、海洋へ融氷水がもたらされると、海水の酸素や水素の同位体比が軽くなるため、海洋に生息している有孔虫（炭酸カルシウムの殻を作る）の殻の中の酸素同位体比も軽くなる。つまり海水の酸素同位体比を復元することにより、過去のグローバルな氷床量を復元できる（図16-3）。過去の海水の情報が、炭酸カルシウムという固体物質の中に、化学情報として記録されているのである。

この手法を使うと、およそ258万年前から氷期と間氷期の海水同位体比の振幅が大きくなり、長期的には地球が徐々に寒冷化していることがわかる（図16-3）。また、この変動は相対的な年代決定の指標としても使える。氷床量の変化に伴う海水の同位体比変化は、長期的にはほぼ世界同時に起こったと仮定できるので、たとえばチバニアン（77.4万〜12.9万年前）（コラム6参照）の開始時期が、世界の異なる海洋で採取された堆積物で決定できたりするのである（厳密には、火山灰で求められた年代で数字を入れ、それを使って酸素同位体データを解釈して年代を決める）。

海水の酸素同位体は海水温の指標ともなるが、ここまで述べてきたように、氷床量の変化に伴って海水の酸素同位体比が変わるために、有孔虫骨格中の酸素同位体比の分析結果のみでは、過去の海水温情報を取り出すことが困難である。そこで、有孔虫やサンゴなどが炭酸カルシウムの殻をつくる際に、カルシウム（Ca）を置換して骨格に取り込まれる、同じく2価のイオンであるマグネシウム（Mg）やストロンチウム（Sr）の量が海水温の温度計として使われている。MgやSrの炭酸カルシウムへの取り込まれ方(分配係数)が温度によって変わることを利用するのである。

また、南極やグリーンランドなどの氷床においてコア試料(柱状の掘削試料)を採取して分析することで、過去の気温変化の時系列データを復元することができる。氷床の氷の酸素(または水素)の同位体比を比較することにより、温度計を作ることも可能である。これは現地の気温がより寒いと重い同位体を持つ降雪が生じるという性質を利用する方法である。氷床コアの中の気泡中に閉じ込められた温室効果ガスの濃度変化などの大気情報とあわせて、気温の変化との比較が可能となっている(図16-3)。

近年では同位体異性体(アイソトポマー)や同位体置換分子種(アイソトポログ)(＊3)、特定の有機化合物を使った同位体分析(＊4)、レーザーを用いた分析法(＊5)、など新たな手法開発による微量かつ高精度・高分解能分析を用いて、より詳細な環境復元も行われるようになってきている(分析法のくわしい内容は文献を参照されたい)。自然界では、同位体比を変えるプロセスが組み合わさって起こることが多いが、精度の高い細かな分析により、その絡まった糸を解きほぐすことができ、もはや直接は測ることのできない過去の気温や水温を知ることができるのである。

年代測定

過去のある時期、地球の気候がどうなっていたのかを明らかにするためには、年縞や樹木年輪、サンゴ骨格年輪など、ある既知の年代から連続的にさかのぼることができる試料を使うことがベストである(図16-4)。だが、それらの連続記録には限界がある。そこで、さらに古い試料については、放射性同位体といった核種を用いて年

＊3 Toyoda, S. *et al.* (2013) Decadal time series of tropospheric abundance of N_2O isotopomers and isotopologues in the Northern Hemisphere obtained by using the long-term observation at Hateruma Island, Japan. *J. Geophys. Res.*, **118**, 3369-3381.

＊4 Ohkouchi, N. *et al.* (2017) Advances in the application of amino acid nitrogen isotopic analysis in ecological and biogeochemical studies. *Organic Geochem.*, doi:10.1016/j.orggeochem.2017.07.009

代決定を行う。この方法では、目的核種の量の初期値と壊変定数がわかっていれば、サンプル中の核種の量を測定することで年代が決定できる。第四紀で主に用いられているのは、放射性炭素（^{14}C）とウラン系列核種（後述）を使った年代測定法である。質量分析装置の技術の進展により、近年年代決定の精度が飛躍的に向上してきた。

超新星爆発などを起源とした太陽系外から入射してくる高エネルギーの宇宙線は、主に高エネルギーの陽子からなる。これらは太陽や地球の磁場の影響を受けつつ、地球大気に入射してくる。地球大気上層と宇宙線との相互作用によって生成される核種は、宇宙線生成核種と呼ばれ、^{10}Be、^{14}C、^{26}Al、^{36}Clなどが存在する。加速器質量分析

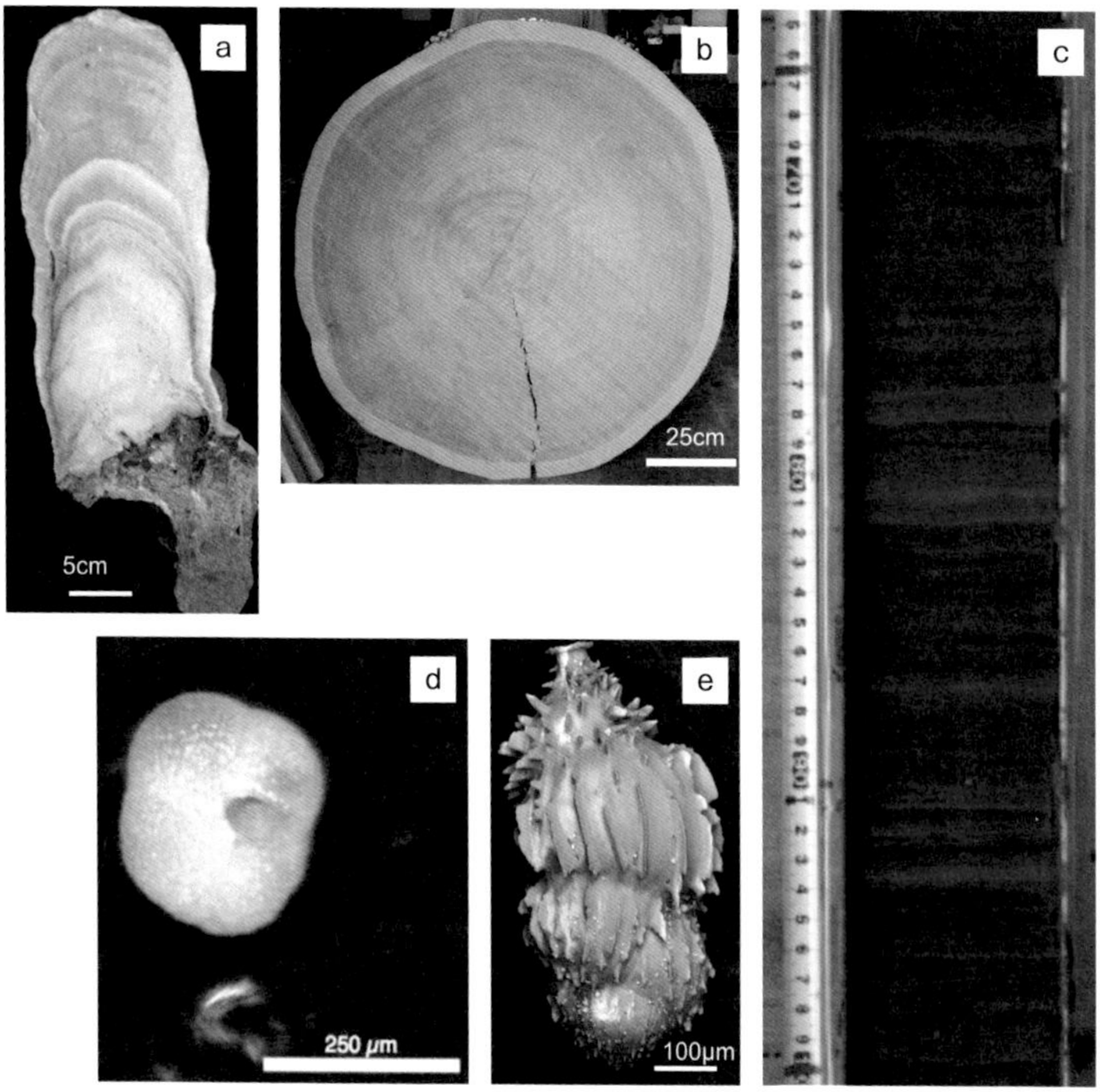

図16-4　さまざまな気候アーカイブとプロキシ．
（a）モンスーンなど過去の降水の記録を持つ球泉洞の鍾乳石．（b）400年の記録を持つ伊勢湾台風で倒れた杉．（c）水月湖の年縞堆積物．（d）海洋表層の情報を記録する浮遊性有孔虫殻．（e）海底付近の情報を記録する底生有孔虫殻．

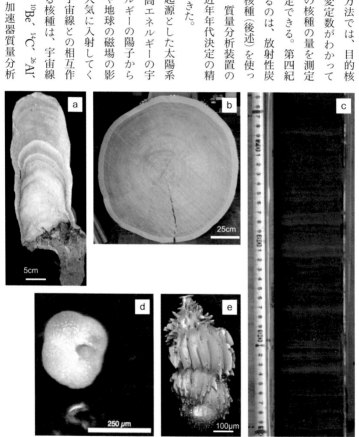

（AMS）という超高感度の質量分析法の登場により、きわめてわずかな量の核種でも同位体比測定が可能となり、高精度年代決定が可能となった（＊6）。

とくに、^{14}Cに関してはAMSを使うことで、0・01〜0・03%の小さな誤差で測定ができる。これにより宇宙線生成核種、とくに放射性炭素（^{14}C）の分析から、地球の気候がどのように変動してきたのかを高時間解像度で明らかにすることが可能である。この手法は、試料が微量であっても炭素がわずかでもあれば年代決定でき、古気候学者にとってきわめて強力な武器となるが、弱点も存在する。半減期が5000年ほどなので約5万年前までの試料にしか適用できないことや、先に述べた「初期値が既知である」という仮定が必ずしも成立しないことだ。しかし、^{14}Cが宇宙線でつくられることを考慮すると、過去の大気中の^{14}Cの生成率が変化していたことは想像に難くない。たとえば、太陽磁場や地球磁場の変化で地球大気へ侵入してくる宇宙線の流入量が変化することや、地球表層で最大の炭素の貯蔵庫である海洋の循環が気候変動などで変化することによって、大気中の^{14}C濃度に増減が起こる。つまり^{14}Cで求めた年代値は必ずしも実際の年代値（暦年代値）を表さないのである。たとえば、過去4万年間は地球磁場が現在より弱かったため、大気での^{14}C生成率が現在より大きく、初期値が高くなるので、この時期の^{14}C年代値は実際より見かけ上若くなってしまう（図16-5）。

一方、ウラン系列核種を用いた年代決定法には、^{238}U-^{234}U-^{230}Thの系列が用いられる（＊7）。陸上の岩石中に存在する^{238}Uはα崩壊して^{234}Uとなるが、風化侵食などに伴い、結晶格子の放射線ダメージを受けた箇所に位置する^{234}Uが選択的に結晶の外に取り除かれる。そのため、河川水を経て、海洋に流入したウランの同位体比は、想定より^{234}Uがわずかに多く存在する。この^{234}Uが放射壊変して生じた^{230}Thを測定することで年代測定が可能だ。粒子吸着性が高いThは、海水中では速やかに取り除かれるため、Thの濃度はきわめて低い。したがってサンゴ骨

＊5 Yokoyama, T. D. *et al.* (2011) Determinations of REE Abundance and U-Pb age of Zircons using Multispot Laser Ablation-ICP-Mass Spectrometry. *Anal. Chem.*, **83**, 8892-8899.

＊6 横山祐典（2019）高精度年代測定による過去のイベント復元とメカニズム解明：多点高精度放射性炭素分析・ウラン系列核種分析・宇宙線生成核種分析．第四紀研究，**58**, 265-286.

＊7 Yokoyama, Y. and T. M. Esat (2016) Deep-sea corals feel the flow. *Science*, **354**, 550.

格中の^{230}Thは、取り込まれた^{234}Uから壊変して作られたものと仮定でき、高精度の年代決定が可能だ。この手法を用いて、たとえば12万年ほど前の、現在よりひとつ前の間氷期の海水準変動の細かな変化もわかるようになった(＊8)。

ほかにこの手法が広く用いられているアーカイブが、先に述べた鍾乳石である(図16-4)。無機的に鍾乳洞の中で沈殿し、成長した鍾乳石に残された酸素同位体比は、過去の降水量の指標として広く使われており、ウラン系列測定法によってその年代を正確に決定することで、過去のモンスーン気候や中～低緯度地域の降水量復元に用いられる。

ところで、先に紹介した^{14}Cを使った年代測定法だが、微量でかつ適用可能な試料の種類が多いこの分析法をなんとか活かせないかと、^{14}C年代値を暦年代値に補正する標準データを作る国際的な取り組み(IntCal)が継続的に実施されている。これは独立した年代法を使い、大気中の^{14}C濃度の時間変化を求めることで、^{14}C年代を暦年代に補正するというものだ(図16-5)。現在のところ2つのアプローチが取られている。ひとつは年輪や年縞といった堆積物試料に挟在された、大気中の^{14}C濃度を記録していると考えられる植物片試料を数多く分析するアプローチで、もうひとつは^{14}C分析を行った試料について別の核種(ウラン系列核種)を用いた年代測定を行い、初期値を求める方法である。

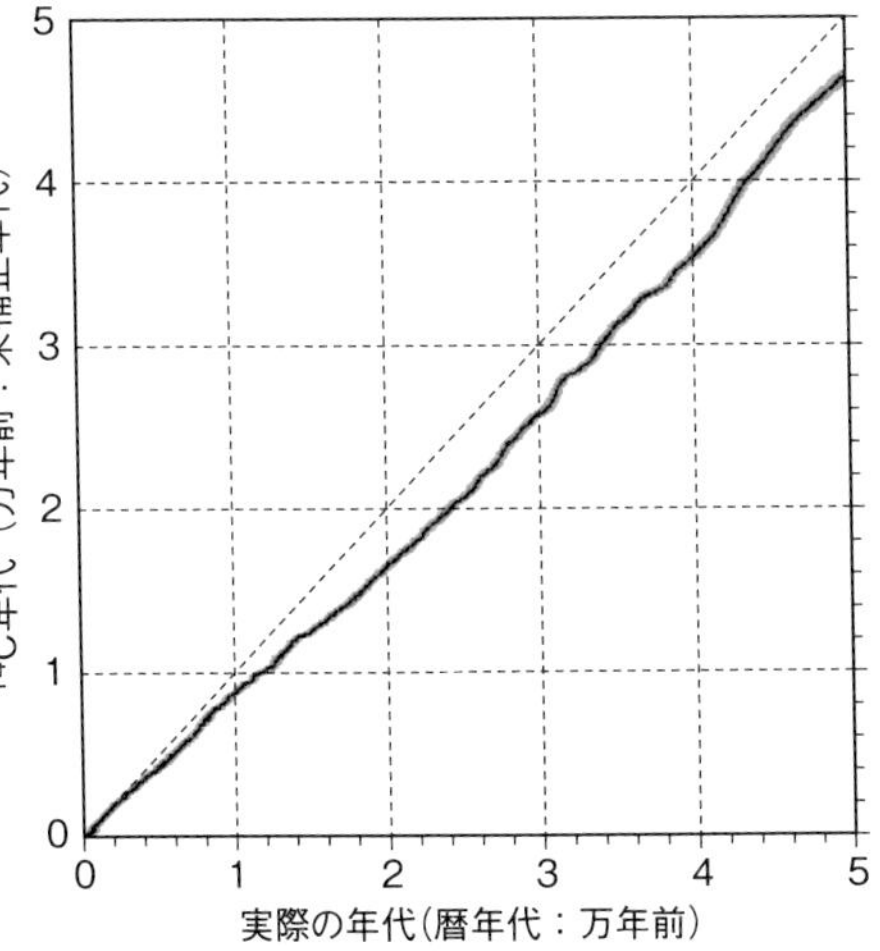

図16-5　実際の年代と放射性炭素年代の違い.
点線は初期値が現在と同じだった場合(1:1ライン).
2万年前で3000年ほどのズレが出ていることがわかる.

前者では福井県の水月湖から採取された年縞堆積物が主に使われているのに対し、後者では中国の鍾乳石の炭酸カルシウム中のウラン系列核種年代と^{14}Cとを高密度で測定した手法が使われている（＊9）（図16-5）。

古気候研究のターゲットとなる時代と今後の研究

将来の気候変動の予測精度（第14章参照）を高める上でも、過去の年代の気候変動を理解することは重要であり、国連の気候変動に関する政府間パネル（ＩＰＣＣ）や国際的な研究プロジェクトなどで集中的な研究が行われてきた。ここでの重要な研究ターゲットとしては、現在および近未来の大気二酸化炭素レベルと同様の時期であった鮮新世（約５００万年前）、現在と同じ軌道要素の状態だった40万年前、直近の間氷期である最終間氷期（約12万〜11万年前）、また、直近の自然な気候状態として最も寒冷な時期である、約2万年前の最終氷期最盛期などである（＊1）。さらに、軌道要素の変化と地球のサブシステムとの関係を調べる好機として、融氷期と呼ばれる最終氷期最盛期以降の時期が挙げられる（図16-3）。

このような研究の取り組みの中で、今後の気候変調期の最大の懸案となっている氷床の安定性に関する知見として、氷期から現在の間氷期にいたるまでの変動を復元した結果、従来から知られていた融解のみならず、氷床の成長も10年間で世界の平均海面が3・5センチメートル低下するという速度で急速に起こったことが明らかになった（＊10）（図16-3b）。このほか、小氷期や中世の気候変調期を含む過去２０００年間の気候復元を行う「2kプロジェクト」も進行中である。

過去の気候を記録する試料採取技術の発展も、気候変動研究を進展させるための重要な要素である。国際深海研究計画（ＩＯＤＰ）については、アメリカは向こう30年間継続することを２０１9年に決定した。このことは、

＊8 Polyak, V. J. *et al.* (2018) A highly resolved record of relative sea level in the western Mediterranean Sea during the last interglacial period. *Nature Geosci.*, **11**, 860.

＊9 Reimer, P. J. *et al.* (2013) IntCal 13 and Marine 13 Radiocarbon age calibration curves 0-50,000 years cal BP. *Radiocarbon*, **55**, 1869-1887.

＊10 Yokoyama, Y. *et al.* (2018) Rapid glaciation and a two-step sea level plunge into the Last Glacial Maximum. *Nature*, **559** (7715), 603.

今後の古環境研究への追い風である。ＩＰＣＣの第６次報告書の発行もまもなく予定されており、今後も古気候学と気候将来予測研究との連携が進んでいくと考えられる。

◉一般向けの関連書籍――横山祐典(2018)地球46億年気候大変動、講談社ブルーバックス。

17

激しく変化してきた地球環境の進化史

田近英一

地球は誕生以来、大局的には温暖湿潤な気候状態を維持してきた。その一方で、さまざまな時間スケールにおいて変動を繰り返しており、ときには地球全体が凍結するような大規模な気候変動も経験してきた。地球環境と密接な関係にある大気組成（二酸化炭素や酸素の濃度など）も、地球史を通じて劇的に変化してきた。そうした地球環境の変動や進化は、微生物を含めた生命の活動や進化とも密接な関係がある。地球環境変動史の理解には、生命圏や固体地球まで含めた地球システム全体の挙動の理解が必要不可欠である。地球システムや地球環境進化史の理解は、現代の地球温暖化問題や太陽系外に数多く存在するだろう地球類似惑星環境を理解する上でも重要な視点を与える。

大気中の二酸化炭素と酸素

現在の地球大気中には、二酸化炭素が約400ppm含まれている。今後、この量がさらに増えることによって地球温暖化が進行し、人間社会に深刻な影響が及ぶとする警鐘が鳴らされている（第14章参照）。

大気中の二酸化炭素濃度は、人間活動の影響が及ぶ以前においても一定ではなかったことがわかっている。たとえば、約10万年周期の氷期・間氷期変動（第16章参照）に伴って、二酸化炭素濃度は増減を繰り返していたという直接的証拠が、氷床掘削コア中に捕獲された当時の空気の分析から明らかになっている。すなわち、氷河時代において寒冷な氷期（氷河期）には二酸化炭素濃度が低く（約180ppm）、現在のような暖かい間氷期には二酸化炭素濃度が高く（約280ppm）なっているのである。数千万〜数億年という地質学的な時間スケールにおいても、二酸化炭素濃度は大きく変動していた。すなわち、現在よりもずっと暖かい温室期には、二酸化炭素濃度が現在の数倍〜20倍にも増加しており、現在のような寒冷な氷河時代においては、二酸化炭素濃度が現在と同程度にまで低下していたのである。

一方、現在の地球大気中には、酸素が約21%含まれている。酸素に富んだ大気を持つ惑星は地球以外に知られていない。この理由は、地球では酸素発生型の光合成生物の活動によって大量の酸素が生産されているからである。酸素発生型光合成生物が出現する以前の地球大気には、もともと酸素は含まれていなかった。逆に、地球大気にはもともとの大量の二酸化炭素が含まれていたと考えられている。すなわち、地球大気の組成は地球史を通じて劇的に変化してきた（図17-1）。

そうした地球大気の進化は、地球の気候や環境の進化、そして生命の進化と、どのような関係にあったのだろうか？

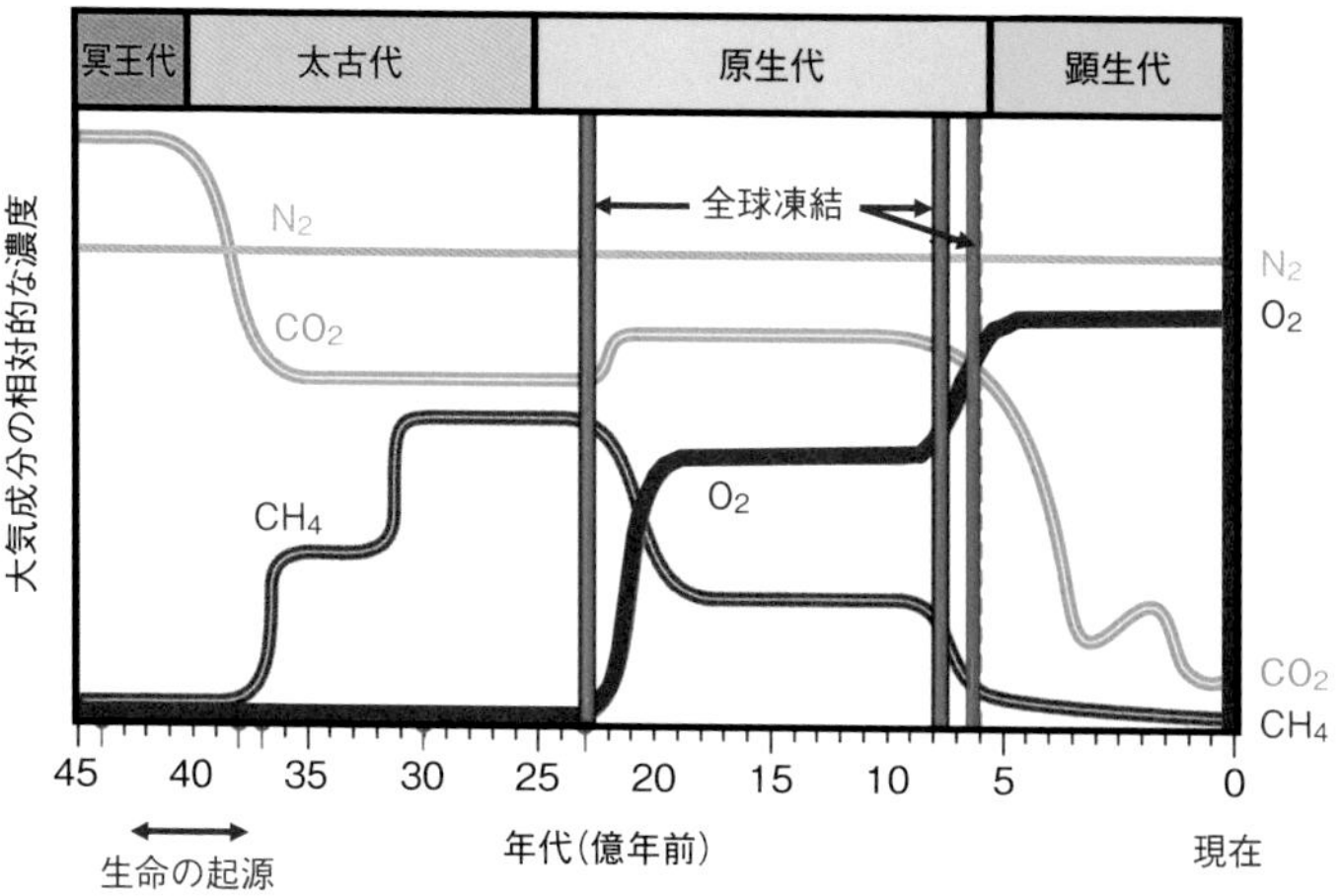

図17-1　大気成分（窒素N_2, 酸素O_2, 二酸化炭素CO_2, メタンCH_4）の時代変化の概要．縦軸は相対的な増減を表す．縦線は全球凍結イベントが生じたタイミング（＊1に基づく）．

暗い太陽のパラドックスと初期地球環境

地球環境の進化を考える際に常に言及される古典的な問題として、「暗い太陽のパラドックス」がある。誕生したばかりの太陽の明るさは現在の70%程度しかなく、時間とともに明るくなってきた。そのため、もし地球大気の組成が変わらなかったなら、地球史前半における平均気温は氷点下となり、水はすべて凍結していたことになるが、そのような地質学的証拠はない。この矛盾は、「地球大気の組成が変わらなかったなら」という仮定に起因している。過去の大気中に現在よりもずっと多量の温室効果ガスが含まれていて、その強い温室効果が低い日射量の影響を相殺していた、と考えれば解決できるからである。

この問題がはじめて指摘された1972年時点では、その温室効果ガスの正体はアンモニアだとされた(*2)。しかし、アンモニアは大気上層における大気光化学反応(太陽紫外線によって生じる反応)で速やかに分解されてしまうことがわかり、まもなく否定される。そして1980年代に入ると、二酸化炭素がその最有力候補となった。二酸化炭素は、地表面の化学風化(大気中の二酸化炭素が水に溶けて炭酸となり鉱物を溶解する反応)と、海洋で炭酸塩鉱物が沈殿する反応が連鎖的に生じることで消費される。ここで化学風化の速度は気候に応じて変化するため、温暖化すれば化学風化速度(すなわち二酸化炭素の消費率)が増加し、寒冷化すれば化学風化速度が低下することで、大気中の二酸化炭素濃度(すなわち大気の温室効果)は気候を安定に保つように調節されてきた可能性がある。この「ウォーカー・フィードバック」と呼ばれる気候の安定化メカニズムによって、地球環境は長期間にわたって安定に維持されてきたと理解されるようになった(*3)。二酸化炭素濃度は、太陽光度の増大の影響を打ち消すように低下してきて現在にいたったことになる。これによって、暗い太陽のパラドックスは完全に解決された、と誰もが考えた。

*1 Kasting, J. F. (2004) When methane made climate. *Sci. Amer.*, **291**, 78-85.

*2 Sagan, C. and G. Mullen (1972) Earth and Mars: Evolution of atmospheres and surface temperatures. *Science*, **177**, 52-56.

*3 Walker, J. C. G. *et al.* (1981) A negative feedback mechanism for the long-term stabilization of Earth's surface temperature. *J. Geophys. Res.*, **86**, 9776–9782.

ところが、１９９０年代以降、過去の二酸化炭素濃度が高かったことを検証する試みがなされるようになると、それらの推定結果のほとんどは理論値を下回ることがわかった（＊4）。すなわち、二酸化炭素の温室効果だけでは、地球を温暖には保てないことが示唆された。いったん解決されたと思われた暗い太陽のパラドックスは、まだ完全には解決されていなかったのである。二酸化炭素とは別の温室効果ガスが必要だということになった。

その最有力候補は、メタンだと考えられている（図17－1）（＊1）。というのは、生命活動によって作られた有機物が微生物によって嫌気的に（酸素を使わずに）分解されると二酸化炭素とメタンになるが、少なくとも生命が誕生して間もない約35億年前から大気中の酸素濃度が増大する約25億年前までは、生成されたメタンのほぼすべてが大気中に放出されていたはずだからである。現在、有機物は酸素によって二酸化炭素と水にほぼ完全に分解されているが、環境中に酸素が含まれていなかった約25億年前以前の地球環境では、状況がまったく異なっていたと考えられる。当時の二酸化炭素の温室効果不足を補うためには、メタンが１０００ｐｐｍ程度（現在の濃度は約１.８ｐｐｍ）必要であると推定された。しかしながら、そのような非常に高いメタン濃度が本当に実現可能だったのかについては、まだ地質学的証拠も得られていないばかりか、理論的説明すらできていなかった。

メタンの生成は嫌気性の細菌の活動によるものであり、メタンの材料となる有機物は光合成細菌の活動によって生産されたものである。したがって、海洋微生物生態系の活動が、当時の地球環境を支配していたことになる。そこで、海洋微生物生態系モデルを用いて、高濃度のメタンの維持に必要な高いメタン生成率が実現可能かどうか調べられた。当時の基礎生産を担っていたと考えられる光合成細菌は、水素や鉄、硫化水素などを用いた、酸素を発生しない光合成反応を行う微生物だったと考えられている（第7章参照）。そうしたさまざまな光合成細菌の活動を個別に検討した結果、そのような高いメタン濃度は実現が難しいことがわかった。

＊4　Feulner, G. (2012) The faint young Sun problem. *Rev. Geophys.*, **50** (2), RG2006.

しかしながら、当時の光合成細菌の活動は、水素や鉄などの供給によって制限を受けてはいるものの、光合成細菌の種類によって制限を受ける元素が異なる。ということは、そうした異なる光合成細菌が海洋内で共存して活動していたとしても不思議はない。そこで私たちは、そのような複数の光合成細菌を含む原始的な海洋微生物生態系モデルを大気光化学モデルと結合させて調べてみた。すると、大気メタン濃度が非線形的に（複数の光合成細菌が共存する場合には、それぞれが単独で活動する場合の足し合わせでは説明できないほど大幅に）増大して、1000ppmという高いメタン濃度を実現できることがわかった（＊5）。メタン濃度の非線形的増幅効果は、数百にもおよぶ大気光化学反応系と海洋微生物生態系からなる複雑な地球システムの挙動によるものである（図17-2）。

このことからも、地球の大気組成や気候は生

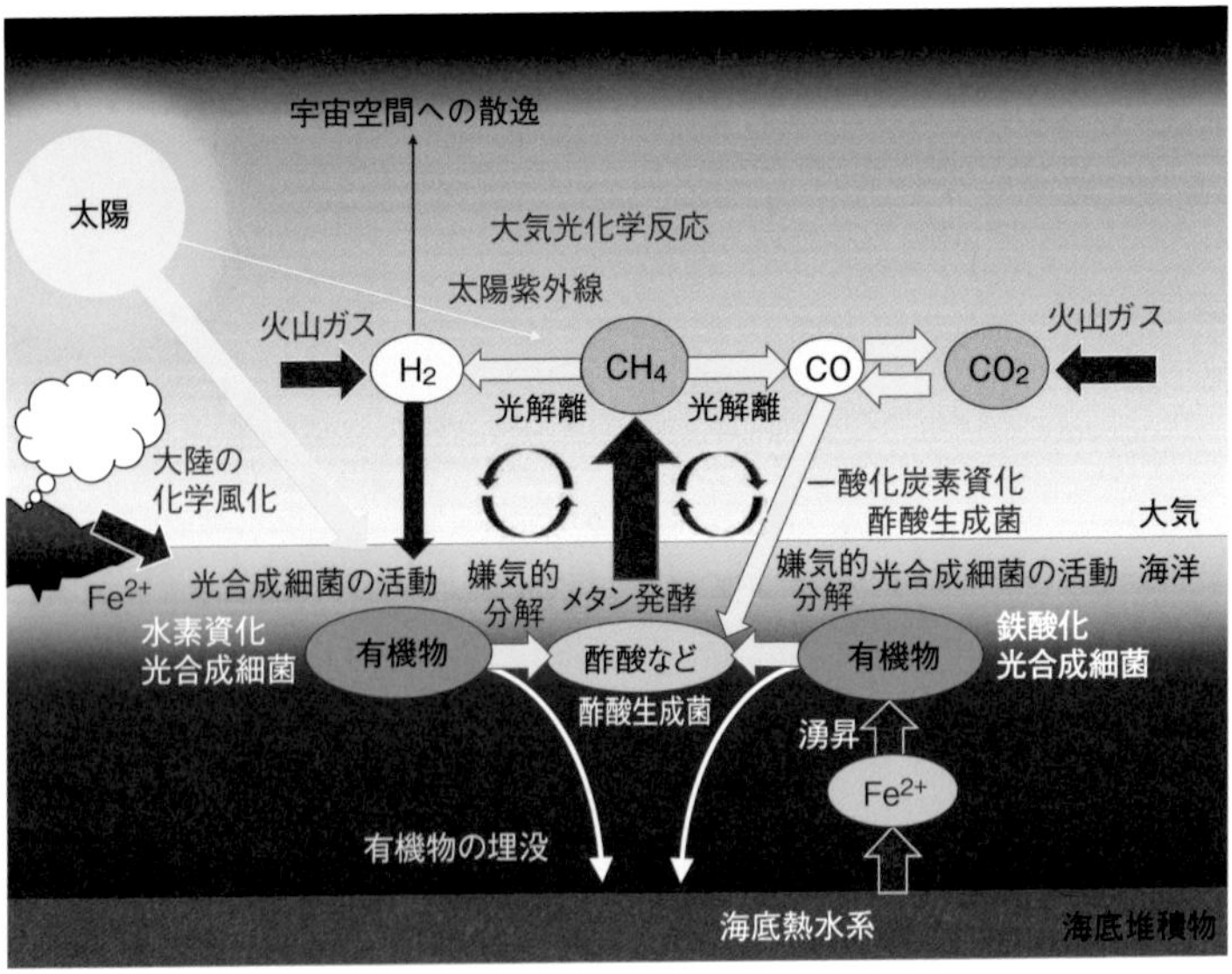

図17-2　初期地球における海洋微生物生態系を中心とした海洋生物化学循環と大気光化学系からなる地球システムの概要.

当時は、水素（H_2）や鉄（Fe^{2+}）などを用いて酸素を発生しない光合成を行う細菌によって有機物がつくられ，それが嫌気的に分解されて酢酸などになり，それがさらに分解されてメタン（CH_4）と二酸化炭素（CO_2）となり大気に放出されていた．メタンは太陽紫外線による光化学反応によって水素と一酸化炭素（CO）になり，一酸化炭素の一部は二酸化炭素となり，残りは微生物に利用されていたと考えられる．

命の活動と密接な関係にあり、生命圏を含む地球システム全体の挙動として理解する必要があることがわかる。

酸素環境の変動史

生命にとっての地球環境の変動という意味で、地球史を通じた最も深刻な地球環境変動は、気候の温暖化や寒冷化ではなく、酸化還元状態の変化であろうと考えられる。なぜならば、生命活動をつかさどる代謝（光合成や呼吸など、生命維持のために外界から取り入れた無機物や有機物を用いて行われる一連の反応のこと）は化学反応であり、反応に必要な物質や反応を阻害する物質の外界における存在量も含めて、酸化還元条件の影響を強く受けるからである。

地球史の前半は、環境中に酸素がほとんど含まれていなかった。その時代に誕生した生命は、嫌気的環境に適応進化してきた。ところが、地球史の半ばになると、酸素発生型光合成を行うシアノバクテリアが出現し、大気中に酸素が放出されるようになる。そして、原生代初期の約24億5000万〜20億年前において、「大酸化イベント」と呼ばれる大気酸素濃度の急激な上昇が生じ、地球環境は一変した（図17-3）（＊6）。酸素がほとんどない嫌気的環境から酸素に富む好気的環境へと変わったのである。それまでの環境に適応してきた嫌気性生物にとって、地球は生存が困難な環境になってしまった。

実際には、約21億〜6億年前の大気酸素濃度は現在の百分の一から千分の一以下であったため、海洋は表層を除いてほとんど酸素がない嫌気的環境で、嫌気性生物の多くは、海洋深部でその後も生存することが可能だったらしい（図17-3）。

逆に、海洋表層では、酸素に富む好気的な環境に適応した生命が繁栄するようになる。とりわけ、酸素を呼吸

＊5 Ozaki, K. *et al.* (2018) Effects of primitive photosynthesis on Earth's early climate system. *Nature Geosci.*, **11**, 55–59.

＊6 Lyons, T. W. *et al.* (2014) The rise of oxygen in Earth's early ocean and atmosphere. *Nature*, **506**, 307-315.

に利用した好気性細菌、そしてそれをミトコンドリアとして細胞内に取り込んだ真核生物が出現して、地球史後半の地球表層で繁栄するようになった。

約8億〜6億年前になると、再び大気酸素濃度が上昇する「原生代後期酸化イベント」が生じ、大気酸素濃度は現在と同程度になったらしい（図17-3）（＊6）。これによって、嫌気性生物の生存可能領域は大幅に縮小し、海底堆積物の内部などに限られるようになる。好気性の真核生物は、多細胞化が進み、動物が出現して、顕生代カンブリア紀（約5億4000万年前〜）（序章の図0-1参照）に爆発的に多様化したことはよく知られている。

実際には、顕生代においても、海洋内部が無酸素化する現象が頻繁に生じた（図17-3）。「海洋無酸素イベント」と呼ばれる現

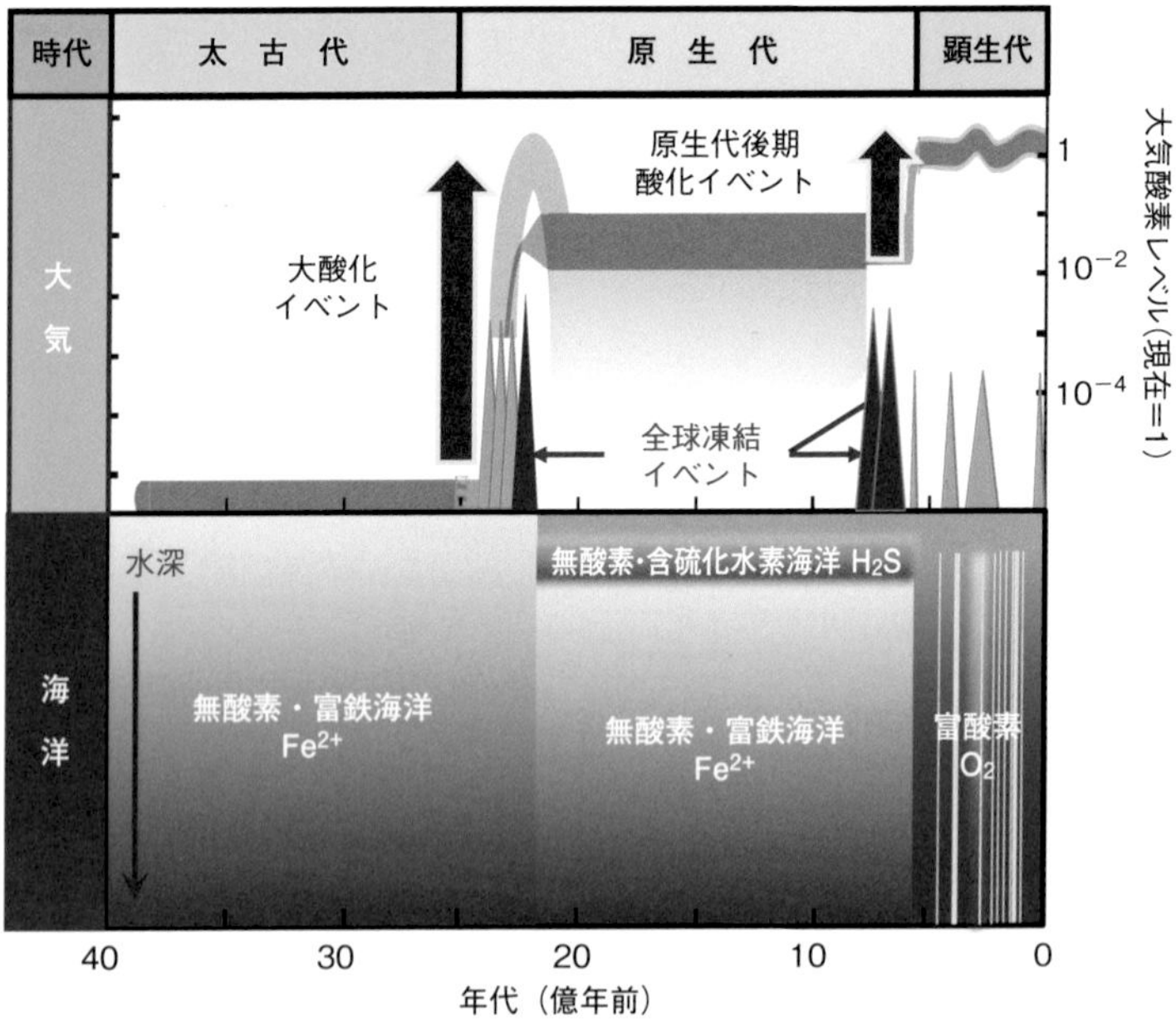

図17-3　大気酸素濃度と海洋内部の酸化還元条件の時代変遷.

大気酸素濃度は，原生代初期の大酸化イベントと原生代後期酸化イベントの2段階の急上昇イベントを経て現在のレベルに達した（＊6に基づく）．水色の▲は氷河時代、紺色の▲は全球凍結イベントを表す．海洋内部の酸化還元状態は，大気酸素濃度の上昇に応じて変化してきた．顕生代になると，海洋は富酸素的な環境になるものの，海洋無酸素イベント（縦線）が繰り返し発生している．

象で、大気や海洋表層には酸素が含まれているが、海洋表層のすぐ下は無酸素水塊と呼ばれる酸素に枯渇した水が広がる現象である。海洋無酸素イベントは、気候の温暖化や大気酸素濃度のわずかな低下によって容易に生じることがわかってきた（＊7）。海洋内部が無酸素化すると、海洋に生息している動物などの好気性生物は生存できなくなるため、海生生物の絶滅が生じることになる。とりわけ、大量絶滅のような大規模な絶滅イベントの多くは（小惑星が衝突したとされる6600万年前の大量絶滅イベントを除いて）（コラム3参照）、海洋無酸素イベントの発生と密接な関係があるようにも見える。

全球凍結イベントがもたらしたもの

地球の気候は大局的には温暖湿潤状態に保たれてきたものの、地球史において少なくとも3回、地球全体が凍結する「スノーボールアース（全球凍結）イベント」を経験したことがわかっている。全球凍結した地球は、大陸も海洋も厚い氷におおわれる。平均気温は氷点下30〜40℃にまで低下し、地球は生命の生存には適さないように見える「氷の惑星」となる（図17-4）（＊8）。

しかし、全球凍結は、火山活動によって放出された二酸化炭素が、数百万〜数千万年かけて現在の大気中濃度の数百倍〜数千倍蓄積することで終わりを迎えると考えられている。膨大な量の二酸化炭素の温室効果によって、氷が一気に融けるのである。この結果、全球融解直後の地球は、平均気温60℃を超える高温環境となる（図17-4）（＊8）。やがて二酸化炭素が大陸の化学風化反応によって除去されていくことで、現在に近い気候状態に回復したと考えられている。

全球凍結イベントは、原生代初期（約23億年前）と後期（約7億年前と約6億5000万年前）の2つの時期に

＊7 Ozaki, K. and E. Tajika (2013) Biogeochemical effects of atmospheric oxygen concentration and sea-level stand on oceanic redox chemistry. *Earth Planet. Sci. Lett.*, **373**, 129-139.

＊8 Tajika, E. (2007) Long-term stability of climate and global glaciations throughout the evolution of the Earth. *Earth Planet. Space*, **59**, 293-299.

生じた(図17-1)。不思議なことに、これらは大気酸素濃度の急上昇が生じた原生代初期大酸化イベントと原生代後期酸化イベントの発生時期と重なっている(図17-3)。このような超寒冷化現象と大気中の酸素濃度上昇イベントの間に、いったい何か関係があったというのだろうか？

実は、両者には非常に密接で必然的な因果関係がある、と私たちは考えている。それは、全球融解直後に実現される高温環境が鍵を握っている(図17-4)。高温条件下では大陸の化学風化の反応速度が劇的に増大し、通常の10～20倍もの速度でリンが海洋へもたらされる。海洋全体が異常な富栄養状態となり、爆発的な光合成活動が誘発され、酸素の生産量が通常の10倍以上も大きくなる。この結果、大気酸素濃度は、低い安定レベルから高い安定レベルへ一気に遷移したのではないかと考えられるのである(図17-4)(＊9)。このような海洋へのリンの供給速度の劇的な増加は、全球凍結直後の高温環境条件で初めて実現可能であり、通常の気候変動では決して生じない。したがって、全球凍結イベントが生じたことによって、大気中酸素濃度の急激な上昇が引き起こされた可能

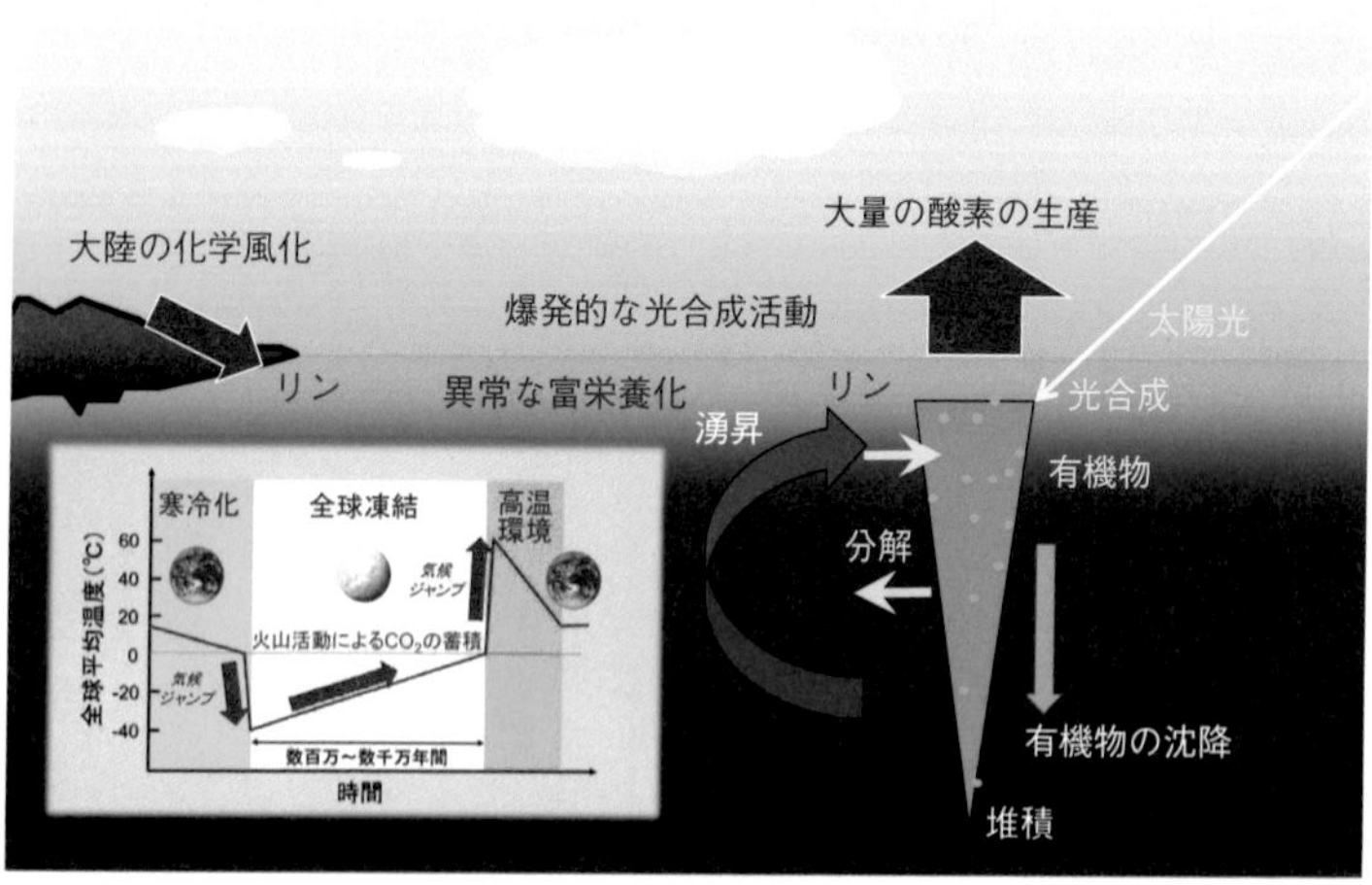

図17-4　全球凍結終了直後の高温環境条件下における海洋生物化学循環.
　左下の図は, 全球凍結イベントによる全球平均気温の推移を表しており, 全球凍結終了直後には摂氏60度に達する高温環境となる. このため, 全球凍結直後には大陸の風化速度が劇的に増加することによって海洋は異常な富栄養化（リン濃度の増加）が生じ, 爆発的な光合成活動によって大量の酸素が大気中に放出される. この結果, 大気中の酸素濃度は低い安定レベルから高い安定レベルへと遷移したと考えられる（＊9）.

性がある。全球凍結イベントは原生代の初期と後期に生じたことから、酸素濃度の急激な上昇イベントが原生代の初期と後期に生じたことは、その必然的な結果とも考えられるのである。

地球環境変動史という視点

地球環境と生命の関係は、私たちが考えている以上に密接である可能性がある。生命は環境変動が生じるとその影響を受け、ときには絶滅することもある。しかし、逆に生命活動も環境に大きな影響を及ぼし、地球史を通じて環境を劇的に変えてきた。とりわけ、地球環境と生命の進化において、酸素濃度の変遷は重要な意味を持つ。地球史において、温暖湿潤な環境が維持され、生命が誕生しただけでは、酸素に富む大気を持ち、動物など複雑な多細胞生物が繁栄するような、現在の地球には進化しなかった可能性もあるからだ。現在の地球にいたるまでには、全球凍結イベントが繰り返されたことが重要だったのかも知れない。

その全球凍結イベントの原因は現時点でも不明であるが、プレートテクトニクス（第11章参照）によって赤道付近に形成された超大陸が分裂したことや全球的な火成活動が低下したことなどが原因だった可能性が指摘されており、固体地球の活動が全球凍結イベントの引き金となった可能性が高い。このことは、大規模な地球環境変動は、固体地球まで含めた地球システム全体の挙動によって初めて理解できることを示唆する。

現代の地球温暖化の行方も、大気、海洋、雪氷圏、陸上・海洋の生物圏など、地球システムの挙動を深く理解することが必要不可欠である。地球史においては大小さまざまな地球システム変動の実例があることから、過去の地球を理解することは、未来の地球の理解につながるヒントを与えてくれる可能性が高い。

さらに、地球環境進化史の理解は、太陽系外における地球類似惑星の環境や生命活動の有無を理解する上でも

＊9　Harada, M. *et al.* (2015) Transition to an oxygen-rich atmosphere with an extensive overshoot triggered by the Paleoproterozoic snowball Earth. *Earth Planet. Sci. Lett.*, **419**, 178-186.

重要である。とくに、大気中に酸素を含むことが生命活動の証拠となるため、そのようなハビタブル惑星の発見に期待が集まっている(第1章参照)。また、全球凍結は太陽系外でも普遍的に生じ、全球凍結惑星は普遍的に存在するとも予想されている(*10)。第2の地球の存在確率や、生命生存可能性の理解にも、地球環境進化史の理解が重要な視点を与えるであろう。

一般向けの関連書籍――田近英一(2019)46億年の地球史、三笠書房。

*10 Kadoya, S. and E. Tajika (2014) Conditions for oceans on Earth-like planets orbiting within habitable zone: Importance of volcanic CO_2 degassing. *Astrophys. J.*, **790**, 107-113.

1988年には，気候変動に関する政府間パネル（IPCC）が設立されたこともあり，1990年代になると，気象よりもずっと時間スケールの長い気候のシミュレーションを行うモデルが必要になってきました．1991年には東京大学に気候システム研究センターが設立され，温暖化問題に対応するための日本の気候モデル開発が始まりました．気候モデルは，大気海洋結合モデルにさらに海氷モデルや大気微粒子（エアロゾル）のモデルなどを組み込んだもので，現在は自然の炭素循環や植生分布の変化なども計算できる地球システムモデルへと発展しています（図）．いわゆる温暖化シミュレーションは，これらのモデルに，過去から将来までの温室効果ガスの濃度や排出量を与えて行うものです（*3）（第14章）．

気候モデルは，温暖化シミュレーション以外にもいろいろな活用法があります．過去の気候変化（第16章）がモデルで再現されれば，与えている温室効果ガスや太陽放射，火山噴火などの外部条件を変えることで，どのように気候の変化が生じたのかを知る手がかりが得られます．また，モデル内に自発的に生じるエルニーニョなどの自然の気候変動が，パラメタリゼーションのやり方でどう変わるかを調べることで，現実の気候変動のメカニズムに迫ることができます．

現実の地球はただひとつですが，気候モデルという「仮想地球」を用いて，さまざまなアイデアを試すことで，気候システムの成り立ちや変動に関するわれわれの理解を深めることができます．これこそが，気候モデリング・地球システムモデリング研究の醍醐味です．将来の温暖化の予測は，こうした研究の積み重ねとモデルの改良を通じて，より確かなものになっていくと期待されています．

一般向けの関連書籍——河宮未知生（2018）シミュレート・ジ・アース—未来を予測する地球科学，ペレ出版．

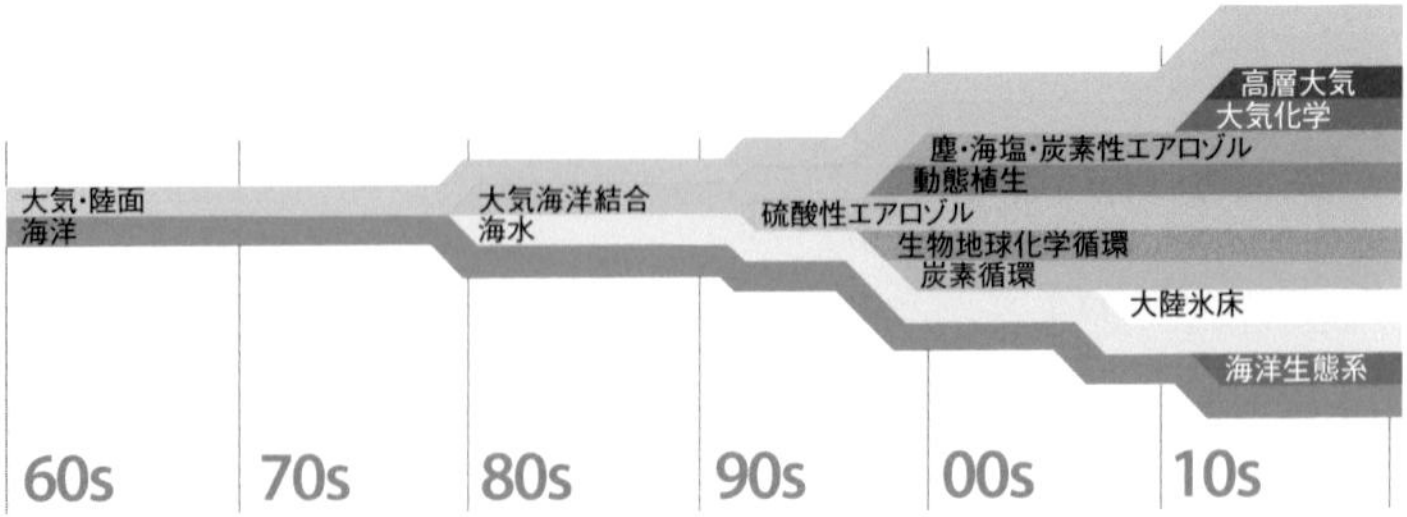

気候モデル・地球システムモデルの発展．

横軸はモデルの開発された年代を表す．1960年代に大気・陸域モデルと海洋モデルの開発から始まった歴史は，現在では大気化学・炭素循環・生態系など地球システムの多様性を取り込んだものに発展している（米国立大気研究センターより）．

column-05　気象・気候・地球システムの数値シミュレーション

渡部雅浩

直接間接を問わず，われわれの生活の多くはコンピュータプログラミングに支えられています．昨今では，スマホアプリ開発プログラムの教室が盛んですし，AI（人工知能）はビジネスのさまざまなシーンで活用されています．プログラミングが支える技術の身近な例が，気象予報です．日本を含む先進各国の気象予報は，全球から局地までの大気の数値シミュレーションに基づいて行われています．

大気や海洋は流体です．流体のシミュレーションは，心臓の血流や木星の大赤斑まで幅広く行われていますが，基礎となる共通の運動方程式（ナビエ・ストークスの式）が古典力学で確立されています．全球の気象シミュレーションでは，地球をとりまく大気層を三次元の格子（箱）に区切り，各々の格子で運動方程式と熱力学の式を解くことで，時々刻々の風速，気温，気圧が計算されます．ただし，格子同士は流れによってつながっているので，箱の数だけの連立微分方程式を解くことになります．仮に水平1°×1°格子（約100 km），高さ方向に50の層を区切った場合，なんと324万元の連立方程式となります．気象のシミュレーションにスパコンのような大規模コンピュータが必要なのはこのためです．

気象のシミュレーションでは，いつどこで雨が降るか，どういった雲ができて放射に影響するか，といったことも重要です．雲粒はミクロンサイズで，放射にいたっては気体分子の量子力学的状態で決まるので，どんなに格子を細かくしてもまともには計算できません．そこで，格子上の気温や水蒸気量などから，理論的あるいは半経験的にこれらの微細な過程のマクロな効果を計算する「パラメタリゼーション」と呼ばれる手法を用います．気象予報では，パラメタリゼーションをどう作るかで予測の精度が変わってきます（＊1）．

コンピュータシミュレーションによる数値予報は，日本では1959年に始まりました．1960年代には，世界的に全球大気モデル（シミュレーション用プログラム）の開発が進むと同時に，全球海洋の数値モデルも作られ始め，20年ほどかけてこれらを連結した大気海洋結合モデルに発展していきました（図）（＊2）．これにより，大気と海洋が相互作用することで生じるさまざまな気候変動のシミュレーションが可能になり，現在の季節予測やエルニーニョ予測システムの基礎となりました．

＊1　Hourdin, F. *et al.* (2017) The art and science of climate model tuning. *Bull. Amer. Meteor. Soc.*, **98**, 589-602. doi:10.1175/BAMS-D-15-00135.1

＊2　https://www.carbonbrief.org/timeline-history-climate-modelling（気候モデリングの歴史をビジュアルにまとめたサイト）

＊3　Edwards, P. N. (2010) History of climate modeling. *WIREs Climate Change*, **2**, 128-139. doi:10.1002/wcc.95

ひとつひとつが方位磁石のように働くので，泥が堆積するときに，磁鉄鉱の粒子のN極の向きがそのときの地磁気の方向に引っ張られ，わずかですが地磁気の方向に揃うことになります．そして泥や泥が固まってできた泥岩を感度の高い磁力計で測定することで，その泥が堆積したときの地磁気の方向を知ることができるのです．つまり，地層の中にある磁鉄鉱の粒子が，当時の地磁気の方向を教えてくれるのです．

磁鉄鉱は，マグマが冷えて固まったときにできるので，火山岩に沢山含まれます．千葉の地層は，すぐ近くに伊豆半島や伊豆諸島といった火山岩からなる山が沢山あったため，火山岩が削られてできた泥や砂の粒子を沢山含んでいます．そこには磁鉄鉱も豊富に含まれているため，しっかりと地磁気が記録されました．一方，同じく候補地であったイタリアの地層では近くに伊豆のような大規模な火山岩はありませんでした．この違いにより千葉の地層がGSSPに選ばれたと考えれば，伊豆はチバニアン承認の陰の立役者といえるでしょう．

最後に，千葉セクションGSSPで定められた時代の境目と地磁気逆転境界の位置関係について説明しましょう．千葉セクションで測定された地磁気逆転境界の1.1 m下に，白尾《びゃくび》火山灰層と呼ばれる，厚さ1 cm程度の白い火山灰層が見られます．この火山灰層の下面が，前期-中期更新世境界（カラブリアン期-チバニアン期の境界）を定める世界基準となりました（図2）．この基準点は「ゴールデンスパイク」と呼ばれ，現場の管理者などが主体となり，金属製のプレートや杭などを設置して，GSSPの位置を示すことになります．千葉セクションでも管理者である市原市などが主体となり，近いうちにゴールデンスパイクが打たれることになるでしょう．どのような形になるか楽しみですね．

🌏一般向けの関連書籍——菅沼悠介（2020）地磁気逆転と「チバニアン」—地球の磁場はなぜ逆転するのか，講談社ブルーバックス．

図2 千葉セクション（千葉県市原市田淵の養老川沿い）におけるGSSP層位と地磁気逆転境界．

column-06　日本初の地質時代名称「チバニアン」

岡田　誠

2020年1月17日，かねてより審査中であった日本初の「国際境界模式層断面とポイント」(Global Boundary Stratotype Section and Point: 以下，GSSPと略す) 提案が国際地質科学連合によって承認されました．この結果，名称が決まっていなかった中期更新世 (77.4万〜12.9万年前) が「チバニアン期」と命名され，地球史に初めて日本の地名が刻まれることになりました (図1).

地球の歴史は，地層が記録する化石の種類や気候変動の変化などをもとに116の地質時代に区分されています．それぞれの境界は，そのときに起こったことの痕跡が世界で最もよく保存されている地層 (＝GSSP) によって定義され，これまでチバニアンを含め74カ所が認定されてきました．そして境界の後にあたる地質時代の名称が，その場所の地名にちなんで命名されます．

中期更新世の始まりを定めるGSSPは、最後の地磁気逆転 (松山-ブルン境界と呼ばれます) が目安とされました．このため審査では，地層中に松山-ブルン境界の証拠がはっきりと残されていることが重要な条件となりましたが，千葉の地磁気逆転記録が圧倒的に優れていました．地球の液体の外核 (第12章) の流体運動で生じる地球磁場は時々逆転することが知られていますが (過去360万年の間には15回)，なぜ逆転現象が起こるのかは実はまだよくわかっていません．千葉の地磁気逆転記録が，逆転現象の解明に役立つ日がくるかもしれません．

そもそも地層はどのように地磁気を記録するのでしょうか？　地層は海の底に泥の粒子が堆積することでできます．そして泥の粒子の中には，磁石の性質を持つ粒子も沢山入っています．磁石の性質を持つ粒子のほとんどは，磁鉄鉱と呼ばれる酸化鉄の鉱物です．皆さんもよく知っている砂鉄もこの磁鉄鉱です．磁鉄鉱の粒子は

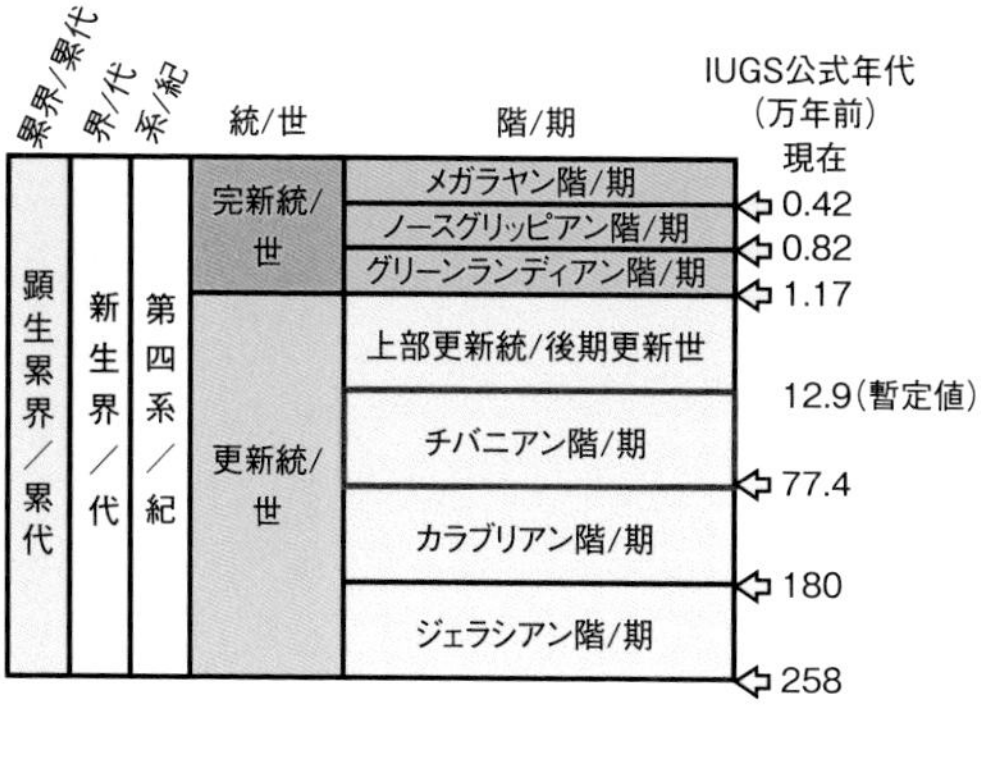

図1　第四紀におけるGSSPおよび地質時代名称．
黄色の矢印はGSSPが承認されている地質境界．

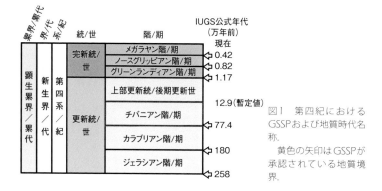

第IV部　執筆者紹介

第14章　**江守正多**（えもり・せいた）

東京大学未来ビジョン研究センター教授、国立環境研究所地球システム領域上級主席研究員。1970年生。気候変動問題をめぐり、将来予測とリスク論の研究、コミュニケーションの実践を行っている。

第15章　**原田尚美**（はらだ・なおみ）

海洋研究開発機構地球環境部門地球表層システム研究センターセンター長。1967年生。生物地球化学。亜寒帯・極域環境変化と物質循環や生産の応答研究を行っている。

第16章　**横山祐典**（よこやま・ゆうすけ）

東京大学大気海洋研究所教授、大学院理学系研究科教授（兼任）。1970年生。地球表層システム学・古気候学・地球化学・物質循環・文明と環境等の研究を行っている。

第17章　**田近英一**（たぢか・えいいち）

巻末の編集委員紹介参照。

コラム5　**渡部雅浩**（わたなべ・まさひろ）

東京大学大気海洋研究所教授。1971年生。大気科学・気候システム科学・温暖化の科学。過去から将来までの気候の変化・変動のメカニズムを研究している。

コラム6　**岡田　誠**（おかだ・まこと）

茨城大学大学院理工学研究科教授。1965年生。古地磁気学・古海洋学・野外地質学。地磁気逆転や古気候変動などを地層の記録から復元する研究を行っている。

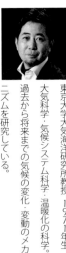

V 人間が住む地球

18 「想定外」の巨大地震・津波とその災害

佐竹健治

地震学は20世紀に大きな進歩を遂げ、地震や津波の発生のしくみの理解や、プレートテクトニクスに基づく解釈が進んできた。21世紀に入り、それまでマグニチュード（M）9クラスの巨大地震の発生が想定されていなかった沈み込み帯で、2004年スマトラ・アンダマン地震（M9・1）や2011年東北地方太平洋沖地震（M9・0）が発生した。これらは大きな地殻変動や津波を生じ、それぞれ約20万人、2万人という多数の犠牲者を出した。最近の古地震研究によって、同様な巨大地震が数百年前に発生していたことがわかってきた。また、津波被害を軽減するため、沖合での津波観測やそれに基づく予報システムも大きく進歩した。

巨大地震と津波

地震学者は、地震計に記録された地震波形の解析を通して地震現象を調べてきた。1960年代には全地球で均質なデータが得られるようになり、その後、広帯域地震計の記録がデジタル収録され、インターネットの普及によって、世界中の地震観測記録がほぼリアルタイムで得られるようになってきた。理論面では、弾性論に基づき、断層運動と等価な力源（ダブルカップル）、それを一般化したモーメントテンソルによって震源をモデル化できるようになった。地震の規模についても、地震波の振幅から計算する従来のマグニチュードにかわって、震源モデルに基づく地震モーメントやモーメントマグニチュード（M_wと標記されるが、以下では通常のマグニチュードと区別せずMで表す）が導入された。また断層運動による地表や海底の変位も弾性論に基づいて計算されるようになった。これらの地震学の発展には、日本の地震学者も大きな貢献をした。今では世界中で発生した地震が数時間のうちに解析され、プレートテクトニクス（第11章参照）などに基づく地学的な解釈を行うことが可能となった。

地震の規模がM8を超えるような巨大地震はプレートの沈み込み帯で発生するが（第9、13章参照）、20世紀に巨大地震が発生した沈み込み帯は限られていた。これらに基づき、世界の沈み込み帯を分類する比較沈み込み学が提唱された。たとえば、チリ型沈み込み帯では年代の若いプレートが低角度で沈み込み巨大地震が発生するが、マリアナ型では年代の古いプレートが巨大地震は発生させることなく急角度で沈み込むとされた（＊1）。これによれば、日本付近やインド洋ではM9を超える巨大地震は想定されていなかった。

2004年スマトラ・アンダマン地震とインド洋津波

2004年12月26日に発生したスマトラ・アンダマン地震の「震源」（破壊の開始点）は、インドネシアのスマトラ島沖であったが、「震源域」（破壊された範囲）はインド領ニコバル諸島、さらにアンダマン諸島へ向かって伸びた（図18-1）。スンダ海溝では、インド洋（インド・オーストラリア）プレートが、アンダマン（またはビルマ）プレートの下へ沈み込んでおり、プレート間大地震が繰り返し発生していたが、歴史記録に残る大地震は1847年のM7.5、1881年のM7.9、1941年のM7.7であり（＊2）、これらがこの地域で発生する地震の最大規模と考えられていた。ところが、2004年の地震の規模はM9.1、震源の長さは約1300キロメート

＊1 Uyeda, S. and H. Kanamori (1979) Back-arc opening and the mode of subduction. *J. Geophys. Res.*, **84**, 1049-1059.

＊2 Bilham, R. *et al.* (2005) Partial and complete rupture of the Indo-Andaman plate boundary 1847-2004. *Seism. Res. Lett.*, **76**, 299-311.

ルと、上の3つの地震の震源域を合わせたよりもさらに大きかった(図18-1)。

スマトラ島やアンダマン・ニコバル諸島では、地震前からGPSを用いた測地観測が行われており、地震前後のデータの比較から、南西方向へ数メートル変位したことが明らかとなった。また、現地調査や衛星写真によって海岸線の変化がとらえられ、地震に伴う隆起や沈降も明らかにされた。これらの地殻変動データや世界中で記録された地震波、さらには津波波形の解析により、この地震による断層のすべり量は平均約10メートルであったことがわかった(*3)。

断層運動によって海底に地殻変動が生じて急激に沈降あるいは隆起すると、これに伴って海面にも凹凸が生じ、それが津波となって伝わる(図18-2)。地殻変動の波長(数十~百キロメートル)は水深(数キロメートル)に比べて十分に大きいことから、津波は長波(浅水波)で近似でき、その速度は水深の

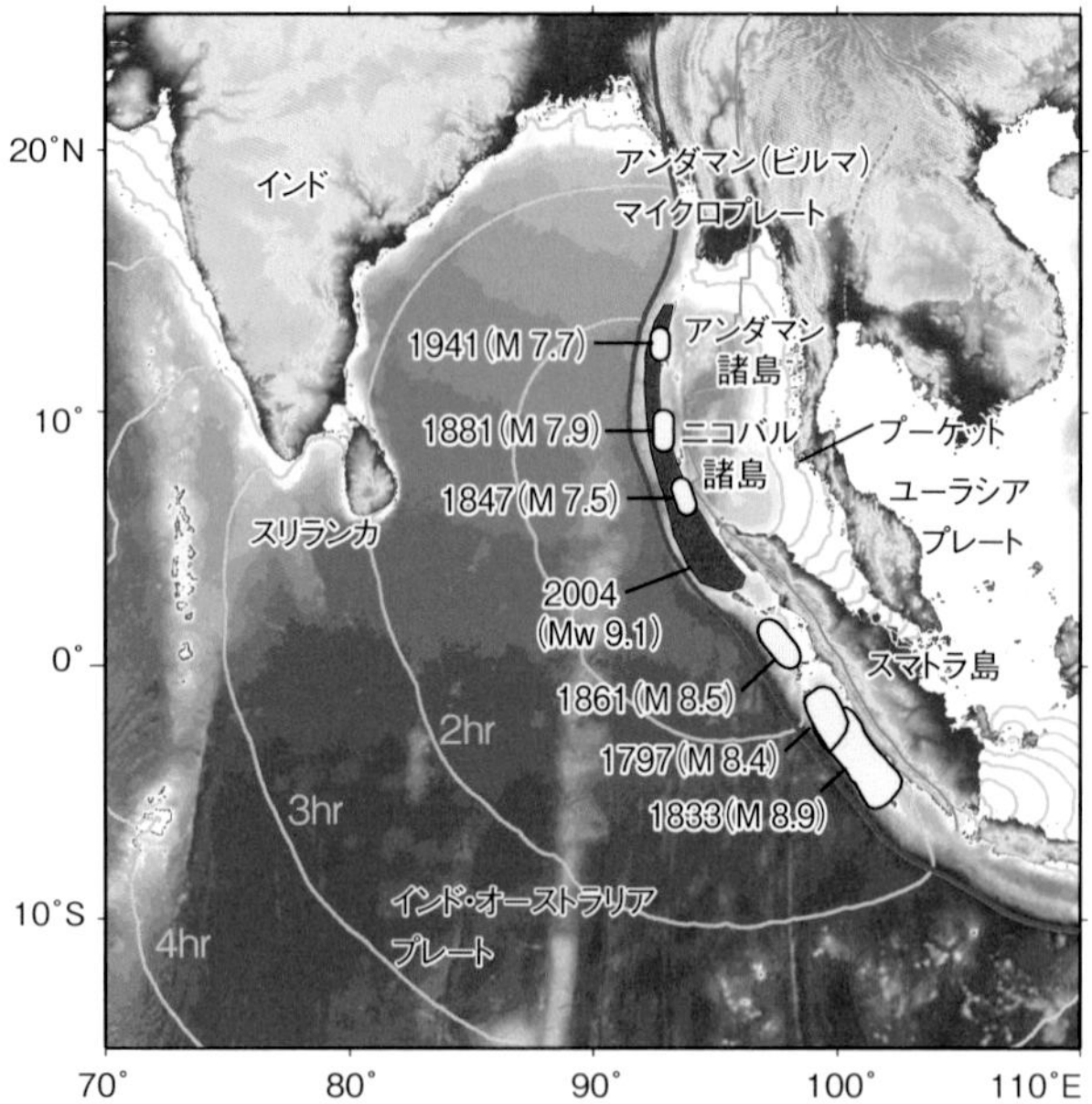

図18-1　2004年12月スマトラ・アンダマン地震の震源域(赤色).
　灰色の曲線は津波の伝播時間(1時間ごと).過去に発生した地震の震源域を白色で示す.

平方根に比例する。沿岸に近づくと速度が遅くなるが，振幅は大きくなり被害をもたらす。震源に近いスマトラ島バンダアチェ周辺では，津波の高さは最大30メートルであった。

地震発生後にインド洋上空を飛んでいた衛星の海面高度計によって，津波が伝播する様子がとらえられ，沖合での津波の振幅は1メートル以下であったことが確認された。津波は地震発生から約2時間後にタイのプーケットやスリランカに到達し，その高さは5〜15メートルであった。震源の東側に位置するタイなどでは沈降域からの波が最初に到達するため，引き潮（引き波）から始まるのに対して，西側のスリランカなどでは第1波が隆起域からくるため，突然海面が上昇したことが，検潮記録やビデオカメラの映像で確認された。津波はインド洋を伝わってアフリカ東海岸に到達し，さらには太平洋にも進んだことが海底水圧計などで記録された。

インド洋津波による犠牲者はインドネシア，スリランカ，インドなどのインド洋周辺諸国の14カ国で約23万人と，史上最悪の津波被害となった。津波が発生したのがクリスマス翌日であったことから，ヨーロッパなどからの観光客も多く犠牲になった。

2011年東日本大震災

2011年3月11日に発生した東北地方太平洋沖地震は，日本で観測された初の

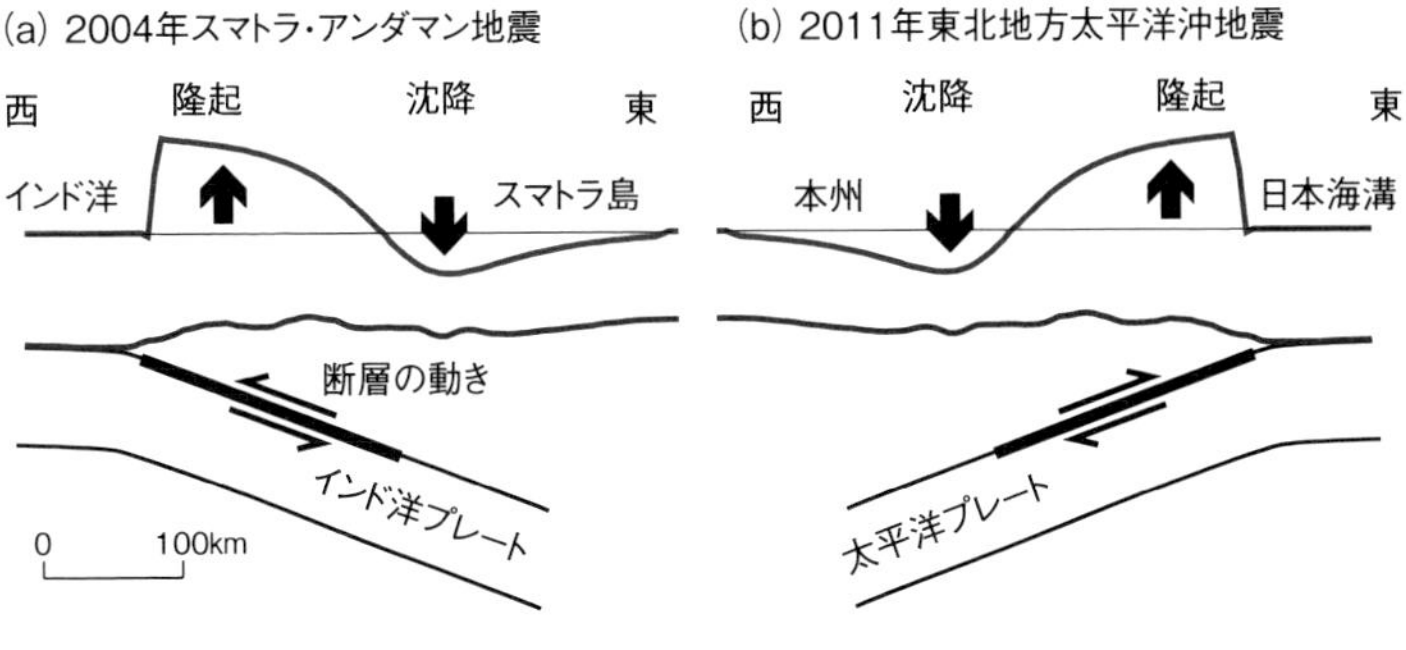

図18-2　2004年スマトラ・アンダマン地震（a）と2011年東北地方太平洋沖地震（b）の震源域の断面図と，断層運動による海底変動（隆起・沈降）のパターン．

M9クラスの地震であった。日本海溝では、太平洋プレートが日本列島下に沈み込み、プレート間地震が発生する。震源域の宮城県沖では、1793(寛政五)年以来、平均37年間隔でM7〜8の地震が繰り返し発生しており、前回の1978年宮城県沖地震から33年が経過していた。そのため、今後30年以内にM7・5程度の地震が発生する確率は99%とされていた。この値は日本周辺の大地震発生の長期評価で最も高い値ではあったが、発生した地震(東北地方太平洋沖地震)の規模は想定よりもはるかに大きかった(*4)。

この地震の震源域は、余震分布によると岩手県から茨城県沖にかけての長さ500キロメートル、幅200キロメートル程度であった(図18-3)。日本列島に整備されたGPS観測網によると、地震に伴って東北地方が最大5メートル東向きに動き、沿岸は最大1メートル沈降した。また、2011年以前から行われていた海底での測地・圧力・水深の観測データから、日本海溝付近の海底が水平に約50メートルも動いたことも明らかになった。このように巨大な海底の地殻変動が観測されたのは世界で初めてであった。

この地震によっても大きな津波が発生した。高さ10メートル以上の津波が茨城県から岩手県までの400キロメートル以上の沿岸を襲い、仙台平野では海岸から約5キロメートル内陸まで浸水した。津波の浸水域は約560平方キロメートル(東京都23区の面積は約630平方キロメートル)であった。東日本大震災は、建物や液状化の被害も生じたが、約2万人の犠牲者の大部分は、津波によるものであった。津波浸水域内の人口は約60万人であったことから、もし津波が夜間や悪天候時に発生していたら、さらに多くの犠牲者が出ていた可能性がある。

この地震による津波は、沿岸に到達する前に沖合で観測されていた(図18-3)。まず釜石沖70キロメートルに設置された海底水圧計(TM1)には、地震発生からの6分間に海面が約2メートル上昇し、その後2分間でさら

*3 Chlieh, M. *et al.* (2007) Coseismic slip and afterslip of the great Mw 9.15 Sumatra-Andaman earthquake of 2004. *Bull. Seism. Soc. Am.*, **97**, S152-S173.

*4 Satake, K. (2015) Geological and historical evidence of irregular recurrent earthquakes in Japan. *Phil. Trans. R. Soc. A*, **373**, 20140375.

*5 Fujii, Y. *et al.* (2011) Tsunami source of the 2011 Off the Pacific Coast of Tohoku earthquake. *Earth Planet. Space*, **63**, 815-820.

に3メートル上昇するという2段階の津波が記録されている。続けて別の水圧計や沿岸でのGPS波浪計に、さらに大きな振幅で記録された。地震発生後約30分後には釜石の水位計に津波の到達が記録されているが、津波が大きかったことから計器が破損し、最大水位は記録されていない(＊5)。

沖合や沿岸で記録された津波波形データの解析から、2011年東北地方太平洋沖地震の断層面上のすべり量の時空間分布が得られた。宮城沖のプレート境界深部では、破壊開始すぐに最大20メートル程度のすべりが発生した。破壊はプレート境界の浅部に向けて進行し、海溝軸付近では最大約70メートルのすべりが生じた。また、三陸沖の海溝軸付近では、破壊開始から数分後に10メートル程度のすべりが発生した。沖合の津波計で観測された2段階の津波は、第1波は断層深部のすべりによるもので、第2波は海溝軸付

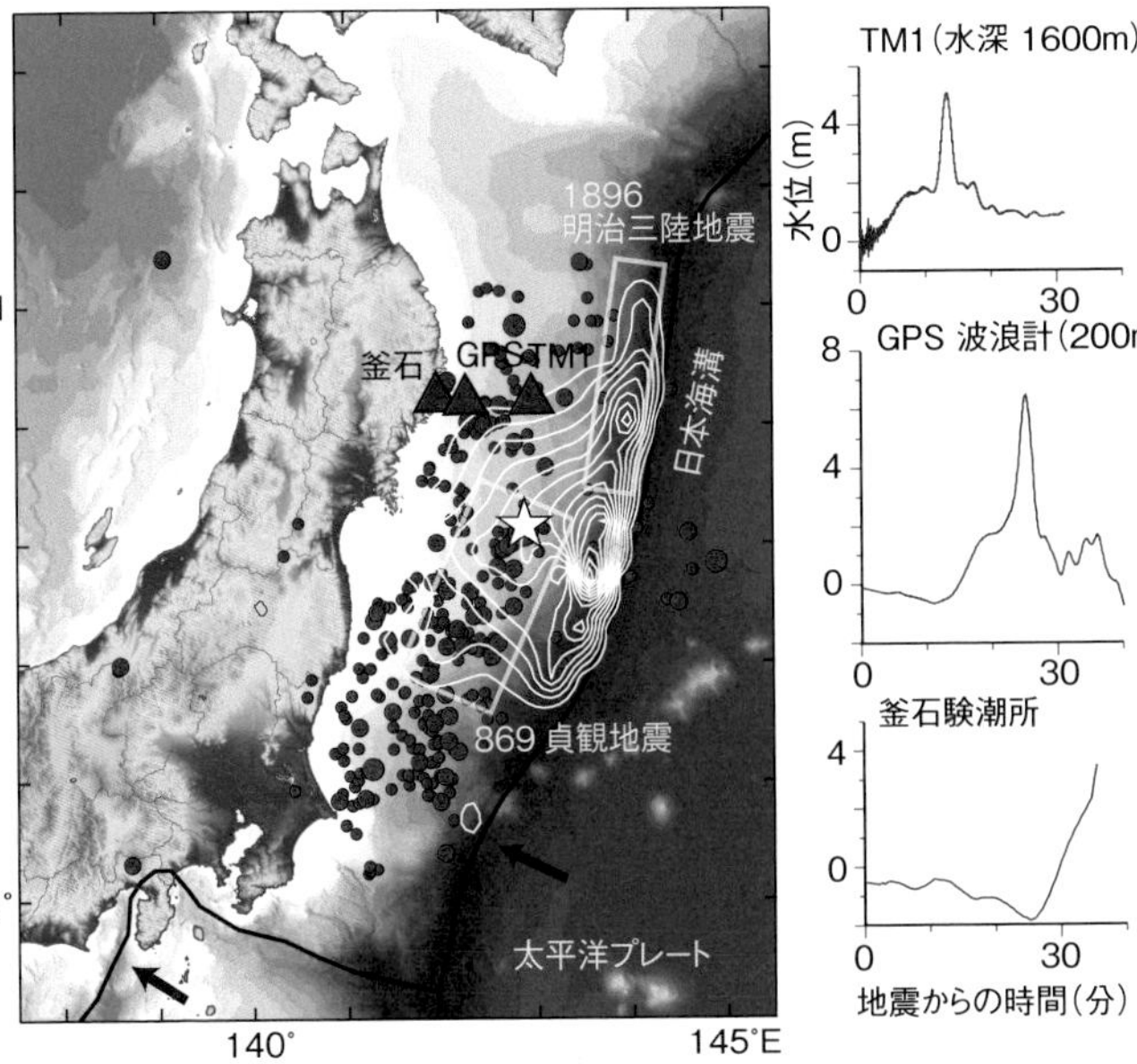

図18-3　2011年東北地方太平洋沖地震の震源域(左).
白い星印は震央, 赤丸は余震分布, コンターは断層面上のすべり分布(津波波形の解析に基づく)を示す. 赤三角は右に示す津波波形が記録された場所. 比較のため, 1896年明治三陸地震と869年貞観地震の断層モデルも示す(＊5).

近の大きなすべりによるものであった(＊5)。

古地震調査による地震発生履歴

スマトラ島では、2004年地震の前から米国とインドネシアのグループによって、サンゴを使った古地震調査が実施されていた。サンゴは水中のみで成長するため、その上部は海水面に沿って平らな形状(マイクロアトール)となる。地震に伴う地殻変動で海水面が変化すると、サンゴの成長のパターンが変化する。その断面を調べることにより、過去の海面変化がわかり、年縞から地震の発生年も推定できる。このような調査から、スマトラ島沖では1797年、1833年、1861年にM8以上の巨大地震が発生していたことが明らかにされていた(＊6)(図18-1)。

2004年の地震以降、過去の津波によって運ばれ堆積した砂など(津波堆積物と呼ばれる)を用いた古地震・古津波調査が、インド洋沿岸諸国で実施された。タイでは2004年インド洋津波による堆積物と似た砂層があり、これは西暦1300〜1450年ごろに堆積したと推定されている(＊7)(図18-4)。スマトラ島、アンダマン・ニコバル諸島、インドでも過去の地震発生を示す津波堆積物が発見されたが、それらの年代は場所ごとにばらついており、過去の地震は2004年のものとまったく同じではなかった可能性がある(＊8)。

図18-4　タイ(プーケット北方)における2004年とその前の地震による津波堆積物(＊7).

三陸沿岸では、東日本大震災の前にも同じような津波被害が記録されている。1896年には明治三陸津波が発生し、東日本大震災より多い約2万2000人の犠牲者が出た。地震動はそれほど大きくない（震度2〜4程度）にもかかわらず、津波の高さは2011年とほぼ同程度であった。このような地震は「津波地震」と呼ばれ、海溝付近で大きなすべりが発生することが原因とされている。

仙台平野では、869（貞観十一）年に大地震が発生し家屋や住民に被害が出たこと、さらに津波が多賀城まで押し寄せ千人もの溺死者が出たことが、六国史の1つ『日本三代実録』に記録されている。この貞観地震については、津波堆積物の分布からも、海岸から5キロメートルまで浸水したことが知られていた。津波シミュレーションと津波堆積物分布の比較から、貞観地震はプレート間深部での大きなすべりによるM8・4以上の規模であったというモデルが提出されていた。また、貞観地震と同じようなタイプの地震が450〜800年程度の間隔で繰り返してきたことも明らかになっていた（＊9）。

このように歴史記録・津波堆積物・過去の水面変動などを用いた古地震・古津波調査によって、20世紀以降に巨大地震が記録されていなかったスンダ海溝や日本海溝などでも、過去にはM9クラスの巨大地震が数百年程度の間隔で発生してきたことが明らかになってきた（＊10）。2011年東北地方太平洋沖地震のすべり分布（図18-3）は、1896年明治三陸地震のように海溝軸付近で大きなすべりを持つ津波地震タイプと、869年貞観地震のモデルのように断層面の深部が大きくすべるタイプの地震が同時に発生したと考えられている。

津波の観測と予報

大きな地震が発生すると、気象庁から震度情報に引き続いて津波の有無が発表される。津波予報は、津波に比

＊6 Natawidjaja, D. *et al.* (2006) Source parameters of the great Sumatran megathrust earthquakes of 1797 and 1833 inferred from coral microatolls. *J. Geophys. Res.*, **111**, B06403.

＊7 Jankaew K. *et al.* (2008) Medieval forewarning of the 2004 Indian ocean tsunami in Thailand. *Nature*, **455**, 1228-1231.

＊8 Satake, K. (2014) Advances in earthquake and tsunami sciences and disaster risk reduction since the 2004 Indian ocean tsunami. *Geosci. Lett.*, **1**, 15.

べて地震波が速く伝わるという原理を利用したものであり、まず、地震記録から震源とMを決める。津波発生の可能性がある場合には、あらかじめ津波の数値シミュレーションを行って作成したデータベースから震源とMが近いものを選び、各地(日本の場合、沿岸を66地域に分けてある)の津波到達時刻と大きさを予報する。さらに、各地の水位計(検潮所)で津波の発生や到達を確認して警報・注意報の更新や解除を行う。

2011年3月11日、気象庁は、東北地方太平洋沖地震発生の3分後に大津波警報を発表した。ところがMが7.9と過小評価されたため、沿岸で予想された津波の高さも3〜6メートルと低かった。気象庁や沖合の波浪計の観測データなどに基づいて津波の高さ予測を修正したが、これらの更新情報は沿岸住民には完全に伝わらなかった。

ハワイにある太平洋津波警報センターは、世界中の地震を監視し、震源やMを決めている。2004年地震発生の15分後には、スマトラ島北部で地震が発生したことを全世界へ向けて発信した。この第1報ではM8.0と地震規模を過小評価していたが、約1時間後の第2報では、Mを8.5としたうえで、津波の可能性も指摘した。ところが、インド洋には水位計や津波予報の伝達システムがなかったため、津波の発生を確認し、それを周辺諸国に伝達することができなかった。2005年以降、インド洋のみならず北西太平洋・地中海、カリブ海にも津波警報システムが構築された(*8)。

米国ではDART(Deep-ocean Assessment and Reporting of Tsunamis)と呼ばれる津波計を開発し、太平洋やインド洋に展開している。これは、深海底に設置した水圧計によって観測された津波記録を、水中音響によって海面のブイに伝達し、さらに衛星を通じて実時間で陸上の基地局に送るというシステムである。2004年以前は太平洋に6観測点のみであったが、2014年には60観測点まで増え、津波予報に役立つとともに、外洋での

*9 Sawai, Y. *et al.* (2012) Challenges of anticipating the 2011 Tohoku earthquake and tsunami using coastal geology. *Geophys. Res. Lett.*, **39**, L21309.

*10 Satake, K. and B. Atwater (2007) Long-term perspectives on giant earthquakes and tsunamis at subduction zones. *Annu. Rev. Earth Planet. Sci.*, **35**, 349-374.

津波波形という科学的に貴重なデータを提供している。

東北地方の沖合には全150点の地震計・水圧計を海底ケーブルで結ぶネットワーク（S-net）が敷設され、そのデータが気象庁の津波予報に用いられるようになった。これまでの津波予報は地震波解析に基づくものであったが、沖合の津波記録から沿岸での津波を予測する手法が取り入れられている。津波波形記録から、いったん波源での津波の大きさを推定し、沿岸での津波到達時・大きさを推定する方法のほかに、沖合での津波波形から直接沿岸での津波を推定する方法も検討されている。

今後の展望

2004年スマトラ・アンダマン地震も、2011年東北地方太平洋沖地震も、20世紀に発生した地震に基づく地震学的知見からは「想定外」であった。ところが、古地震学調査によれば、同様な地震が数百年前に発生していた。繰り返し間隔が長い巨大地震の発生履歴を調べるには、現代的な地球物理観測のみでは不十分であり、古文書などの歴史記録に基づく歴史地震学や、過去の津波堆積物・水位変動などの地質学的痕跡に基づく古地震学・古津波学が重要な手段となる。また、比較沈み込み学のような観点に基づき世界中の沈み込み帯を調べることによって、多くの実例を調べることができる。このようにより長い時間スケール、より広い空間に基づく視点から地震や津波を理解することが、将来の災害軽減にも役立つ。

🌍一般向けの関連書籍――佐竹健治・堀 宗朗編（2012）東日本大震災の科学、東京大学出版会。

19

環境汚染と地球人間圏科学——福島の原発事故を通して

近藤昭彦

人類の歴史に刻まれた重大インシデントに対して科学はどのような役割を果たせるだろうか。たとえば、水文学は山地斜面における水・物質移動に関する永年の蓄積がある。また、地理学は、「あるもの」の分布とその時間変化から事象に関する情報の抽出を試みる。これらの科学の知見を組み合わせると、斜面における放射性物質の動態を予見することができる。それは停止させられた山村の暮らしを取り戻すための知識となる。これらの科学は現場（フィールド）の科学であり、人の暮らしの科学であり、地球人間圏科学の一分野でもある。「福島」は地球人間圏科学の重要な研究対象となった。

なぜ研究者が福島に向かったのか

2011年3月11日に発生した東北地方太平洋沖地震（第18章参照）は、（株）東京電力福島第一原子力発電所（以下、福一）の事故を誘発した。3月15日には南東の風にのり、放射性プルームが阿武隈山地を駆け上がり、春の雪とともに大量の放射性物質が地表面に沈着した。その結果、空間線量率（対象とする空間における時間あたりの放射線量、マイクロシーベルトで表示される）が高い地域が避難区域に設定され、住民の長い避難生活が始まった。それは強制された人と自然の分断といえる。阿武隈山地は隆起準平原状のなだらかな山地で、大多数の人々は山地を刻む河川沿いの低地に居住している。緩斜面で構成される地形、その上に成立している落葉広葉樹林の恵みは、山村の暮らしにとって不可欠の資源であった。山地における放射性物質の分布と動態は、ふるさとへの帰還を望む被災者にとって最も重要な情報であった。

地球人間圏科学は現実に対峙する。現実にはノイズなどなく、あらゆる要因が積分されてそこにある。よって、地球人間圏科学は複雑な現象、複雑な環境を複雑のまま見るという特性を持っている。また、分布は、見るスケールによって、表現される事象の本質が異なってくる、ということも重要な観点である。これは地理学の基本的視点でもあり、放射性物質の沈着に伴う暮らしの喪失から、帰還そして復興へいたる各過程における本質的な意思決定をその解釈とともに支援する情報となる。地球人間圏科学は「人と自然の関係性の学」であり、「環境学」ともいえる。よって、事象の物理的側面だけでなく、人間的側面も対象に入らなければならない。科学が福島に関わるということは、福島を通して科学と社会のあり方を考えることに他ならないのである。

何がわかっていたか、何を知るべきか

一般に、研究においては、過去の成果をレビューした上で、その目的が語られる。よって、放射性物質の沈着という事象に対する過去の研究例を、福一事故以前の重大インシデントであったチェルノブイリの経験から語ることが必要であろう。

1986年のチェルノブイリ原子力発電所事故による環境への影響は、国際原子力機関（IAEA）により2006年に出版されている（＊1）。この報告書は有志により日本語訳され、日本学術会議による査読の後、2013年に公開された。それによると、森林に沈着した放射性物質は土壌の表層部にほとんど留まり、生態系の中で循環するということが予想された。

＊1　IAEA（2006）チェルノブイリ原発事故による環境への影響とその修復:20年の記録．日本学術会議訳，2013年3月公開．http://www.scj.go.jp/ja/member/iinkai/kiroku/3-250325.pdf（2020年1月1日参照）

それでは、地域性の異なる福島ではどうかということが科学者の課題となった。この冊子は印刷され、数百部が避難区域および周辺区域に配布されたが、これを読んだ被災者の方々の思いは多様であった。被災者は将来に対する決断をしなければならないのであるが、その基準は科学的知見（合理性）だけではなく、問題をわがこと化し（共感）、社会のあり方（理念）を共有することが必要だったからである（＊2）。

避難区域が設定された福島県、阿武隈山地、とくに川俣町《かわまた》山木屋《やまきや》地区や飯舘《いいたて》村周辺は、東北地方特有の自然の特徴を持つ。阿武隈山地の基盤はジュラ紀の付加体であり、約1億年前のマグマが地下深所で冷えて固まった阿武隈花崗岩類から構成されている。花崗岩は深層風化が進み、なだらかな地形を形成した。この地形の特徴を活かして、尾根部に牧場や耕地の開発が進んだ。山地の水系密度が小さいことは、降水が浸透しやすく、低地部の地下水面が高いということを意味する。聞き取りによると、昭和の中頃までは、低地は耕運機（管理機）が沈んでしまうほどの湿田で、「やませ」による冷害常襲地でもあり、稲作には多大な苦労を伴ったという。戦後の圃場整備と農業技術の進歩により稲作が楽になり、米の収穫量が増大したところで、福一事故による土地と人の分断が起きてしまったのである。

放射性物質が沈着した山村に人は戻るのか。人が生まれて育った土地はふるさとであり、ふるさとに住み続けることは人権でもある。よって、科学的あるいは経済的な合理性に基づき、「他人」が居住の可否を決めることはできない。そこにはまず、「共感」が必要であり、社会のあり方に関する「理念」が共有できて初めて、人がふるさとで暮らすという諒解が形成されるのである（＊3）。課題に対して共感・理念・合理性の基準に基づき、諒解でもある解決に資する科学が、課題解決型科学としての地球人間圏科学である。

山地流域から物質（ここでは放射性セシウム）が里地に流出するほとんど唯一の経路は、渓流である。渓流へ

＊2　近藤昭彦（2016）里山の放射能汚染の実態と復興への課題－川俣町山木屋地区における帰還へむけた取組と課題. 農村計画学会誌, **34**（4）, 419-422.

＊3　近藤昭彦（2019）原子力災害における解決と諒解－犠牲のシステムから関係性を尊重する共生社会へ. 学術の動向, **24**（10）, 49-52.

放射性セシウムが到達するには、土砂や落ち葉に吸着されて斜面下方へ移動する現象が考えられ、渓流では、降雨時に発生する飽和地表流と呼ばれる現象が渓床の物質を水流に取り込む。これは科学の成果であり、読者は地形学や斜面水文学の教科書を参照してほしい。

現場の課題に対応するには、さまざまな分野の知見の組み合わせが必要である。筆者らは、事故後数年にわたり現場の山地斜面に入り、斜面プロセスを観察してきたが、少なくとも大規模な斜面プロセスによる放射性物質の里地への移行は僅少であり、里地における暮らしを継続させることができると考えた（＊2）。現場で現象を見て考えることが最も重要であり、科学的成果である論文に示された概念（メカニズム）のみで現場の課題を乗り越え、そこで暮らすことを諒解することはできないのである。

空間線量率の分布の意味するもの

地理学においては、ある事象の分布をよりどころにして、その状況、実態、メカニズムを明らかにしようと試みる。福一事故の直後、多くの研究者および機関が空間線量率あるいはインベントリー（単位面積あたりの総放射能量）の分布の計測を試みた。その成果は多くの文献となり記録されている（たとえば＊4）。

文部科学省は、アメリカ合衆国エネルギー庁（DOE）と共同で、航空機による福一事故後の空間線量率の測定を試みた。最初の分布図はDOEのホームページで2011年3月21日に公開されたが、文部科学省は5月13日に初めて報道発表を行った。そのときの分布図を図19-1に示す。

大熊町と双葉町を跨いで立地する福一から北西方向に空間線量率の高い領域が延びていることがわかる。空間線量率が3・8マイクロシーベルト／時（国が避難指示基準とした年間20ミリシーベルトの被ばく線量に相当す

＊4　恩田裕一（2018）福島第一原発事故による放射性物質の移行調査における研究者の役割. 学術の動向, **23**(3), 10-17.

る値）を越える領域は福一周辺から浪江町、飯舘村、川俣町山木屋地区、葛尾村を含む広範囲をおおっている。図19-1は、フットプリント（計測の空間分解能）が数百メートルの航空機モニタリングの成果から作成されたもので、地形や土地被覆の不均質性による空間線量率の差異は表現されていない。この図は阿武隈山地北部が一様に汚染されているという印象を市民に与えてしまったように思われるが、緊急時における避難区域の設定根拠としては役に立ったといえる。

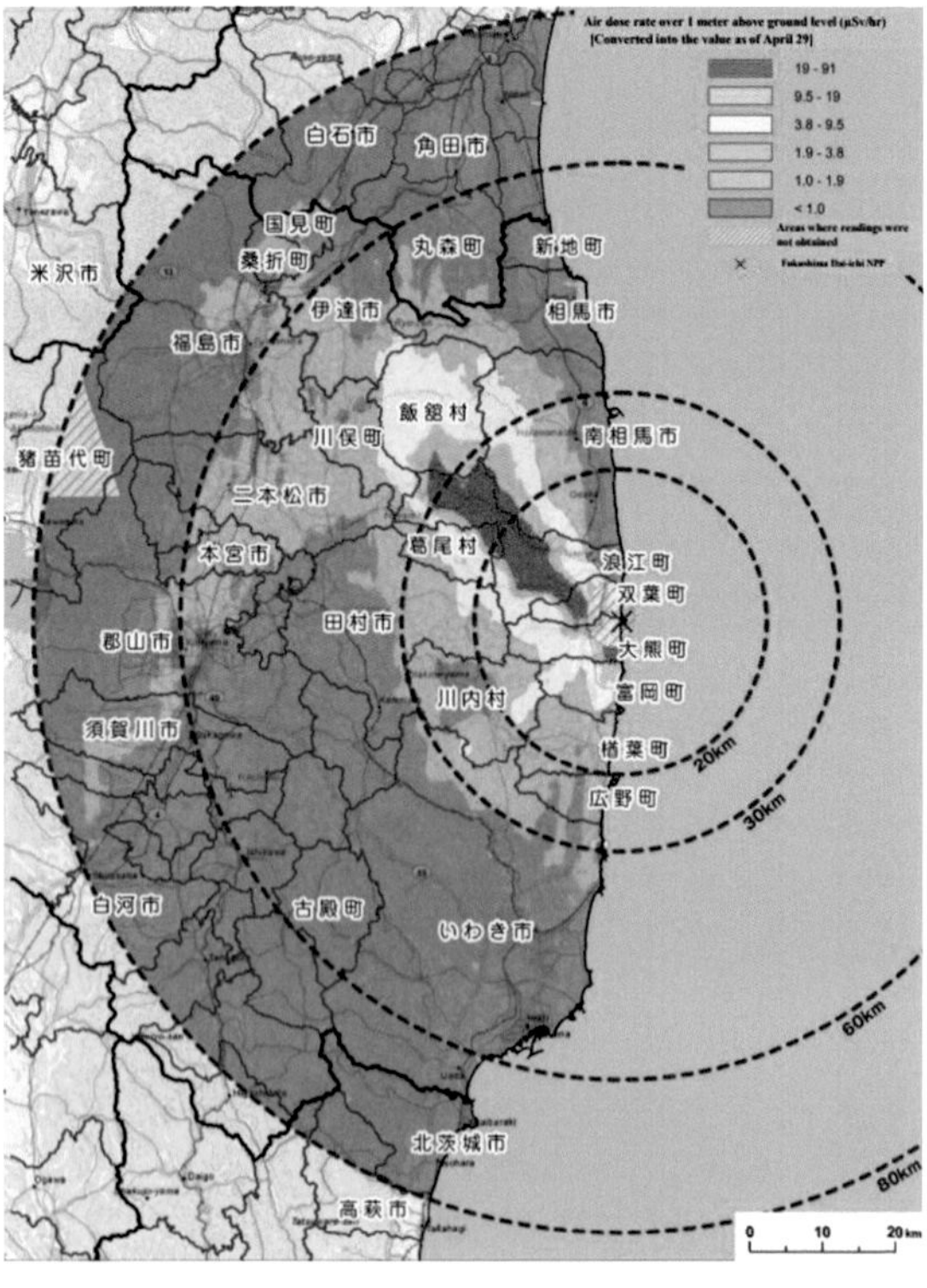

図19-1　文部科学省が2011年5月13日に報道発表を行った福一80km圏の航空機モニタリングによる空間線量率の分布.（https://radioactivity.nsr.go.jp/en/contents/4000/3180/24/1304797_0506.pdf）

　より縮尺の大きい空間線量率の分布は、福島大学や文部科学省等によって行われたが、筆者らは幹線道路だけでなく林道を走行し、より詳細かつ山林を含めた空間線量率の分布の計測を試みた。それは、被災者や地元自治体からの要請があったからである。2011年7月と8月に行った自動車走行サーベイによる空間線量率の分布を図19-2に示す。これは自動車にガンマ線スペクトロメーターを搭載し、車内と車外の空間線量率の校正式を作成したうえで、走行して地図上にプロットしたものである（＊5）。

図19-2では3マイクロシーベルト／時以上が暖色系で表現されているが、それより低い寒色系との境界はおおむね太平洋流域と阿武隈川流域の境界（分水界）に相当し、太平洋流域が多くの放射性物質を引き受けてしまったことがわかる。この図からは、請戸《うけど》川（浪江町津島）や新田《にいだ》川（飯舘村比曽）の上流の支谷では谷底の空間線量率が高いが（図中の赤で示された部分）、分水界を越えた北西側では山地斜面の高標高部の空間線量率が高くなっていることが読み取れる。これは3月15日にこの地域を通過した放射性プルームの動態を表していると考えられる。この図19-2は飯舘村と川俣町山木屋地区の住民と共有したが、その受け止め方は多様であった。

千葉大学は、川俣町山木屋地区との交流実績があったことから、山木屋地区の農家の方々と交流を深めていたが、一様に「山村の暮らしには山が必要」との意見を伺った。そこで、山地斜面の空間線量率の分布を計測するために、地上

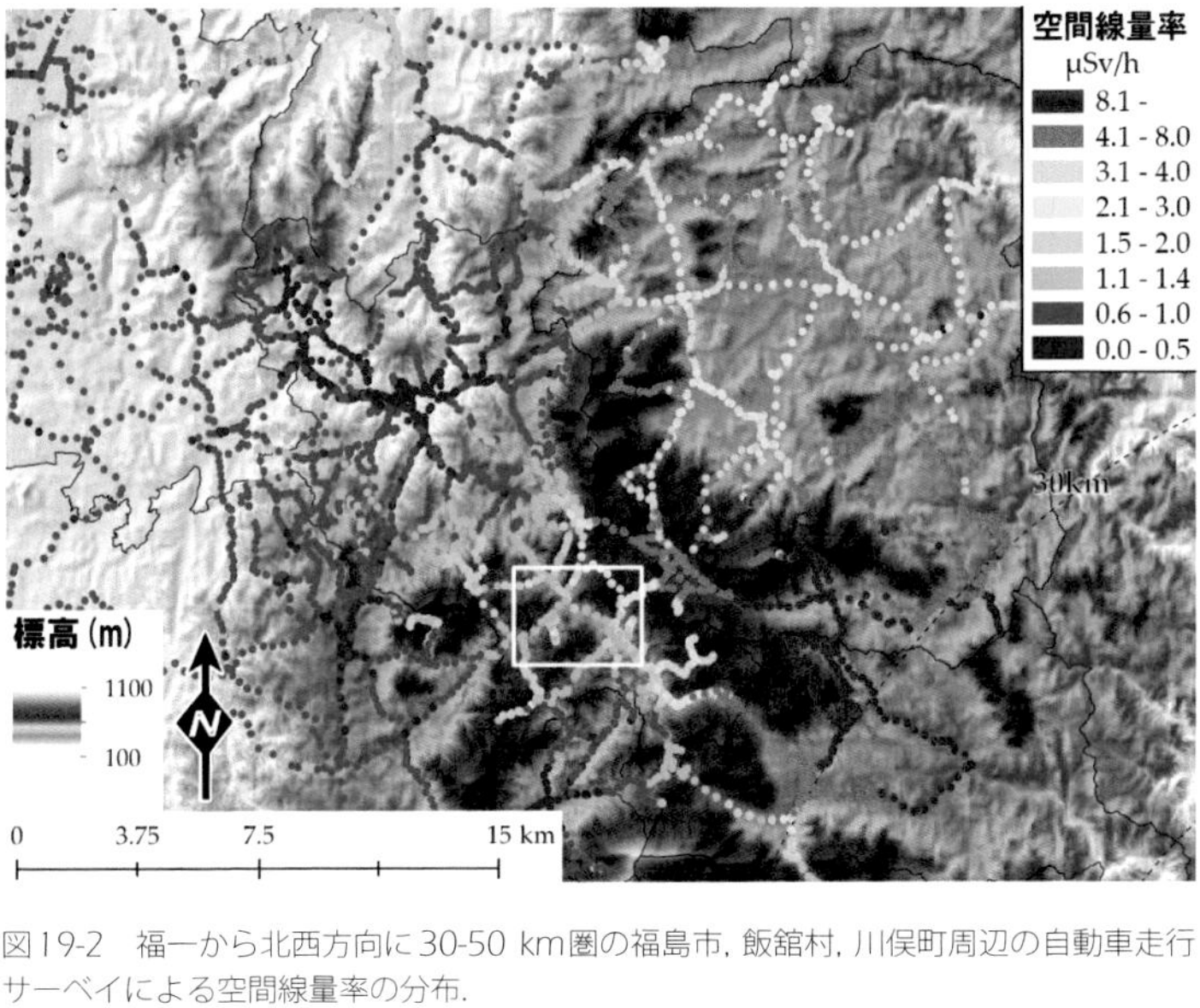

図19-2　福一から北西方向に30-50 km圏の福島市, 飯舘村, 川俣町周辺の自動車走行サーベイによる空間線量率の分布.
値は2011年7月, 8月の実測値. 図中の白枠は図19-3の範囲.

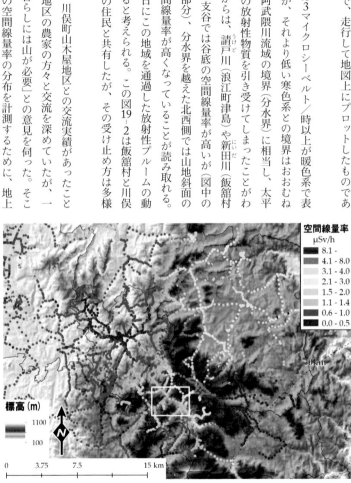

から1メートルの高さに空間線量率計を装着し、山地を歩くことによって空間線量率の分布を計測した。山木屋地区北部を対象とした2012年の結果を、図19-3に示す。自動車走行サーベイによると、太平洋側流域の西側では斜面上部の空間線量率が高くなることが予想されたが、その通りの結果となり、福一方向の南東向き斜面の空間線量率が高くなっていることが明らかになった。山地斜面を歩いていると、数十メートルオーダーの起伏でも福一側斜面の空間線量率が高くなっていること、3月15日の沈着時に落葉していた広葉樹林よりも、常緑針葉樹林の福一側で空間線量率が高い領域があることなどが明らかとなった。筆者らは、里山の流域ごとに空間線量率分布を調査し、局所的に線量の高いホットスポットやホットゾーンが発見されたら、除染だけでなく、封じ込め、隔離などの対策を行うことを提案した(*2)。

人間に関わる地球惑星科学である地球人間圏科学は、地球表層における現象を扱うが、問題解決の現場では、場の多様性のため、素過程のメカニズム解明よりも、分布から実態を理解し、対策を立案することが優先される。よって、分布の

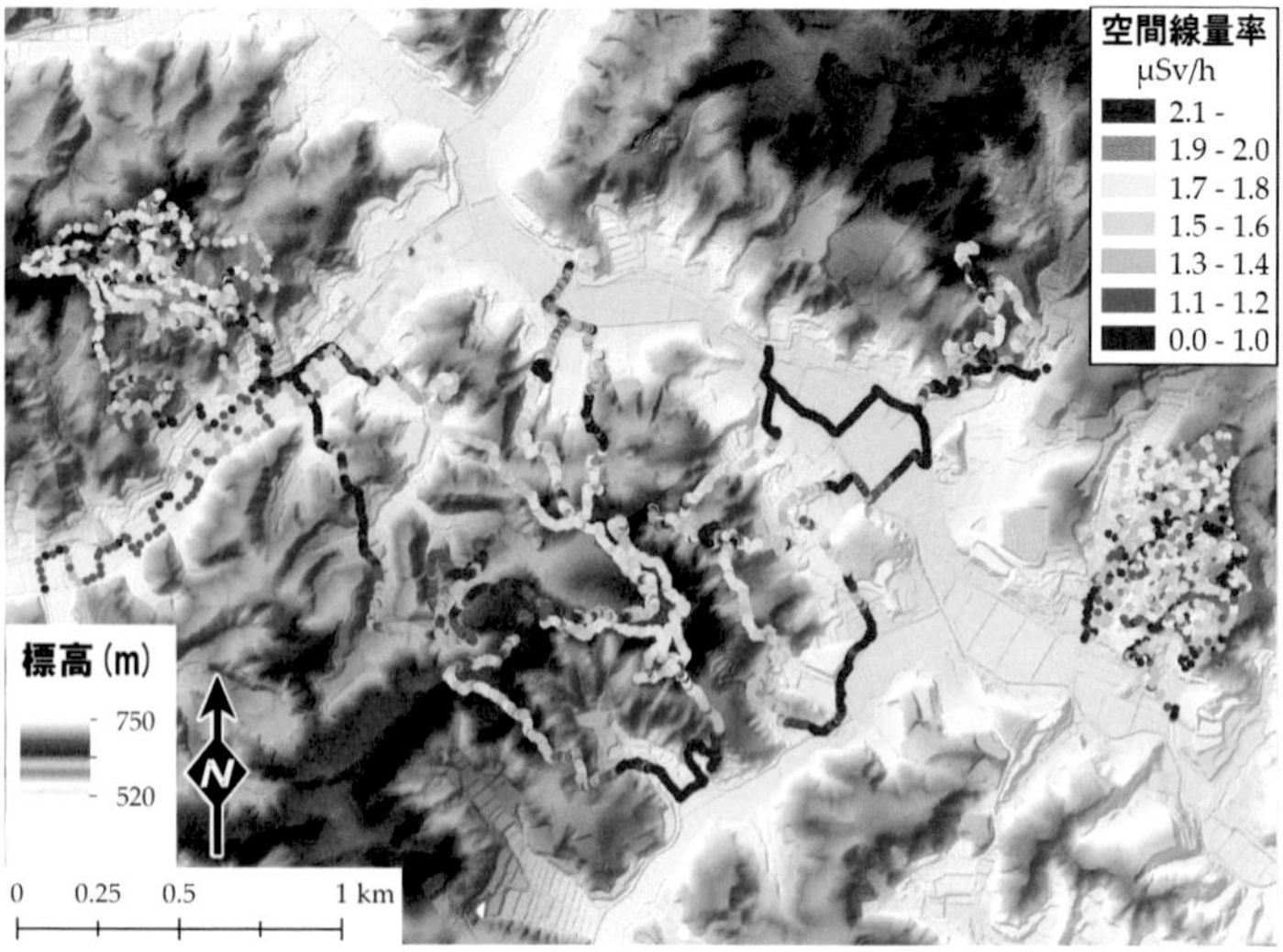

図19-3 福一から約40 km圏に位置する川俣町山木屋乙二地区の山林を歩行して計測した空間線量率.
2012年夏期の実測値.

意味するところを理解する必要がある。マクロな分布ではミクロな特徴は捨象されるが、暮らしに関わる分布はミクロな分布である。分布図の作成には目的があり、初期の航空機モニタリングによる分布は避難区域を設定することが目的であった。避難指示解除が進行し、暮らしの再生段階にある現在では、より暮らしに密着したスケールにおける放射性物質のモニタリングが必要なのである。モニタリングした結果は、その意味するところを理解しなければならない。さまざまな地表面の属性と重ね合わせて見るということが重要であり、地理情報システム（GIS）の活用は、意識しないと見えないものを可視化する利点がある。

なぜ人は山村に戻ったか

福島を語る場合に忘れてはならない観点は、放射性物質の沈着の場は暮らしの場でもあったということである。これを忘れると科学の視線は安全な場から福島を見下ろす冷たい視線となってしまう。地球人間圏科学では、常にそこに人の存在を意識しなければならないのである。

東北地方固有の落葉広葉樹林は、しいたけ栽培のほだ木の産地であったとともに、山菜、キノコが豊富であるため、マイナー・サブシステンス（あるいは遊び仕事）と呼ばれる副業が山村の人々の生きがいを形成していた。福島は葉たばこの産地でもあるが、良質の製品とするためには畑に隣接する落葉樹林から採取した落葉堆肥が不可欠、という話も伺った。これは山村における生物多様性の高さ、生活の豊かさの一面を表している。これが山村で暮らす安心を生み出している。安心とは英訳がしにくい日本独自の感覚であるが、日本人が重視している感覚でもある。聞き取りによると、山村における安心の基盤には「家族」が確固としてあることがわかる。また、家、田畑、管理機の存在は、給与収入だけに頼らない強い山村を形成する基盤であることがわかる。山村における安

＊5　近藤昭彦ほか（2011）東電福島第一原発事故による飯舘村および周辺地域の環境汚染の現状－空間線量率等詳細調査結果速報．農村計画学会誌，**30**（2），121-122.

心を形成するものは「ふるさと」なのであり、これが福島の外にいる人々が尊重しなければならないことのひとつである。

文明社会のなかの地球惑星科学

地球惑星科学は、人間社会の存続に関わる諸問題の解決に貢献するという役割をも持つ。そのときに意識しなければならないことが、地球環境変化における人間的側面である。これはフューチャー・アース(＊6)に吸収された「地球環境変化の人間社会側面に関する国際研究計画」(IHDP : International Human Dimension Programme)の名称そのものでもある。

個人の考え方は、関係性を持つ範囲における相互作用によって形成される。それは人の個性でもあるが、お互いに見えない世界、交わらない世界を生み出すことにもなった。代表的な世界が、都市的世界と田園的世界といっても良いだろう。都市と田園の関係はどちらもフューチャー・アースの8つの大きな課題群に含まれている。東京大都市圏と福島の山村という関係は、この都市と田園の視点から俯瞰する必要がある。その上でSDGs(持続可能な開発目標)を達成するにはどうしたらよいか。唯一の答えのない課題ではあるが、地球人間圏科学における喫緊の課題である。

日本はさまざまな環境汚染を経験してきた。四大公害病はその代表的なものであり、歴史となっているともいえるが、まだ解決されているわけではない。汚染のメカニズムだけではなく、歴史的背景とさまざまなステークホルダーの関係性を明らかにした上で、被害者たちが諒解を形成してきた過程を理解しなければならない。時間軸で見るということは、被害の意味が変わってくるということでもある。ある時代背景のもとで、よかれと考え

＊6 Future Earth 2025 Vision, https://futureearth.org/wp-content/uploads/2019/09/future-earth_10-year-vision_web.pdf(2020年1月1日参照)

て実行されたことが、新たなリスクを生んだ事例はたくさんある。今後、二酸化炭素排出も環境汚染という見方が出てくるかも知れない。

2019年の国連気候アクションサミット、COP25(国連気候変動枠組条約第25回締約国会議)を経た現在、気候変動が人類にとって喫緊の課題となった(第14、15章参照)。われわれは二酸化炭素の放出によるハザードの激甚化を避けなければならない。未来に対するアクションを今すぐ起こさなければならないのだが、未来を強調しすぎると現在が疎かになる。現在は過去からの積み重ねでできており、未だ環境汚染や事故で苦しんでいる人がいる。科学は未来を見つめるだけではなく、現実の問題に対応する必要もある。現実の問題を解決した上で、未来を展望する視線と、未来からバックキャストする視線を交わらせなければならない。

地球人間圏科学は、過去から現在、現在から未来、そして未来から現在を見る複合的な視線と、地球という空間をさまざまなスケールで俯瞰する視点を持ち、そこに人間と人間以外の生態系も配置して理解を試みる地球惑星科学の一分科である。このスタンスがSDGs時代における「誰一人取り残さない」ための科学になるのである。

最後に一般向けの参考書籍を1冊挙げることになっているが、「問題解決」には科学的合理性だけでは不十分であり、暮らしや社会に対するさまざまな考え方を包摂しなければならない。そこで、東日本大震災の直後に出版された、都市と山村を往復する哲学者による原子力災害のとらえ方を紹介したい。

🌍一般向けの参考書籍――内山　節(2011)文明の災禍、新潮新書。

20 防災社会をデザインする地球科学の伝え方

大木聖子

昨今の頻発する地震災害や気象災害から被害を軽減するため、地球科学は社会から期待を寄せられています。その現象はどのようなメカニズムで起こるのか、今後どのような見通しなのか、被害はどのように防げるのか。こういった需要に全部は答えられませんが、なんとか役立てられるように、地球科学で得られた知見を社会に伝えています。しかし、ヒトは与えられた情報に対して、私たち自身が思うよりもずっと気ままに処理をしています。論理的にじっくりしっかり伝えれば理解してもらえるというわけではないことがわかってきました。地球科学者はこれまで、こういった人の特徴をふまえて研究成果を伝えてきたとはいえません。この章では、「地球科学の研究成果の伝え方の研究」について綴っていきます。

4枚カード問題

ここに4枚のカードがあります。それぞれ片面にはアルファベットが、もう片面には数字が書かれています。図20-1aのとおり、いま「A」「F」「4」「7」が見えている状態です。この4枚のカードのうち2枚だけをめくることで、『片面が母音ならば、その裏面は偶数でなければならない』というルールが成立しているかどうかを確認してください。

「A」は母音ですから、その裏面が奇数だとルール破りになってしまいます。したがって「A」のカードはめくりますね。残る3枚のカードのうち、あと1枚しか確認できません。どれを選びますか？

答えをお伝えする前に、もう1問解いていただきましょう（図20-1b）。ここに4人の男女がパーティーを開いています。それぞれの年齢と飲料について、「ビール」「烏龍茶」「21歳」「17歳」という情報だけがわかっています。この4人から2人を選んでインタビューし、『アルコール飲料を飲んでいるのであれば、20歳以上でなければならない』というルールが成立しているかどうかを確かめてください。

まず、ビールを飲んでいる人に年齢を聞きますよね。あと一人、誰を選んで何を聞きますか？　おそらく、17歳の人に何を飲んでいるのか聞く、と即答するのではないでしょうか。

最初のカード問題はウェイソン選択課題（＊1）という認知心理学では有名な実験です。正解は「A」と「7」。「F」はそもそも子音なので、裏面が何であってもルールに関係しません。「4」は裏面が母音であっても子音であっても、条件を満たすことを確認するだけです。一方で「7」は奇数なので、その裏面が母音だとルール破りになってしまいます。

実は、ウェイソン選択課題と男女のパーティー問題は同じロジックなのです。無味乾燥なアルファベットと数字を、4人の男女と飲料に置き換えるだけで格段にわかりやすくなります。自分の知っている文脈に乗ると、脳の情報処理速度は

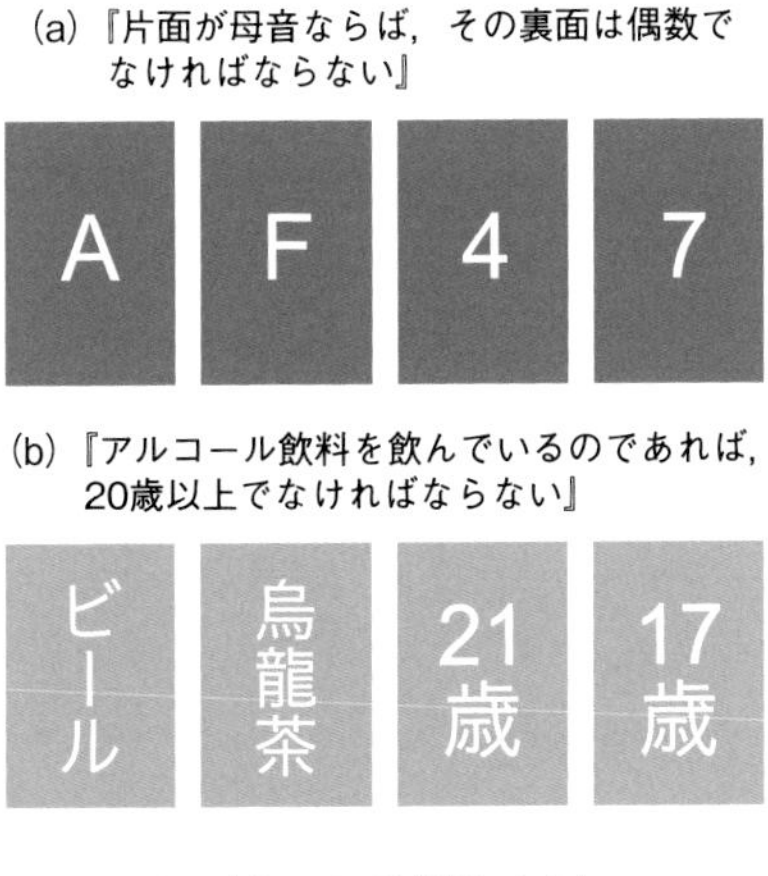
(a)『片面が母音ならば，その裏面は偶数でなければならない』
A
F
4
7
(b)『アルコール飲料を飲んでいるのであれば，20歳以上でなければならない』
ビール
烏龍茶
21歳
17歳

図20-1　左の4枚のカードセットについて，2枚だけをめくることでそれぞれのルールが成立していることを確認せよ．

上がるということでしょう。どうやら私たちの脳は、私たちが思っているほど均等な論理性でものごとを処理していないようです。

私は博士課程まで、地球物理学としての地震学を研究していました。地震波は地球内部のトラベラーで、うまく解析すれば地球内部の構造についていろいろな情報を得ることができます。一方で地震は、ときには地震災害を引き起こし、人間社会や被災した人の人生に大きな影響をもたらします（第18、19章参照）。いつしか私は、地震や地球についての知識を人や社会に伝えることで、災害を減らしたいと思うようになりました。研究対象が地球からヒトになったのです。

地球科学と人間科学

学部生のころから、測量を行ったり、岩石の成分を分析したり、地震波を解析したりしてきました。これらの観測や調査は、その行為を誰がやっても結果は変わりません。もちろん自分自身の熟練度が足りずに見落とす鉱物があったり、抽出できない周波数が生じたりすることはあるかもしれませんが、地震波の方が「学生が解析するのならノイズを加えてやろう」と波形を変えることはありえません。自然科学では、適切な観測や解析を行えば、客観性が担保されるデータを取ることができます。

ヒトからなんらかのデータを取ることを考えてみましょう。地震学者が小学校に来て防災の授業をした後に、子どもたちにアンケートを取ります。「地震の対策が必要だと思いますか」「家族に伝えたいと思いましたか」。こういった質問から得られるのは、授業の理解度や有効性でしょうか。それとも、「先生はきっとこう答えてほしいのだろう」という子どもたちの忖度度合いでしょうか。

＊1　Wason, P. C. (1968) Reasoning about a rule. *Quarterly Journal of Experimental Psychology*, **20** (3), 273-281.

このように、人間が研究対象になると、データを取るという行為自体が観測値を変えてしまう現象が起きます。そのアンケートは誰が聞いているのか、いつ、どのように聞いたのかによって回答が変わってくるのです。人間科学においては、客観性は多かれ少なかれ断念せざるを得ません。

このような点を取り上げて、人間を研究対象にした学問領域に対して、非科学的でインチキだと考える人もいますが、それは違います。研究対象の特性が異なるので、研究のスタンスが違ってくるというだけのことです。むしろデータの特性が異なるのに同じ手法を適用して「科学的」ととらえる方が問題でしょう。次節で例を挙げてご説明しましょう。

防災教育するほど防災意識が下がる?!

2015~2016年度にかけて、長野県のある小学校で継続的に防災教育を行いました。私たちがとくに意識したのは、防災知識を教室の中に留めず、家庭に普及することでした。子どもは家にいる時間が一番長いですし、家具の固定にしても備蓄にしても、保護者の協力なしでは実現できないからです。

2015年7月に、研究活動を開始する前の状態を測るためのアンケート調査を実施して、備蓄や家具の転倒防止、住宅の耐震化などの項目について対策済みかどうかを聞きました。図20-2の灰色ボックスで結果を示したとおり、備蓄をしているご家庭は10%程度、家具の固定も15%と、全国平均よりも低い状況でした。

私たちはこれを100%に塗り替えるつもりで、出前授業をしたり、教材を作成して毎月先生に授業をしてもらったり、保護者向けの講演会を開いたり、子どもと保護者それぞれに向けた防災おたよりを作成したり、防災とは関係なく町のお祭りに参加したりと、あらゆる手を尽くしました。このような活動を通して、子どもたちや保護者とも信頼関係が築かれていきました。

こうして迎えた年度末、私たちは確かな手応えをもって学期初めと同じアンケート調査を行いました。１００%とは言わないまでも50%は軽く超えるだろう。そんな予想はあっさりと裏切られ、結果は惨憺たるものでした（図20-2の点のボックス）。

ところが、ヒアリング調査をしてみるとおもしろいことが見えてきました。

「備蓄はある程度しているんですけど、こんなんじゃ足らないなと思いました。水も食糧もある程度備蓄しているんですけれど、完全にライフラインが寸断されたときにはちょっと厳しいと思う。」

「お水をホームセンターで1箱買いました。ただ備蓄一式は買えていないんです。乾パンは買ってみて、おやつに食べてみました。」

これらの発言からは、防災意識が確かに向上していることや、防災対策も以前よりやっていることが伝わってきます。しかし、彼らはア

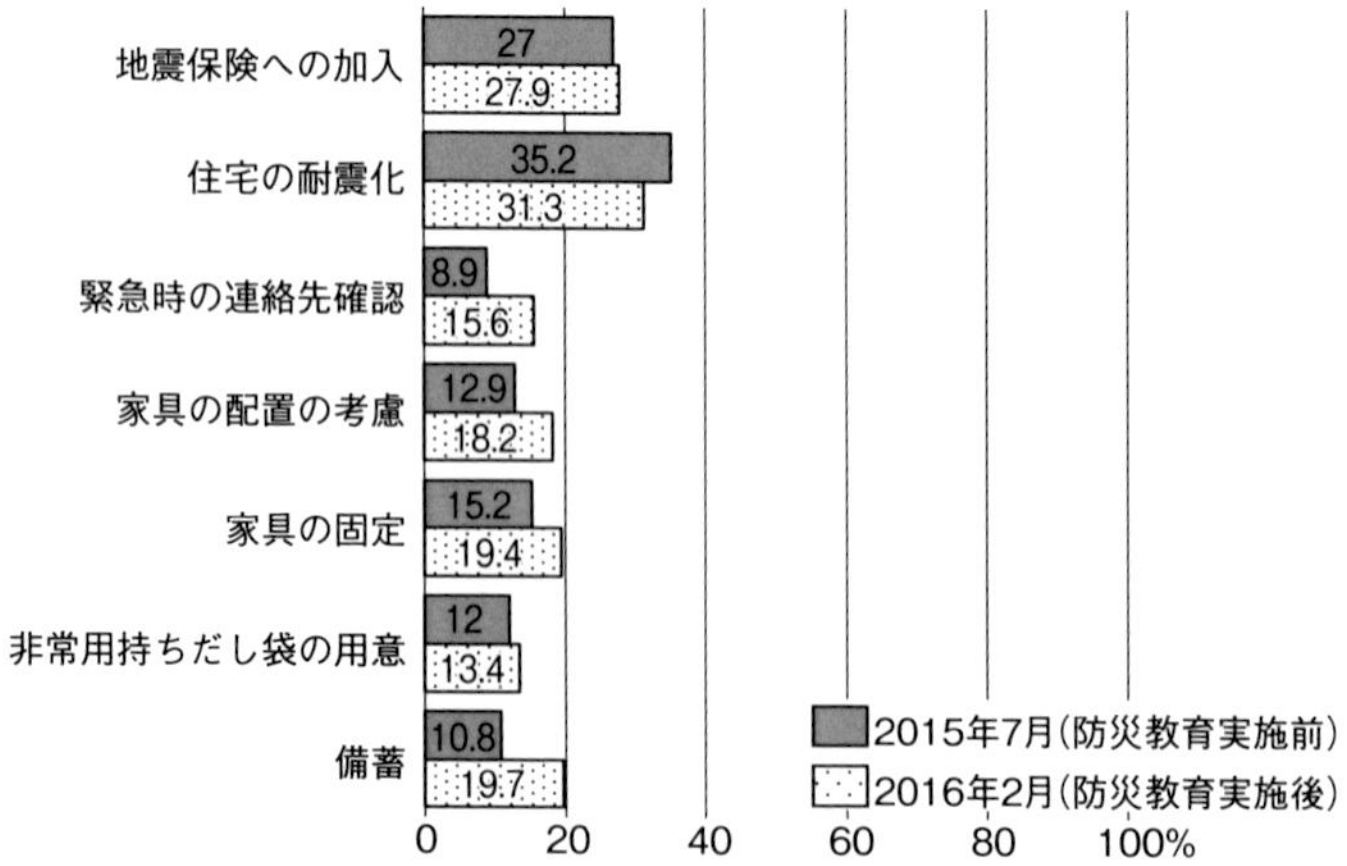

図20-2　防災対策の実施に関するアンケート調査結果（＊2より）.

灰色は防災教育実施前の2015年7月, 点のボックスは防災教育実施後の2016年2月に実施. 防災教育があまり効果をもたらしていないようにみえるが….

ンケート調査では「備蓄対策済み」にチェックを付けていません。つまり、防災意識が向上したことで自分自身の防災対策への評価基準が厳しくなり、現状の自分は「未対策」に等しいと評価したのです。防災意識が低かったころは、水が少しあれば「備蓄対策済み」にチェックを入れていたことでしょう。ところが今は、水は一人1日3リットル、それが3日分、さらに家族の人数分必要、と知っています。いま家にある水の量がそれよりも少なければ「備蓄対策済み」にチェックは付けない、というわけです。一見「科学的」な量的調査ですが、そのまま人間科学に適用するとこのような落とし穴があります。

このことは学術的にも重要な示唆を含んでいます。人は無意識のうちに自分自身の評価基準を変化させています。これは自然科学ではまず起こり得ません。1メートルという長さの尺度は不変だから、物の長さの比較ができるわけです。こう考えると、これまでの防災研究などのアンケート調査について、調査対象者が保持している文脈から切り離して、得られた数字を単純に時系列に並べて比較している研究については、その成果に注意が必要でしょう。

文脈をもたせて情報を届ける

今の地震の科学では、地震予知（どのくらいの規模の地震がいつ・どこで発生するのかを正確に予測すること）はできません（第9章参照）。そこで、地震や津波のリスクは政府機関である地震調査研究推進本部から、今後30年間での発生確率として発表されます。ある地点における今後30年間の震度6弱以上の揺れの発生確率を色別に表記した地図は「確率論的地震動予測地図」と呼ばれています（図20-3）。

この地図を一般の人はどのように受け止めるのか調査を行ったことがあります（＊3）。すると、確率の低い地

＊2 Oki, S. *et al.* (2018) Measuring the Effectiveness of Disaster Reduction Education through the 'Community of Practice Theory'. *Journal of Human Security Studies*, Special Issue 2018-1, 21-42.

域の人にとっては、この地図を見るとかえってリスク認知が下がってしまうという結果が出ました。地図を見たことで、なんだ確率低いじゃん、と安心してしまったことが示唆されます。もちろん、この地図上での確率が低くても、日本ではどこでも地震が発生しますし、実際にこの地図の低確率のところで被害地震が起きたこともあります。地震対策を促すために国をあげて作成した地図を見せて、かえって防災対策が阻害されるというのは皮肉な結果です。

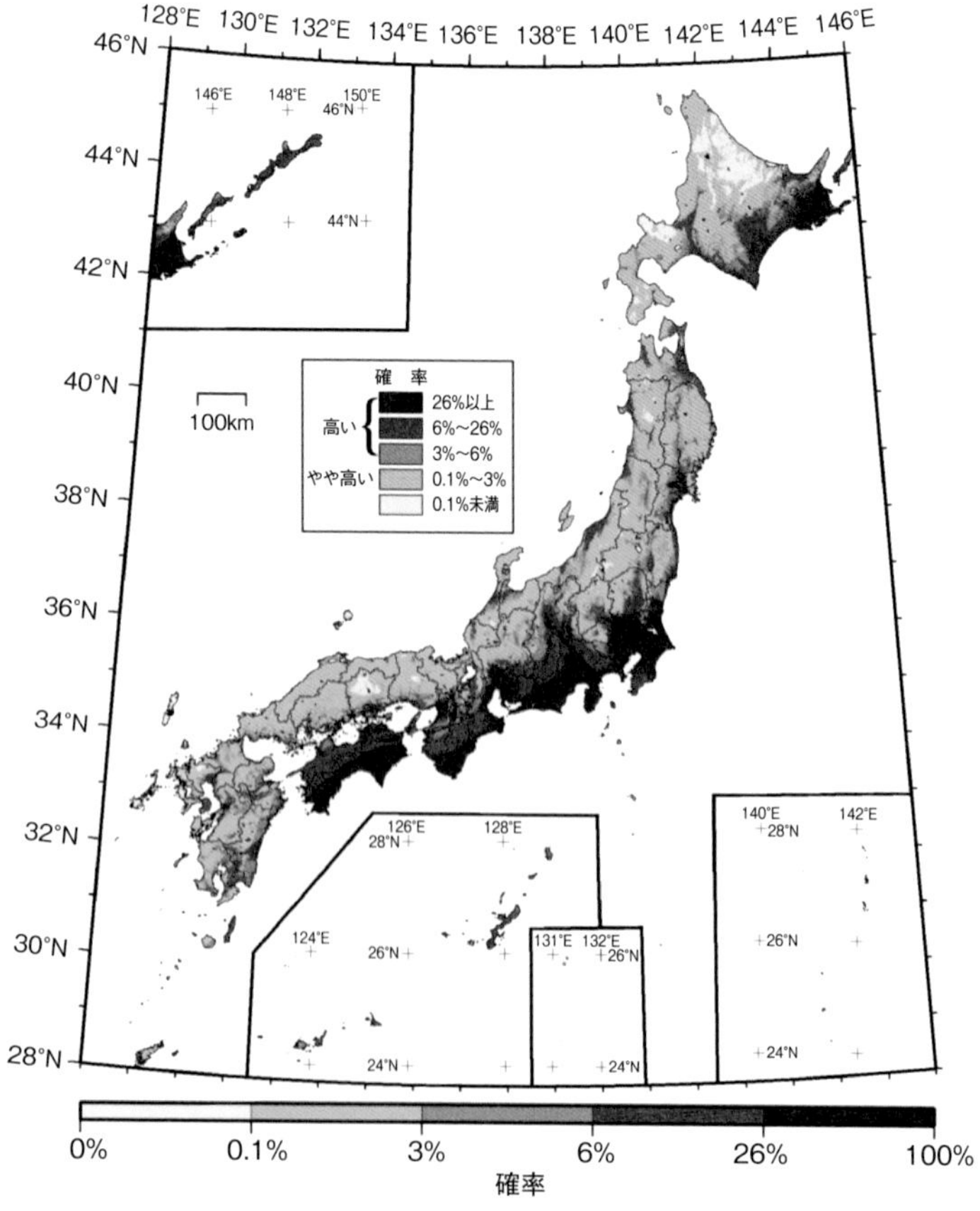

図20-3　2018年度版確率論的地震動予測地図（地震調査研究推進本部のウェブサイトより）．今後30年以内に震度6弱以上の揺れに見舞われる確率が色で示されている．

起きるか起きないかわからないものを確率で表記するのは論理的には正しいことですが、情報伝達の側面でいえば落とし穴があったということです。では確率表記以外の伝え方はあるでしょうか。その事例として、２０１６年度から高知県土佐清水市の中学校で取り組んでいる「防災小説」という活動についてご紹介しましょう。

土佐清水市は２０１２年に発表された南海トラフ巨大地震（第13章参照）の想定で、市内のほぼ全域で震度７、津波高は全国最高の34メートルとなりました。これまでの想定は高くても15メートルだったので、一気に倍以上です。これを受けて市民からは、高台があるのにもかかわらず、避難を諦める声が聞かれるようになりました。ここにも、研究成果の伝え方の落とし穴が見られます。

土佐清水市立清水中学校の防災学習に導入された「防災小説」とは、およそ１カ月後の特定の日時と天気を学校がひとつ定め、その日に南海トラフ巨大地震が発生したと想定して、そのとき自分は何をしているか、家族はどこで何をしているか、自分はどんな気持ちになるか、などを８００字で綴ったものです。「物語は必ず希望をもって終えること」というルールの下で、生徒ひとりひとりが、まだ起きていない未来の地震をもう起きたことかのように自分の物語として綴ります。

以下は２０１６年度に取り組んだ中学１年生の「防災小説」からの抜粋です。２０１６年10月の防災学習として、およそ２週間後の11月３日午後４時30分（この日は同校の文化祭）に南海地震が発生したという想定で綴られています。

今日も半島線のバスに乗った。今日あった文化祭で疲れていたのか、自分を含めた全員が寝ている。自分

＊3　Nagamatsu, T. *et al.* (2017) The research of risk communication using Probabilistic Seismic Hazard Maps, IAG-IASPEI, Kobe.

たちが家に帰れると安心していたその時、誰もが予想していなかった緊急地震速報の音がなった。バスは大浜の沿岸部で停車した。しかし、みんな寝ているため、停車に気づかない。その時突然、大きな揺れが来た！

2分間の揺れをしのいだ執筆者の生徒や友人たちは、日頃の訓練を生かして避難します。高台の住民が食料を分けてくれ、地域の方々と力を合わせて1日過ごしますが、より安全な避難所を目指そうと翌日に清水中学校への避難を決断します。崩落しているトンネルを避けて遠回りをし、変わり果てた街の姿を受け止めながら、清水中学校に到着すると、依然として家族と会えない悲しみを忘れるように、避難所の運営を手伝います。そして物語はこのように結ばれています。

怪我をした人を医療スペースに連れて行ったり、高齢者の方を専用のスペースに連れて行ってるうちにラジオがかかった。そのラジオの内容は、昨日起こった南海トラフ地震での、土佐清水の行方不明者数0人、死者数0人ということを伝えるラジオだった。

「防災小説」を執筆し、それを文化祭やシンポジウムで朗読して共有したことで、地震災害といっても揺れや津波だけではなく斜面災害も起こりうるということに気づいた生徒や、保護者としてももっと自覚を高めようと決意する方々が出てきました。また、地域住民を助けたり助けられたりする描写も多く、中学生にとっては目指すべき自分像を自ら綴ることにもつながり、将来の夢を抱くきっかけにもなりました。

この「防災小説」を地震の不確実性の伝達という観点からとらえ直してみましょう。先述の通り、今の地震の科学では、いつ地震が発生するかを精度よく予測することはできません。そして、「いつ」を指定できないと、地震による被害予測にも不確実性が伴います。たとえば火災は、何時に地震が起きたのかによって被害の程度が変わってきます。天気も当然わからないので、雨が続いていて想定よりも大規模ながけ崩れになるといった予測も立ちません。このように、地震発生に関する不確実性は、被害予測の不確実性にもつながっています。

「防災小説」の活動では、地震発生の日時を学校が指定します。当然のことながら、これを本当の地震予知だと思う人はいません。詳細に決定するからこそ具体的に自分の避難行動を考えることができるという教育的配慮のひとつです。津波が町を飲み込むようすも生徒によってそれぞれの表現で描かれていますし、火災を描写する子や、がけ崩れを書く子もいます。90人が綴って90通りの被害予測ができあがります。この、生徒の人数分だけ被害状況が描写されることが、はからずも被害予測の不確実性や多様性を表現しています。さらに翌年は別の季節の別の時間、別の天気の設定で執筆するので、生徒も保護者や地域の人も、いろいろな想定を考えるようになります。科学の限界によってどうしても避けられない不確実性は、確率でなくてもこのように表現できるのです。

地球科学の研究成果の伝え方の研究

地球科学はそれ自体が科学としておもしろく、人類の知の営みとしてやりがいのあるサイエンスです。その研究成果が人類の役に立とうと立つまいと、サイエンスとしての価値は変わりません。地震の研究でも気象の研究でも、人類の役に立つことを目的にやるのではなく、研究者倫理を踏まえた上で、それぞれの研究者の知的興奮のままに興味のあることを追究していってほしいと思います。

一方で、社会からは自然災害の軽減を期待されているのも事実です（第19章、コラム7参照）。しかし地球科学には限界があって、地震を例にすれば正確な発生日時や規模を予知することはできず、「リスク」として伝えざるを得ません。この地震リスクの分析を支える研究として地震学や津波工学が役立つでしょう（第9、18章参照）。そのリスクの度合いについての判断（リスク評価）を支える研究として、地震学や津波工学に加えて都市工学や土木工学などが役立ちます。ではリスクの伝達を支える研究は誰が担うのでしょうか。私は、地震の科学の限界を踏まえた上で人間科学を追究し、地球科学の研究成果を伝えるための研究を拓いていこうと思っています。地球が好きな人、科学が好きな人、人が好きな人、ともにこの新しい分野を開拓し、これからの防災社会をデザインしていきましょう。

一般向けの関連書籍――大木聖子・纐纈一起（2011）超巨大地震に迫る――日本列島で何が起きているのか、NHK出版新書。

21 地球をめぐる水と水をめぐる人々

沖 大幹

この川のこの地点では、いったいどのくらいの洪水が生じ得るのだろうか。どのくらいの貯水池を作ればどのくらいの広さの農地を灌漑できるのだろうか…。古来「善く国を治める者は、必ずまず水を治める」といわれるように、われわれ人類はその文明の黎明期から水の災いを治め、水の恵みを上手に生かしながら暮らしてきた。20世紀後半には、人口増大や都市拡大に伴って水の管理が世界的に喫緊の課題となり、社会からの現実的な問いにとりあえず答える学問として「水文学《すいもんがく》（hydrology）」は独自の発展を遂げてきた。

しかし、近年、地球表層環境の形成と維持、変動メカニズムの理解における水循環の重要性がますます認識されるようになった。また一方で、さまざまな観測データが利用可能となり、従来は扱えなかったような大規模な計算もできるようになったため、水文学、とくにグローバルな水循環研究は新たな発展局面を迎え、地球惑星科学の一翼を担うようになった。その一端を紹介したい。

忘れられた地球科学——水文学

「水の科学である水文学は、海洋学や気象学、地質学と並んで、地球科学のひとつとして位置付けられてよいはずなのに、そうなっていないのはなぜだろうか？」(＊1)。

1980年代後半当時のアメリカ、そして世界の水文学を牽引していたマサチューセッツ工科大学（MIT）のブラスらは、それまでの水文学は実学に偏ってしまっていて、本当の科学としてはまだ発展していないと断じた。そして、基礎的な水文科学が欠如しているために、顕在化しつつある地域的ならびにグローバルな環境問題に答えられない、今こそ変化のときで、グローバルな水循環の統一的な理解を構築する必要がある、とアメリカ地球物理学連合の機関紙EOSで呼びかけたのである。その際に挙げられたスケーリング、平衡状態、安定性、テレコネクション、時空間変動といった課題は、今も水文学研究の核を形成している。

ブラスらは土木工学(civil engineering)の研究者であり、世界的にも日本でも、水文学者の半数以上は土木工学を専門としている。土木工学における水文学の主要な関心事は、たとえばいわゆる百年に一度の洪水、ある年にその流量よりも多い洪水となる確率が1%の洪水流量はいったいどのくらいなのかの推計、あるいは、水資源を最大限確保しつつ洪水被害を軽減するような貯水池操作の最適化、そして、それらのために必要な河川流量のシミュレーションであった。電子計算機どころか電卓すらない時代でも、貯水池を作り、堤防を整備するには、流量の推計やその確率統計が必要なので、計算手法の改良が研究の目的になっていた時代もある。

工学的な水文学では、水循環の微視的・物理的なメカニズムはさておき、大洪水の流量の変化をうまく再現できればよい、という考え方が続いていた。一方、実は、土壌学や森林科学分野では、山腹斜面や小流域での詳細な観測に基づき、水の浸透や流出に関する物理的な理解が進んでいた(*2)。土壌への浸透能を降雨強度が上回った分が直接流出となって川に流れる現象(ホートン流と呼ばれる)が生じるのは現実の森林ではまれで、豪雨時に基岩上に形成される飽和側方流によって斜面下部に流出域が形成され、そこへの降雨やそこからの復帰流が洪水ピークの主要な成分となっている、といった理解が広まっていった。

斜面水文学と呼ばれるこれらの研究は、現在でも、水質や地形形成、植生との相互作用といった生物地球化学

*1 Bras R. *et al.* (1987) Hydrology, The forgotten Earth science. *EOS Trans, Amer. Geophys. Union*, **68**, 227.

*2 カークビー, M. J.(1983)新しい水文学(日野幹雄訳), 朝倉書店.

的側面で発展を遂げているばかりではなく、「緑のダム」の機能や効果の理解を通して実社会にも貢献している。

気候システムと陸域水循環

しかしながら、水文学を大きく変えたのは、やはり地球規模の環境変動、とくに人間活動に伴う温室効果ガスの排出による地球温暖化（第14章参照）、気候変動問題であった（＊3）。温暖化が国際政治の表舞台に登場する少し前、1982〜83年には大規模なエルニーニョが発生し世界中で異常気象が発生した。これを契機に、1980年代に大気と海洋からなる気候システムの変動に関する研究が勃興し、国際協調によって海洋の観測体制も1990年代には整備された。

一方、地球表面の約2／3をおおい、大気とはけた違いの熱容量を持つ海洋ほどではないにせよ、残りの約1／3を占める陸面も多少なりとも気候システムに影響を及ぼしているだろうし、人が居住しているという点からも研究を進める価値はあるだろう。そうした考えのもと、1990年代後半には気候システムの一部としての陸面に着目した全球水・エネルギー循環観測研究計画（GEWEX）が計画され、2000年代には気候モデルによるシミュレーション研究も進んだ。

大気循環に大きな影響を与えている海洋の物理量が海面水温であるのに対し、地表面温度は大気と陸面との水・エネルギーのやりとりの結果であり、むしろ、表層の土壌水分が地表面温度や大気循環に大きな影響を与えているであろうことは、20世紀のうちには理解されていた。2004年にはNASAゴッダード宇宙センターのコスターらの研究によって、表層土壌水分が数カ月後の夏の降水量の予測可能性を左右していることが明らかにされた（＊4）。

＊3　沖 大幹（2016）水の未来—グローバルリスクと日本，岩波新書．

＊4　Koster, R. D. *et al.*（2004）Regions of Strong Coupling Between Soil Moisture and Precipitation. *Science*, **305**（5687）, 1138-1140.

とはいえ、衛星観測によって広範囲に比較的精度よく測定可能な海面水温とは違い、土壌水分の衛星観測には解像度や精度などに難点がある。地上の観測網も旧東側諸国を中心としてまばらにあるのみであり、しかも、1地点の観測には広域代表性が疑われた。

そこで、陸地表面での水・エネルギー収支を算定する「陸面モデル」に、観測推定値などに基づいた信頼のおける外力、すなわち降水量や太陽からの日射量、風や気温や湿度などを境界条件として与えて土壌水分を推計するという国際共同研究プロジェクト（GSWP）が実施された。

その際、推計される水収支を河川流量で検証する役割を担った筆者は、地球規模の河川河道網と、グローバルな河川流下シミュレーションモデルがあれば、年単位の水収支による検証のみならず、月単位、場合によっては日単位の検証も可能であると考えて実行に移した。その結果、陸面モデルの精緻さのみならず、外力、とくに降水量の精度が、推計される土壌水分などの水収支に大きな影響を与えていることなどが明らかとなった。

21世紀初頭の気候モデルには河川がまったく考慮されていないのが普通であったため、GSWP向けに開発されたグローバルな河川モデルは国内外の気候モデル（コラム5参照）に組み込まれ、気候変動に関する政府間パネル（IPCC）の第4次評価報告書（2007年）以降、洪水や渇水などの評価に役立てられている。

地球上の水循環の実態は？

もちろん、水文学は社会からの工学的な要望に応え、植生を含んだ陸域水循環に関する知見を気候システム科学に提供するのみならず、独自の目標も持っている。水文学は水収支に始まり、水収支に終わる、といわれるが、水文学者は、どこにどのくらいの雨や雪（降水）が降り、どのくらいが浸透して土壌水分や地下水となり、どのくらいが蒸発散したり、川に流出したりするのか、その時間的空間的変動を知りたいのである。

図21-1はGSWPで推計された水循環推計値と、貯留量に関する水文学黎明期の推計値をとりまとめた結果である(＊5)。地球上の全降水量のうち、約9割が雨で残りの約1割程度が雪として降っているとか、河川流出量のうち約1／3が表面流出で、残り約2／3はいったん浸透してから河川に出てくる地下水流出であるといった推定値は、モデル計算に依存した数値ではあるものの、それまでまったくなかった知見である。

また、この論文では、水が充分であるかどうかは土壌水分や地下水など貯留量の多い少ないではなく、降水量や河川流量といった水循環量で評価すべきであり、しかも、水が足りなくなるのは、単にその土地が乾燥しているかどうかではなく、利用可能な水循環量が地理(空間)的・季節(時間)的に偏在しているため、それらを上手に平準化して利用する施設や仕組みが構築され、適切に運用されているかどうかにかかっている、という水問題の

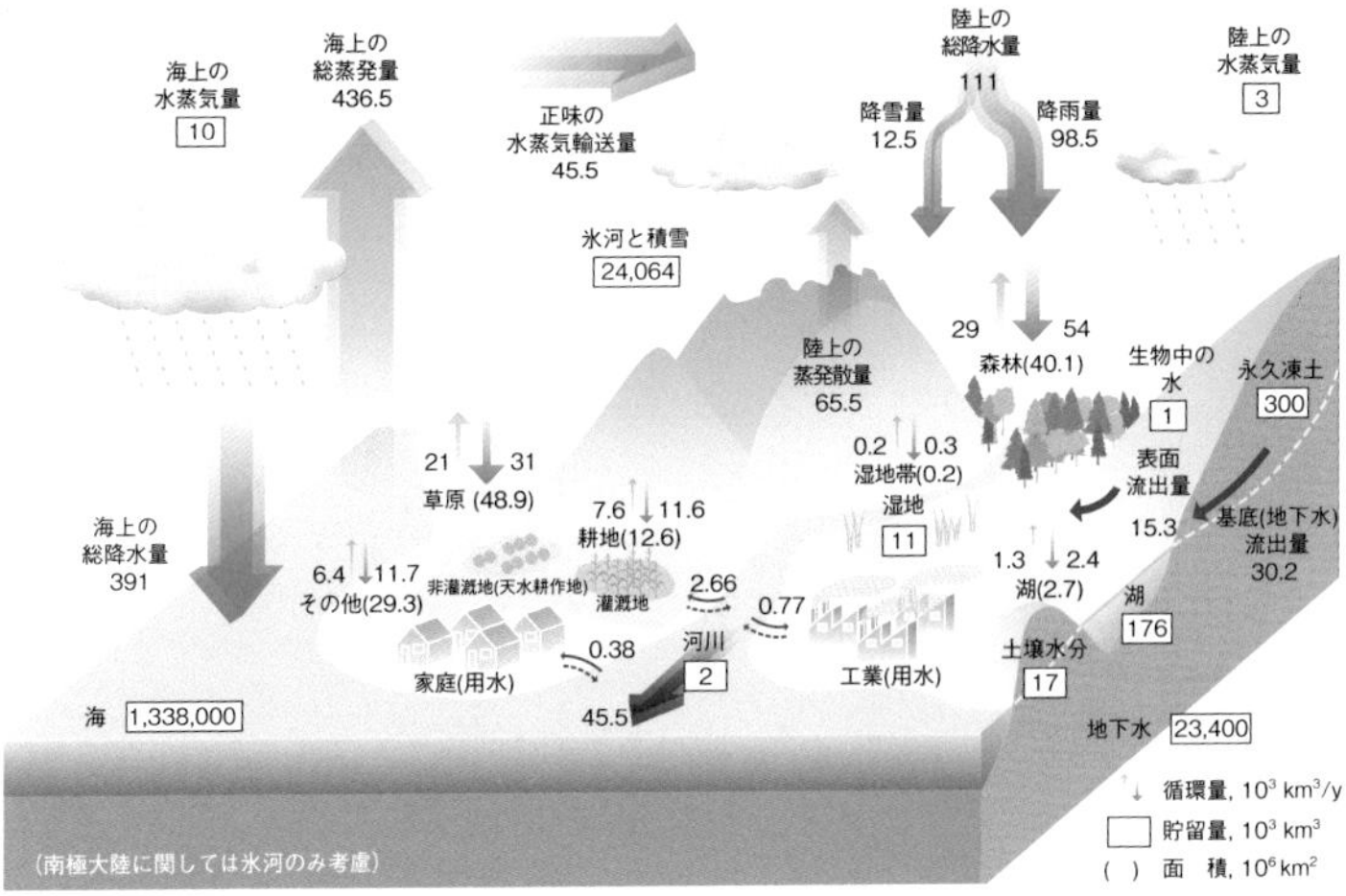

図21-1　地球上の水文循環量 (1000 km³/年) と貯留量 (1000 km³).

自然の循環と人工的な循環をさまざまなデータソースから統合した. 大きな矢印は陸上と海洋上における年総降水量と年総蒸発散量 (1000 km³/年) を示す。陸上の総降水量や総蒸発散量には小さな矢印で主要な土地利用ごとに年降水量や年蒸発散量を示す. 括弧内は主要な土地利用の陸上の総面積 (百万km²) を示す. 河川流出量の約10%と推定されている地下水から海洋への直接流出量は河川流出量に含まれている (＊5から, 農地とその他の面積等数値の間違いを修正したもの).

本質が明瞭に説明されている(＊6)。

人間活動を考慮した水循環研究

さらに、図21-1には、人間活動による農業用水、工業用水、都市用水の世界的な取水量が不完全ながらも書き込まれている。この2006年時点では、人が利用する水がどの程度地下水や河川からの取水なのか、また取水された水がその後どういう経路をたどって再び河川や地下水に戻ったり、あるいは蒸発したりするのか、といった循環はまったく明らかになっていなかった。

そもそも、人間活動は恣意的で予測不可能であり、理論的に水循環を扱う場合には、人間活動を可能な限り排除した自然の水循環をまず考えるのがそれまでは原則であった。観測される現実の河川流量は、貯水池での貯留放流や灌漑取水など、人為的操作の影響を色濃く受けているが、「もし人為的操作がなかったらどんな河川流量の時間変化であったか」を推計し、その数値の再現計算を行う、というのが普通だったのである。

しかし、地球温暖化の時代に、「もし人間活動の影響がなかったらどんな天気だったか」を想定しても意味はない。水循環に関しても、むしろ、人間活動も考慮して現実の水循環をシミュレートできるようにすべきだと考える方が自然である。

とくに、惜しいことに図21-1には入っていないのだが、人工貯水池は全世界合わせると7000～8000立方キロメートルの容量を持ち、河川を流れている水の3～4倍の水を蓄えることができるのである。

実は、このように人間社会と自然とを一体として扱おう、という考え方は、現代の地球環境や生態系が人類の活動の影響を受けており、新たな地質時代「人新世」(Anthropocene)に入っているとする考えにも通ずる。すな

＊5 Oki, T. and S. Kanae (2006) Global Hydrological Cycles and World Water Resources. *Science*, **313**(5790), 1068-1072. doi: 10.1126/science.1128845

＊6 沖 大幹(2012)水危機 ほんとうの話, 新潮選書.

わち、少なくとも実際の地球を対象とする学問分野では、人間を含む生物圏も従来の地球惑星科学の研究対象とするようになっているのである。

現在、グローバルな自然の水循環に、貯水池への貯留、放流、灌漑取水、必要灌漑量の推計に必要な作物生育や農事暦、水路による導水、地下水への涵養と汲み上げ、海水淡水化といった人間活動を組み込んだ統合的な水資源モデルが、世界中のいくつかの研究チームで開発され、しのぎを削っている最中である(＊7)。

人間活動がグローバルな水循環に及ぼす影響

大気上層に存在する水蒸気は、太陽からの光エネルギーによって水素と酸素とに分解され、軽い水素が地球外に逃げてしまい(第3章参照)、結果として地球上の水の量は徐々に減ってしまう。しかし、その量は年間約100キログラム程度と推計されており、現存する総量約1.4×10^{18}キログラムに比べるとごくわずかである。

高圧高温下のマントルはそれなりの量の水を含みうる、という実験結果から、地球のマントル中にはわれわれが認識している地球表層の水の数倍もの水が含まれている可能性がある、という研究もある。しかし、まだ実際にどのくらいの水がマントル中に含まれているのか、実証的に確認されているわけではない。また、地下深くのマントルに大量の水が鉱物に閉じ込められて存在しているとしても、人類が容易に取り出すことができなければ、人類にとってはないのと同じである。すなわち、原始海洋が形成されて以来地球表層をめぐり続けてきた水だけが人類が利用できる水である。

しかし、人類は農業灌漑用に大量の水を利用しており、その一部は、汲み上げて使ってしまうと人類の時間スケールでは回復せず、徐々に枯渇に向かってしまう化石水と呼ばれる地下水に依存している。すると、化石水が

＊7 Zaherpour, J. *et al.* (2018) Worldwide evaluation of mean and extreme runoff from six global-scale hydrological models that account for human impacts. *Environ. Res. Lett.*, **13**, 065015. doi: 10.1088/1748-9326/aac547

＊8 Pokhrel, Y. *et al.* (2012) Model estimates of sea-level change due to anthropogenic impacts on terrestrial water storage. *Nature Geosci.*, **5**, 389-392. doi: 10.1038/Ngeo1476

減る分が地球表層の水循環に加わり、結局は海洋に流れ込んで海水面を押し上げている可能性がある。

図21-2は、本来であれば海に流れ込む水を人工貯水池によって陸上に押しとどめ、結果として海水面を押し下げている効果と、化石水枯渇によって押し上げている効果などを総合的に推計した結果である(＊8)。20世紀後半からダム貯水池建設も化石水汲み上げも増大し、50年間でそれぞれ約2センチメートルおよび約5センチメートル海水面を押し下げたり押し上げたりする量に匹敵している。積雪や土壌水分量の変化も考慮して、陸水貯留量の変化が正味2センチメートル程度の海水準変化に寄与したと推計されている。この推計値に対しては、地下水枯渇量が過大であるというコメントも寄せられたが、農業灌漑向けの個々の地下水利用はごくわずかでも、世界中で集計すると世界の海水準変化にも影響を及ぼす量になる、というのは、まさに「人新世」を実感させる一例である。

バーチャルウォーター貿易

世界の水資源取水量の7割、消費量の9割を灌漑用水が占

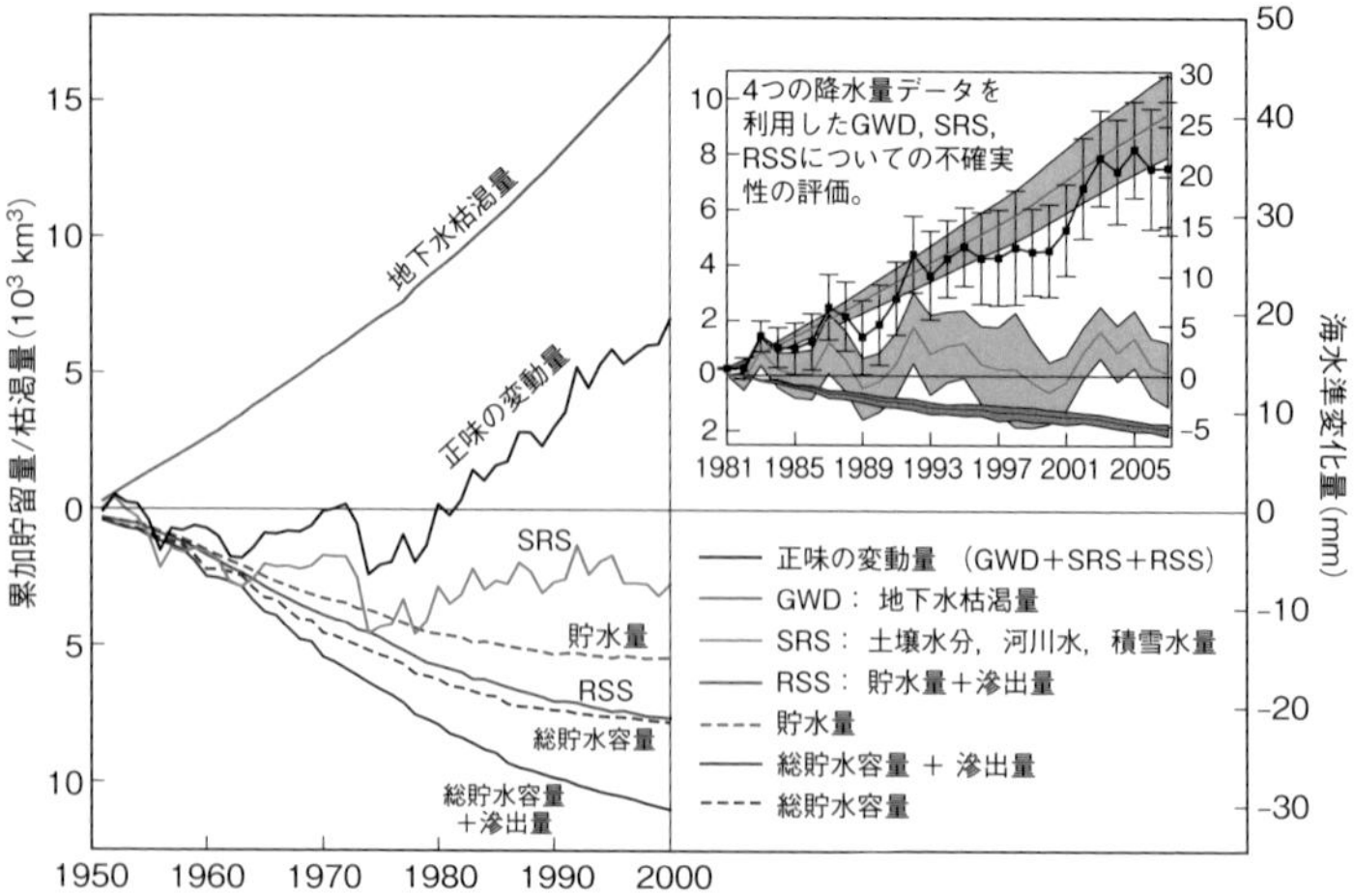

図21-2　海水準変化に対する陸水総貯水量変化の寄与.
　土壌水分, 河川水, 積雪水量といった表層水(SRS), 化石水量、そして人工貯水池への貯留量の変化による貢献を示す. 右上の図は1981〜2007年について4つの降水量データセットを用いた不確実性の評価(＊8).

めている と推計されている。この場合、ある国にとって必要なのは水ではなく、大量の水を使ってできた食料である。そういう意味では、その国や地域に十分な水資源がなければ、無理して食料を生産するのではなく、水が十分に確保できる国で生産された食料の輸入により、希少な水資源を生活用水や工業用水など他の用途に転用できる。このような意味で、食料の交易は仮想的な水貿易、バーチャルウォーター貿易（VWT）と呼ばれる。

図21-3は主要な穀物について、輸入国で生産したとしたらどのくらいの水資源が必要であったかを推定し、世界各国間の貿易量をかけてVWT量を算定して、世界16地域に集約した結果である(＊9)。世界のVWTの主な輸出元は、米国やカナダ、そしてフランスを中心とする欧州である。大量のVWT輸入国は、中近東や地中海沿岸の産油国である。これらの国々では、食料の輸入はいわば石油を売って水を仮想的に輸入しているようなものだ、というVWTという名前の元来の意味がよく見て取れるであろう。物質としての水は価格が安く、輸送するのはコスト的に引き合わないのに対し、1キログラムの小麦や100グラムの牛肉を作るのには、灌漑用水だけではなく雨水も含めて約1～2トンもの水が必要な計算になる。その

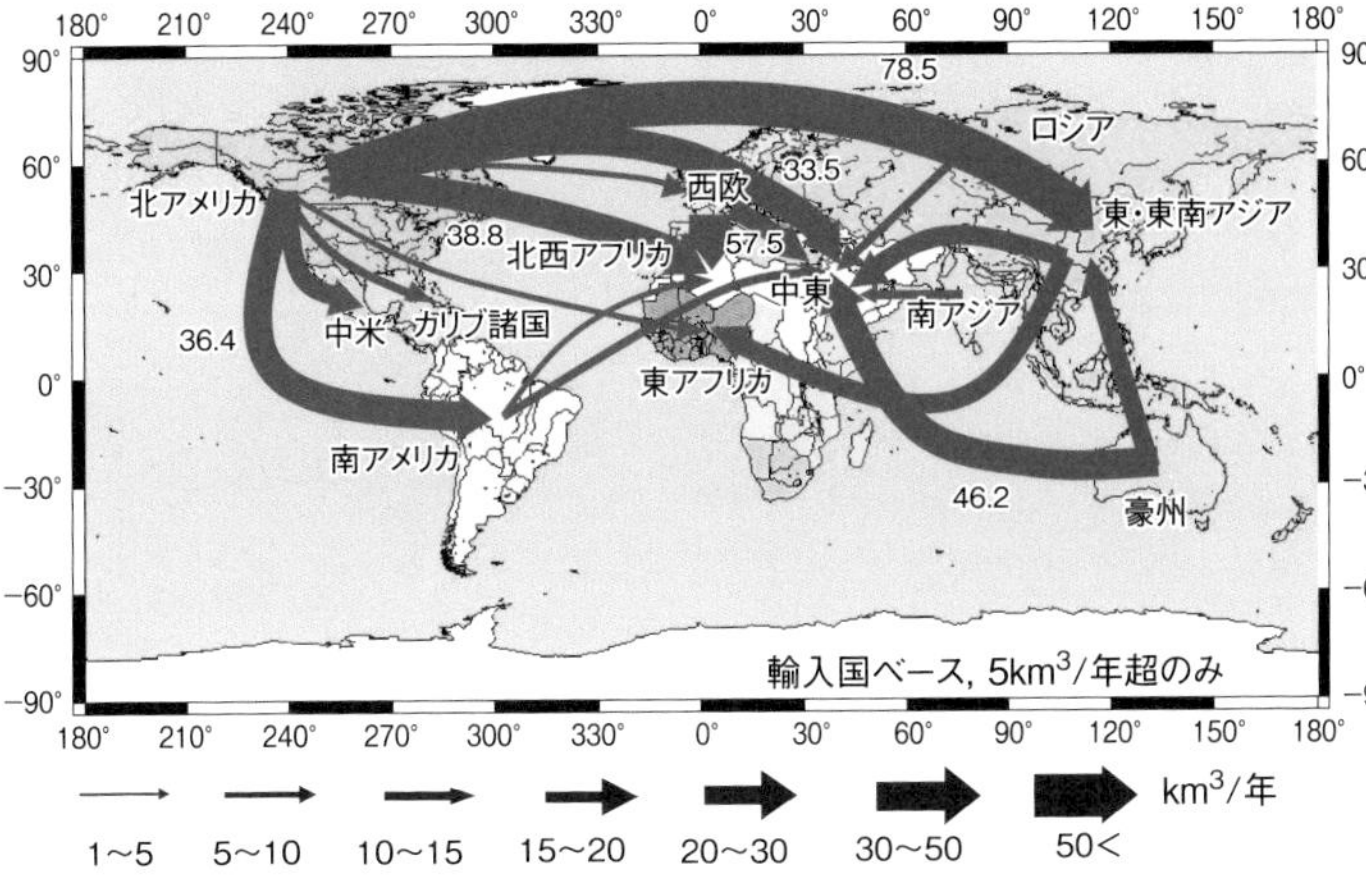

図21-3　世界各地域間の主要穀物の貿易に伴うバーチャルウォーター貿易の様子．
2000年に対する国際連合食糧農業機関（FAO）等の統計に基づき，160カ国あまりについて算定した後，16の地域に集約して示したもの（＊9）．

ため、食料の輸送であれば、水を運んで食料生産するのに必要な重さの千分の1、1万分の1で済み、十分経済的に引き合うことになるのである。

図21-4は横軸に1人あたりのGDP(国内総生産)、縦軸に1人あたりの年間水資源賦存量(潜在的に利用可能な水資源量の最大値)を取り、プロットそれぞれが各国の正味のVWT量に対応している(*10)。食料という形で水資源を正味輸出している国では、1人あたりの水資源量がほぼ年間1万立方メートルを超えている。また、クウェートやアラブ首長国連邦(UAE)のように水資源量がきわめて少なくても豊かな国や、ブルンジやイエメンのように貧しくともそれなりに水資源量がある国は存在するが、1人あたりの水資源量年間1万立方メートルとGDP年間1万ドルを結ぶ線よりも左下、経済的にも水資源的にも極端に貧し

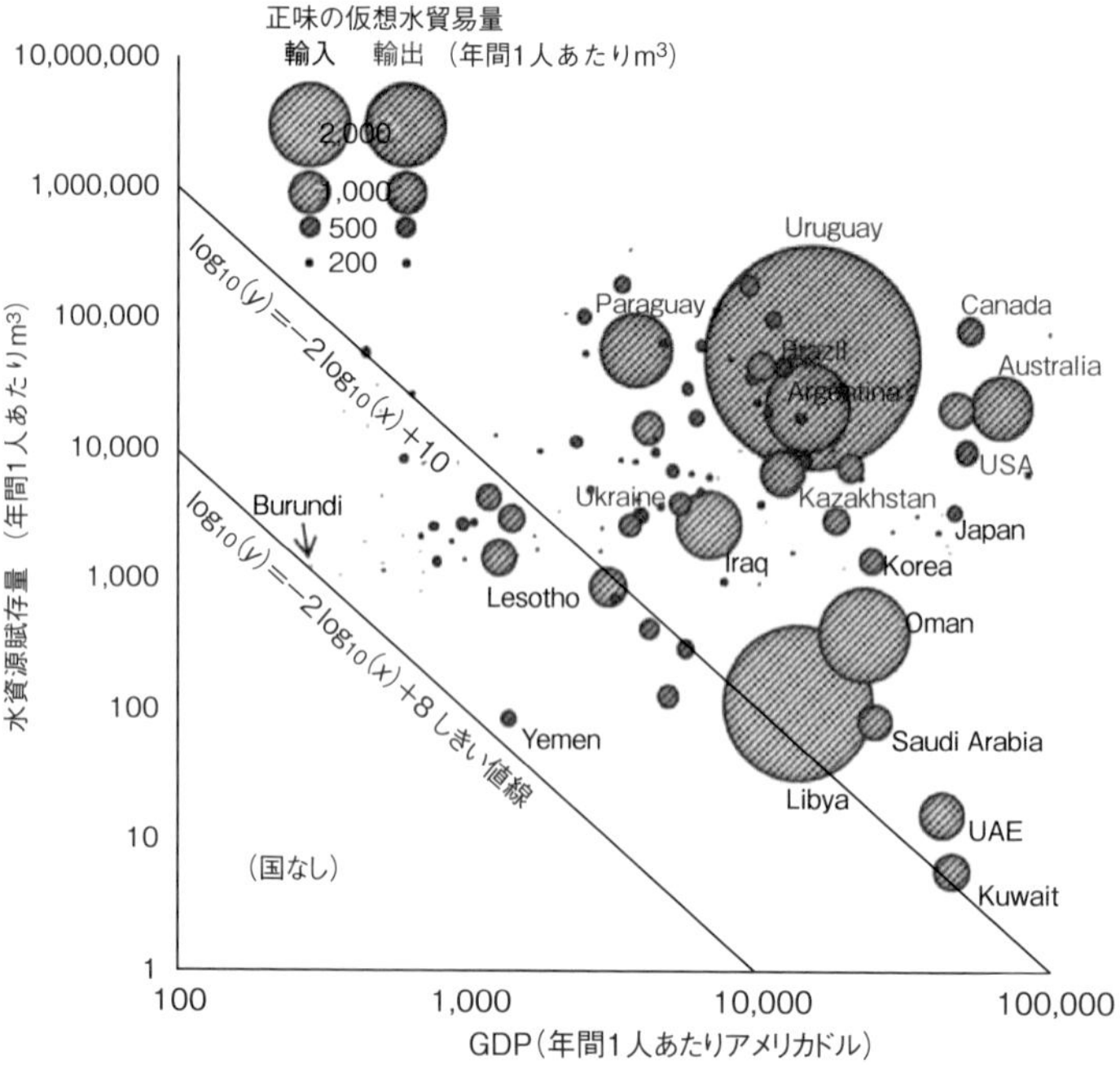

図21-4 2012年における年間1人あたりGDP(横軸), 水資源賦存量(縦軸)と正味の仮想水貿易量.
青とオレンジは正味の仮想水貿易量の輸入と輸出をそれぞれ示す(*10).

い国が地球上には存在しないことがわかるだろう。すなわち、問題は、経済的にも豊かでなく、水資源も乏しい国で、そうした国は水もなく、食料も買えない状態にあり、まさに水問題は貧困や飢餓、食料問題と一体なのである。逆に、飲み水にも事欠くような地獄の沙汰も金次第、ともいえる。

水文学のこれから

過去30年の間に確かに水文学は発展し、地球惑星科学の一翼を担う存在となった。宇宙の真理の探究というよりは、現実の地球上の水循環がどこでどうなっているのかを知ろうという水文学では、基礎方程式や原理となる法則に加えて地球表層の動態に関する情報が重要であり、データサイエンスという言葉が生まれるずっと前から水循環の境界条件となる降水量や日射量、あるいは地形や土地被覆といったデータに大きく依存した学問分野であった。

そういう意味では、近年の宇宙からの地球観測情報の充実、地球表層の詳細で膨大なデータを処理可能な計算機能力やそれを共有する通信機能の発達が、ようやく地球規模の水文学を研究可能にしたともいえる。「人新世」において、人間活動を無視できないどころか、むしろ、社会と水循環が互いに影響を及ぼしつつ変化する様子を理解し記述しようとする社会水文学といった新しい分野も勃興しつつある。地球表層の水循環を、生物圏、人間圏との相互作用も含めて総合的に扱おうとするグローバル水文学は、まだその入り口にたどりついたに過ぎない。今後の学問的な発展が大いに期待される。

一般向けの関連書籍——沖 大幹（2012）水危機 ほんとうの話、新潮選書。

*9 Oki, T. and S. Kanae (2004) Virtual water trade and world water resources. *Water Science & Technology*, **49** (7), 203-209.

*10 Oki, T. *et al.* (2017) Economic aspects of virtual water trade. *Environ. Res. Lett.*, **12** (4), 044002. doi: 10.1088/1748-9326/aa625f

によって最後の引き金が引かれることがわかったのです.

台風12号による深層崩壊は，その後の調査によって，付加体（プレートの沈み込みによって海底堆積物が陸側に剥ぎ取られて形成された地質体）の衝上断層にすべり面を持っていたことが明らかになってきています(*2)．つまり，現在起こっている急激な自然現象も，地層の形成，隆起，侵食といった長い間の地質現象として理解されるようになってきました.

深層崩壊は，2000年に制定された土砂災害防止法の対象になっていませんでしたが，その災害の甚大さにかんがみて，国によって予測と対応に関する研究が進められつつあります.

一般向けの関連書籍——千木良雅弘（2013）深層崩壊——どこが崩れるのか，近未来社.

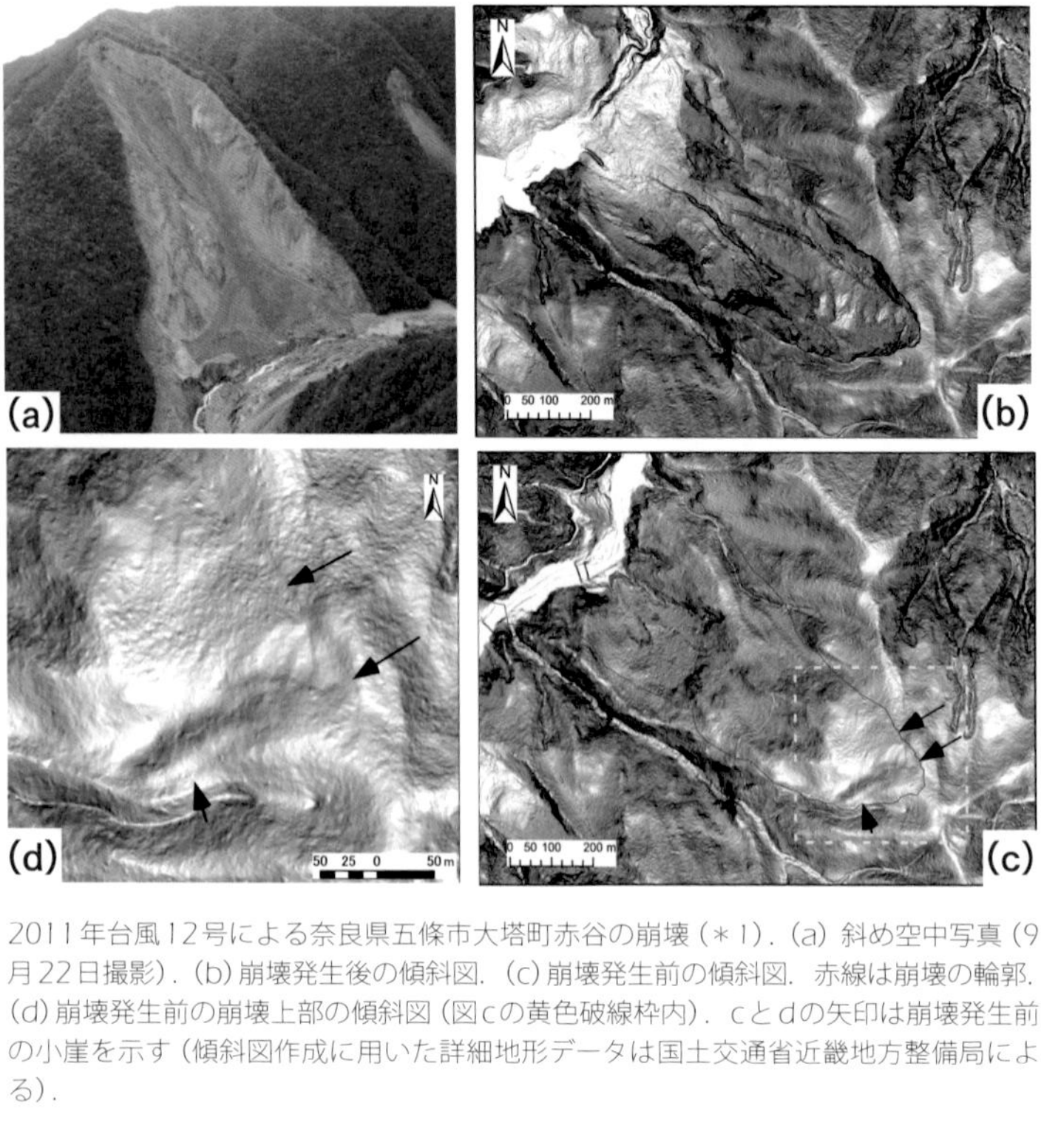

2011年台風12号による奈良県五條市大塔町赤谷の崩壊（＊1）.（a）斜め空中写真（9月22日撮影）.（b）崩壊発生後の傾斜図.（c）崩壊発生前の傾斜図．赤線は崩壊の輪郭.（d）崩壊発生前の崩壊上部の傾斜図（図cの黄色破線枠内）．cとdの矢印は崩壊発生前の小崖を示す（傾斜図作成に用いた詳細地形データは国土交通省近畿地方整備局による）.

column-07　深層崩壊と防災

千木良雅弘

「深層崩壊」とは，表層の風化物や崩積土の崩れではなく，地下深くの岩盤までもが崩れ，きわめて大きな速度で遠方まで土石が移動する大規模な崩壊現象のことです．台湾の2009年台風モラコットとわが国の2011年台風12号による紀伊半島豪雨災害は，両国にとって未曾有ともいうべき大災害を引き起こしました．その最も大きな理由は，多数の深層崩壊が発生したことでした．深層崩壊が起こると，土石が時速100 km以上で1 km以上を移動することもまれではありません．そのため，発生した場合，それから逃れることは非常に困難です．また，堆積土砂がダムになって川をせき止め，それが短時間の間に決壊して下流が洪水に見舞われることもしばしば生じます．このような災害を未然に防ぐには，何といっても，その発生場所を予測することがまず必要です．

広い地域から深層崩壊の発生危険場所を探し出すには，広域を調べることが可能な空からの探査方法，とくに地表の形態である地形的特徴を頼りにすることが最も簡便です．そのためには，2000年ごろまでもっぱら空中写真が用いられてきました．つまり，深層崩壊発生前後の空中写真を見比べて，発生前に何か前兆的な地形があったかどうかが議論されてきました．しかし，空中写真では，樹林の下の地表を見ることはできないので，本当に前兆的なものがあったのかどうかがわかりませんでした．

それに対して，2000年ごろから普及してきたのが航空レーザー計測です．これは，航空機から地表に向けてレーザーパルスを発射して，反射してくる信号を使って地表を計測する手法で，樹木の間を透かして地表を「見る」ことができます．偶然でしたが，2011年の台風12号の深層崩壊のいくつかは，発生前のデータも取得されていて，発生前後の地形が初めて詳細に比較されたのです．そしてその結果，深層崩壊の発生した斜面のほとんどが発生前にすでに重力によって変形し，崩壊の準備が整っていることがわかったのです．図はその一例で，崩壊地となる領域の縁が小さな段差となっていることが見て取れます．

崩壊はあるとき突然発生するように見えますが，それまでに地盤内部で岩盤の破壊が進み，破壊面が連続していき，崩壊が準備され，降雨による地下水水圧の上昇

＊1　Chigira, M. *et al.* (2013) Topographic precursors and geological structures of deep-seated catastrophic landslides caused by Typhoon Talas. *Geomorphology*, **201**, 479-493.

＊2　Arai, N. and M. Chigira (2018) Rain-induced deep-seated catastrophic rockslides controlled by a thrust fault and river incision in an accretionary complex in the Shimanto Belt, Japan. *Island Arc*, **27**, 1-17. doi: 10.1111/iar.12245

いえます．通常の旅番組は土地の個性に着目することがほとんどですが，ブラタモリには，ローカルな事象を一般化する視点があります．

ブラタモリは，特定の土地のトピックを「お題」に掲げながらも，その土地のトリビア（雑学）的な情報に終始することなく，一般化できる科学的理解に迫っています．地球惑星科学を学んでいくと，土地の個性を知るだけでなく，その土地から読み解ける一般性や普遍性をあわせて考えることができるようになります．つまり，特定のフィールドから読めることを，他の土地でも使える理解として身につけることができるのです．

フィールドワークは，地球惑星科学，とくに地質学や地理学で重視される研究スタイルです（＊2）．野外では，一般化されたサイエンスの基礎知識がふんだんに活用されます．台本など存在しないにもかかわらず，正解をズバズバと当ててしまうタモリさんの洞察力は，一般化された地球惑星科学の知識と，それに基づくシームレスな理解に立脚しているといえるでしょう．

地球惑星科学（とくに地質学や地理学など）で大事なことは，土地そのもののトリビアを知ることではなく，現場を通して地球の営みを理解することです．この本の読者の皆さんには，旅先で地質や地理の話題に考えを巡らせる素養があるはずです．旅に出かける際には，ぜひシームレス性と一般性の話を思い出してください．旅先で読み解けるものが，さらに深まるに違いありません．

🌏一般向け関連図書――NHKブラタモリ制作班監修，ブラタモリ 1–18 巻，KADOKAWA．

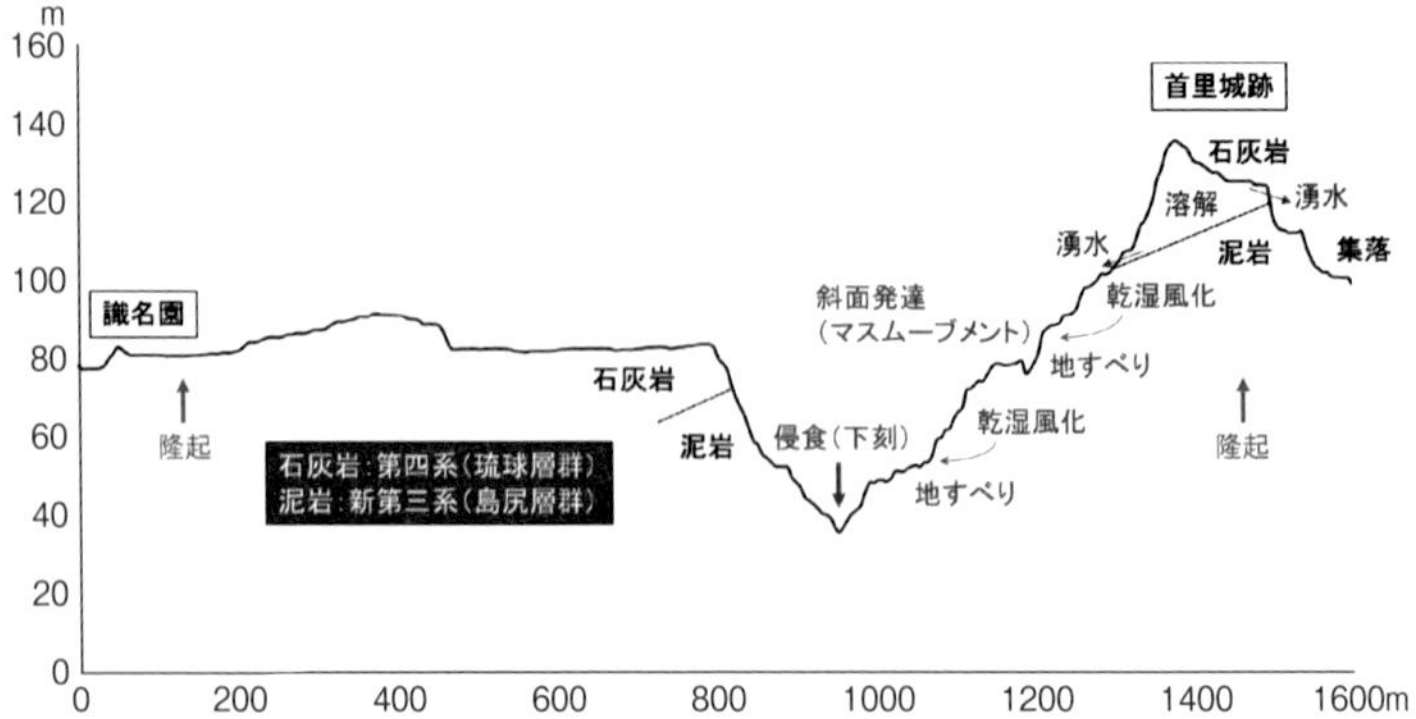

首里城跡と周辺の地形断面図（ブラタモリ #32 沖縄・首里で解説）．

島尻層群と琉球層群からなる地層が隆起し，岩石が風化・侵食を受けることによって，地形変化が進んでいる．一般化された地球科学の理解をシームレスにつなげることで，首里城跡の地形がどのようにしてできたかを読み解けるようになる．

column-08　地球惑星科学とブラタモリ

尾方隆幸

NHKの人気番組『ブラタモリ』には，地球惑星科学の研究者が，しばしば案内人として出演しています．日本地球惑星科学連合2019年大会（JpGU2019）では，案内人の経験者が集まって，パブリックセッション「ブラタモリの探究—『つたわる科学』のつくりかた」を開催し，好評を博しました．その成果を踏まえて，視聴者の目線で，ブラタモリのちょっとマニアックな楽しみ方を考えてみましょう．

シームレスなストーリー

地球惑星科学関係者の間でブラタモリが人気を博している理由のひとつは，ストーリーのシームレス性にあるといえます．シームレスとは「継ぎ目のない」というような意味で，サイエンスの世界では，領域を横断するような学際的な見方をするときなどに使われる言葉です．科学番組のほとんどは特定のテーマを深掘りしますが，ブラタモリは，さまざまな学問領域を行ったり来たり，まさにブラブラしています．

ブラタモリで毎回示される「お題」を考えてみると，野外で観察される事象をシームレスに読まないと解けない問題になっていることがわかります．番組では地質や地理の話題がたびたび登場しますが，ストーリーの中で地質・地理の話題が切り離されていないうえ，その他の話題も地質・地理に関連づけられて語られます．とくに，タモリさんの興味関心によって，脇役であったはずの地質や地理が主役に躍り出てしまうシーンに注目してください．そこに地球惑星科学の窓があります．

シームレスなストーリーづくりは，日本各地のジオパークでも実践されています（＊1）．ジオパークの案内人ともいえるジオガイドそれぞれには専門があるものの，専門分野を越えた質問を投げかけても，正確性を損ねない範囲で解説してくれるはずです．皆さんも，ぜひジオパークに出かけてみてください．ブラタモリに出演した案内人が解説してくれることがあるかもしれません．

一般化されたストーリー

地球惑星科学関係者の間でブラタモリが人気を博しているもうひとつの理由は，土地の個性のみに着目するのではなく，科学としての一般性を失っていないからと

＊1　尾方隆幸（2015）日本のジオパークにおける「地球科学」—多変量解析に基づく検討．地学雑誌，**124**，31-41．

＊2　尾方隆幸（2011）琉球諸島のジオダイバーシティとジオツーリズム．地学雑誌，**120**，846-852．

第18章　**佐竹健治**（さたけ・けんじ）
東京大学地震研究所教授。1958年生。地球物理学的観測データや数値シミュレーションに加え、歴史資料や地質学的データも用いて巨大地震・巨大津波の研究を行っている。

第19章　**近藤昭彦**（こんどう・あきひこ）
千葉大学環境リモートセンシング研究センター教授。1958年生。地理学・水文学。環境、すなわち人と自然の関係性に係る課題全般が研究対象である。

第20章　**大木聖子**（おおき・さとこ）
慶應義塾大学環境情報学部准教授。1978年生。地震学・災害情報・防災教育。地球内部構造研究で博士号を取得後、地震科学や災害に関するコミュニケーションを研究・実践。

第21章　**沖　大幹**（おき・たいかん）
東京大学大学院工学系研究科教授。1964年生。地球人間圏科学、水と気候変動と持続可能な開発、地球環境変動リスク管理などに関する研究を行っている。

コラム7　**千木良雅弘**（ちぎら・まさひろ）
京都大学名誉教授、（公財）深田地質研究所理事。1955年生。応用地質学・災害地質学。岩石の風化や斜面崩壊の研究を行っている。

コラム8　**尾方隆幸**（おがた・たかゆき）
琉球大学教育学部准教授、島嶼防災研究センター准教授（併任）。1973年生。地形学。熱帯や亜熱帯の風化・侵食プロセスと、それによる地形変化の研究を行っている。

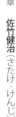

あとがき――これからの地球惑星科学に向けて

田近英一・橘　省吾・東宮昭彦

本書を通じて、地球で起こるさまざまな現象の仕組み、地球や生命の長い歴史、地球という惑星の特殊性や普遍性などを深く理解することは、私たちの起源を知りたいという純粋な好奇心を満たすものであるとともに、人類が将来、地球にどうやって暮らしていくべきかを考えることにもつながるものだ、ということがわかっていただけたかと思う。これからの地球惑星科学が果たすべき役割のひとつは、国際社会が共同で取り組んでいる「持続可能な開発目標（SDGs）」などを達成し、将来につなげていくための基盤となることであろう。そのためには、学術としての地球惑星科学を発展させることに加え、社会全体で地球惑星科学に関する知識を正しく共有し、日常生活や経済活動、政策決定の場などで適切に利用していくことが重要となる。本書が、その重要性を理解し、行動を始めるきっかけとなれば幸いである。

人類がここまで科学を進歩させてきた駆動力のひとつは、好奇心である。地球惑星科学の研究対象は自然そのものであるため、非常に幅広い。個々の研究者に研究の目標を尋ねても、返ってくる答えは「太陽系の起源を知りたい」「生命の起源や進化を知りたい」「地球の中身を知りたい」「地震のからくりを理解したい」「大気の進化を知りたい」「気候変動による人間社会への影響を理解したい」「気象予測の精度を上げたい」などさまざまであろう。このように多様な目標に向かって、各人が進める研究こそが地球惑星科学全体の進歩となり、人類が地球とともに暮らしていくための知的財産となるはずだ。

本書の随所で述べられてきたように、これからも地球惑星科学は「地球・惑星・生命とは何か」を問い続ける。地球のように海をたたえる惑星があるだろうか、地球の生命はどうやって誕生したのだろうか、地球の中身はどうなっているのか、どのように地球の気候が決定されるのかなど、地球に誕生し、地球に暮らす人類にとって、当然の問いの解明に地球惑星科学はこれからも貢献していくことだろう。面白いことに（と科学者は思う）、これらの問いは、何かが解かれると、次の問いが現れてくる。だからこそ、次世代、さらに次の世代の地球惑星科学を担う若い皆さんの活躍にもおおいに期待したい。

私たちが当座心配する将来よりもはるかに遠い未来の地球では、太陽が増光するにつれて、温度が上がり、地表に液体の水が存在できなくなると予想されている。地球はやがて生命が暮らせる惑星ではなくなってしまう。太陽ほどの質量の恒星の寿命は約１００億年であり、太陽は50億年後に死を迎える。太陽は大きく膨張し、ガスを宇宙空間へと吹き出し、太陽をつくった元素や太陽で新たにつくられた元素は銀河へと帰り、新たな恒星や惑星の材料になる。これは太陽や地球が誕生したときから定まっていた未来であり、太陽系や地球の生命も、銀河系スケールで１０００億を超える星々の間で繰り返し生じてきている物質の循環の一部であることを意味する。私たちが惑星や生命の起源と進化などについて、不思議に思い、その解明に取り組んできたように、はたして銀河系のどこかに同じ疑問を考えている存在がいるのだろうか。

２０２０年は地球惑星科学に関する学会が合同で学術大会（地球惑星科学関連学会合同大会）を開催してからちょうど30周年という節目の年であり、本書は30周年記念事業のひとつとして企画されました。冒頭で述べた通り、本書で取り上げた話題は、日本地球惑星科学連合ニュースレター誌「Japan Geoscience Letters」（ＪＧＬ）で

15年にわたり、取り上げてきた研究トピックスから選び、新たに書き下ろしていただいたものです。これまでの166本のトピックス記事のおかげで、地球惑星科学全体をできる限りカバーし、現在地と将来を紹介する本書をつくることができました。この場をお借りして、JGLでの執筆を快く引き受けていただき、限られた誌面にもかかわらず、地球惑星科学分野のさまざまな話題をわかりやすく紹介してくださったすべての著者の皆様に感謝いたします。JGLの発行や日本地球惑星科学連合の広報普及活動を、15年にわたって続けてこられたのは、日本地球惑星科学連合事務局の皆さんの長年のご尽力のおかげです。また、本書の編集作業においては、東京大学理学系研究科宇宙惑星科学機構の坂本佳奈子さんに大変お世話になりました。最後に、非常に限られたスケジュールの中で企画を立ち上げ、多くの著者からの原稿を編集し、1冊の書籍としてまとめることができたのは、東京大学出版会の小松美加さんがきめ細やかで暖かいサポートをしてくださったおかげです。なお、本書は、私たちが将来を託したい高校生や大学生が少しでも気軽に手に取っていただけるよう、日本地球惑星科学連合からの出版助成金を利用して、出版が実現したものです。ここに記して、すべての関係者の皆さまに感謝いたします。

田近英一（たぢか・えいいち）

東京大学大学院理学系研究科教授、JpGU副会長、JGL編集長

1963年生。東京大学大学院理学系研究科博士課程修了、博士（理学）。東京大学大学院理学系研究科准教授などを経て現職。地球惑星システム科学・地球環境進化学・アストロバイオロジー。地球惑星環境と生命の共進化などの研究を行っている。

『進化する地球惑星システム』（共編著、2004、東京大学出版会）、『凍った地球：スノーボールアースと生命進化の物語』（新潮選書、2009）、『46億年の地球史』（三笠書房、2019）など。

橘 省吾（たちばな・しょうご）

東京大学大学院理学系研究科教授、宇宙科学研究所特任教授、JGL編集幹事

1973年生。大阪大学大学院理学研究科博士後期課程修了、博士（理学）。東京大学大学院理学系研究科助教、北海道大学大学院理学研究院准教授などを経て現職。宇宙化学。太陽系の起源と多様な惑星系の形成にいたる化学進化の解明に取り組んでいる。

『惑星地質学』（共編著、2008、東京大学出版会）、『星くずたちの記憶：銀河から太陽系への物語』（岩波科学ライブラリー、2016）など。

東宮昭彦（とうみや・あきひこ）

産業技術総合研究所 活断層・火山研究部門 主任研究員、JGL前編集幹事、日本火山学会理事

1967年生。東京工業大学理工学研究科博士課程修了、博士（理学）。東京大学地震研究所特別研究員、米国オレゴン州立大学客員研究員などを経て現職。火山岩岩石学・実験岩石学。マグマ供給系や噴火機構の解明を目指した研究を行っている。

『火山：噴火に挑む』（共編著、2004、丸善）、『世界の火山百科図鑑』（共編訳、2008、柊風舎）など。

《部中扉解説・出典》

I　宇宙のなかの地球

土星探査機カッシーニが撮影した土星と地球（中央）．

https://www.esa.int/ESA_Multimedia/Images/2013/07/Cassini_s_Pale_Blue_Dot

II　生命を生んだ惑星地球

最古の生命の証拠のうちのひとつが発見されたヌブアギツック表成岩帯（カナダ）．変成された玄武岩（緑色），縞状鉄鉱層（中央やや右上の赤褐色の部分），礫岩（中央やや左の焦茶色の部分）からなる．

2018年小宮剛撮影

III　岩石惑星地球の営み

かつての海洋地殻が大陸地殻に衝上してできたオフィオライト（オマーン）．左から，かんらん岩，はんれい岩，玄武岩が複合岩体を形成する．

https://earthobservatory.nasa.gov/images/77569/earths-crust-exposed-in-oman

IV　地球環境の現在，過去，そして未来

2020年2月6日に観測史上最高の18.3℃を記録した南極．2月13日撮影の本写真では氷河が広範囲に溶けている様子が見られる（下）．

https://earthobservatory.nasa.gov/images/146322/antarctica-melts-under-its-hottest-days-on-record

V　人間が住む地球

アメリカ中西部の夜景とオーロラ．写真右上で暗く写るミシガン湖の湖畔で明るく輝くのは大都市シカゴ．

http://spaceflight.nasa.gov/gallery/images/station/crew-29/html/iss029e012564.html

第II部以外の画像はNASA提供．

索引

タ　行

ナ　行

ハ　行

マ 行

地球・惑星・生命

2020年5月22日　初　版
2022年7月20日　第3刷

［検印廃止］

編　者　日本地球惑星科学連合

発行所　一般財団法人　東京大学出版会

代表者　吉見俊哉

153-0041 東京都目黒区駒場 4-5-29
電話 03-6407-1069　FAX 03-6407-1991
振替 00160-6-59964

印刷・製本　秋田活版印刷株式会社

ISBN 978-4-13-063715-2　Printed in Japan